U0277118

启真馆 出品

人类学研究 第陆卷

庄孔韶 主编

ZHEJIANG UNIVERSITY PRESS
浙江大学出版社

图书在版编目（CIP）数据

人类学研究. 第 6 卷/庄孔韶主编. —杭州：浙江
大学出版社，2015.3
ISBN 978-7-308-14422-3

Ⅰ.①人… Ⅱ.①庄… Ⅲ.①人类学－研究 Ⅳ.
①Q98

中国版本图书馆 CIP 数据核字（2015）第037875号

人类学研究. 第 6 卷
庄孔韶　主编

责任编辑	王志毅
文字编辑	周元君
出版发行	浙江大学出版社
	（杭州天目山路148号　邮政编码310007）
	（网址：http://www.zjupress.com）
制　作	北京大观世纪文化传播有限公司
印　刷	浙江印刷集团有限公司
开　本	710mm×1000mm　1/16
印　张	15
字　数	246千
版 印 次	2015年3月第1版　2015年3月第1次印刷
书　号	ISBN 978-7-308-14422-3
定　价	48.00元

浙江大学社会科学研究院资助

《人类学研究》编委会

目　录

将商品跨文化迁移当作历史事件研究

——对八佰伴进军中国香港地区案例的一些评论

王向华

王娟　译

摘要： 在最近发表的《有关东亚文化互动研究的几点意见》一文中，黄俊杰教授（2010）就区域史这一历史研究的新领域发表了一些看法。概括而言，第一点是将有关东亚文化相互影响研究并入区域史和全球史中。这一看法的方法论暗含着一系列学术关注点的转移，其中包括用黄教授自己的话表述的"从结构到发展的视角"的转移、"从中心向外围"的转移以及"从文本到政治环境"的转移❶。据此出现了两大总的研究主题：自我和他人的相互影响以及东亚文化交流和权力结构的相互影响❷。据黄教授的观察，通过研究人们、商品（尤其是文本）和想法的交换，可考察这两大研究主题❸。

受黄教授观点的启发，本文通过对日本一家连锁超市八佰伴在 20 世纪八九十年代分别进军中国香港地区和中国内地市场这一历史性事件的研究，从商品的跨文化迁移这一角度，研究了日本和中国香港地区文化的相互影响。

这一研究意味着我们不能再将东亚视为只拥有民族历史的地理区域，而应视为跨文化和跨民族历史进程不断呈现自身的一个区域。将东亚概念化的方式需要新的方法论和理论框架，才能捕捉到这些历史进程。萨林斯的事件理论阐述了外国商品和本地社会的社会文化秩序之间的交互调和作用。正如本文将要阐释的，这一理论绝对是一种可行方式。

关键词： 日本；八佰伴；中国香港地区；东亚；历史事件

---

❶ Chun-chieh Huang, "Some Observations on the Study of the History of Cultural Interactions in East Asia", in *Journal of Cultural Interaction in East Asia* 1（2010）: 18-20.

❷ Chun-chieh Huang, "Some Observations on the Study of the History of Cultural Interactions in East Asia", in *Journal of Cultural Interaction in East Asia* 1（2010）: 24-27.

❸ Chun-chieh Huang, "Some Observations on the Study of the History of Cultural Interactions in East Asia", in *Journal of Cultural Interaction in East Asia* 1（2010）: 27-30.

一、绪论

黄俊杰（Chun-chieh Huang）教授近期在《东亚文化互动》期刊第一期发表了一篇文章，就区域史这一历史研究的新领域发表了一些相关看法❶。概括而言，第一点是将有关东亚文化相互影响研究并入区域史和全球史中。这一看法的方法论暗含着一系列学术关注点的转移，其中包括用黄教授自己的话表述的"从结构到发展的视角"的转移、"从中心向外围"的转移以及"从文本到政治环境"的转移❷。根据黄教授第三点看法，伴随着这些学术关注点的转移，出现了两大总的研究主题：自我和他人的相互影响以及东亚文化交流和权力结构的相互影响❸。据黄教授的观察，通过研究人们、商品（尤其是文本）和想法的交换，可考察这两大研究主题❹。

受黄教授观点的启发，本文通过对日本一家连锁超市八佰伴在 20 世纪八九十年代分别进军中国香港地区和中国内地市场这一历史性事件的研究，从商品的跨文化迁移这一角度，研究日本和中国香港地区之间文化的相互影响。正如黄教授所精准地指出的，之前的研究太过关注于东亚文化相互影响的结果，而忽略了其过程。对于商品跨文化迁移的研究亦是如此。先前许多研究倾向于评估这类迁移带来的社会效应。他们通常将这种社会效应视为同质化或克里奥尔化（Creolization）。据戴维·豪斯（David Howes）的研究表明，对商品跨文化迁移的社会效应的理解往往受两大范式主导：全球同质化范式和克里奥尔化范式。同质化范式认为，大批量生产的商品，尤其是西方制造的商品的输入会取代当地制造的产品，因此，西方和输入国或地区之间的文化差异就消失了❺。克里奥尔化范式则声称，外国文化商品总是需要在当地社会中重新包装组合，通过当地文化传达。在这种情况下，它们会被赋予不同的含义，因而形成不同的效用，而且"无法确保另

❶ Huang, Chun-chieh. "Some Observations on the Study of the History of Cultural Interactions in East Asia", in *Journal of Cultural Interaction in East Asia* 1（2010）：11-35.

❷ Huang, Chun-chieh. "Some Observations on the Study of the History of Cultural Interactions in East Asia", in *Journal of Cultural Interaction in East Asia* 1（2010）：18-20.

❸ Huang, Chun-chieh. "Some Observations on the Study of the History of Cultural Interactions in East Asia", in *Journal of Cultural Interaction in East Asia* 1（2010）：24-27.

❹ Huang, Chun-chieh. "Some Observations on the Study of the History of Cultural Interactions in East Asia", in *Journal of Cultural Interaction in East Asia* 1（2010）：27-30.

❺ David Howes, "Introduction: Commodities and Cultural Borders," in *Cross-Cultural Consumption: Global Markets, Local Realities,* London and New York: Routledge, 1996, p. 3.

一文化的消费者是否会认可或是更加不重视制造者的意图”❶。

从全球化论点出发，同质化范式似乎排除了当地人们在面对西方文化商品全球化过程中所充当的历史媒介力量。这里西方可喻为"中心"，单方面将其文化价值和意识形态强加于"外围"，即世界其他国家和地区。所有"外围"人们能做的就是对西方作出反应。无论这种反应是以抵抗、模仿还是据为己有的形式出现，针对的全部都是西方力量。结论非常简单，即，"外围"人们没有充当任何历史媒介，而是与西方，尤其是与美国的主导地位有着密切关系。正如20世纪下半叶以来，如同世上许多原住民开始宣称他们拥有自己的文化一样，我们认为全球化论点和同质化范式可能已经消失。但我们想错了！它们卷土重来，建立了一个新的中心——日本。

岩渊功一（Koichi Iwabuchi）在他书的"文化近似：日本电视剧偶像在中国台湾地区冉冉升起"这一章中指出，最近日本流行文化在亚洲盛行似乎暗示着亚洲各国家和地区间动态互动已经形成❷。这一互动紧紧围绕着日本展开，而非西方。媒体和亚洲流行文化的全球化从西方"重新进入"日本的原因在于，日本和亚洲其他国家和地区的文化比较近似。但是，他提醒说，文化近似这一观点应该批判地予以使用。他建议说，我们应避免对文化进行简明扼要式和历史性理解。具体而言，我们不能假定"某些重要的文化相似性的存在会自动促使观众为文化近似地区的媒体文本所吸引，而不用考虑历史背景或文化形态之间的内在差异"❸。文化近似性的简明扼要式的静态概念无法解释"为何某些节目颇受欢迎，而其他的则不受欢迎，以及观众能获得何种乐趣，如果他们能在某特定节目中识别文化近似性从而发现乐趣的话"❹。因此，我们需要了解"在何种历史机缘下，文化近似性与文本的吸引力或愉悦联系在一起"❺。

牢记着这些警告，岩渊功一试图解释为何日本电视剧能够在中国台湾

❶ David Howes, "Introduction: Commodities and Cultural Borders," in *Cross-Cultural Consumption: Global Markets, Local Realities,* London and New York: Routledge, 1996, p. 3.

❷ Iwabuchi, Koichi, "Becoming Culturally Proximate: The A/Scent of Japanese Idol Dramas in Taiwan", in *Asian Media Productions*, edited by Brian Moeran, Richmond [England]: Curzon Press, 2001, pp.54-74.

❸ Iwabuchi, Koichi, "Becoming Culturally Proximate: The A/Scent of Japanese Idol Dramas in Taiwan", in *Asian Media Productions*, edited by Brian Moeran, Richmond [England]: Curzon Press, 2001, p.57.

❹ Iwabuchi, Koichi, "Becoming Culturally Proximate: The A/Scent of Japanese Idol Dramas in Taiwan", in *Asian Media Productions*, edited by Brian Moeran, Richmond [England]: Curzon Press, 2001, p.57.

❺ Iwabuchi, Koichi, "Becoming Culturally Proximate: The A/Scent of Japanese Idol Dramas in Taiwan", in *Asian Media Productions*, edited by Brian Moeran, Richmond [England]: Curzon Press, 2001, p.58.

专题研究

地区这一特殊背景下如此流行。他认为，其原因在于"同时代性"，这是通过中国台湾地区近期的经济发展以及两者之间商品和信息的频繁流通而形成的❶。这一同时代性解释了日本电视剧大受欢迎的原因，因为"日本电视剧为影迷提供了一个明确的范例，告诉他们什么事物在东亚社会属现代时髦，而美国流行文化从未做到这一点"❷。换言之，出于相似的物质环境，中国台湾地区的人们产生了一种同时代感，所以，中国台湾地区的电视观众为其现代性所吸引。根据岩渊功一的观点：

从这一角度看待"文化近似性"，如果我们仍能够使用这一概念，它不能被认为是"存在"的静态属性，而是"成为"这一动态过程。❸

对于岩渊功一的观点，最小的问题是，他的提议让我们联想起马歇尔·萨林斯（Marshall Sahlins）所述的有关马克思的运作原理（operative principle），即"工业发达国家向不太发达国家仅仅展示了他们自己未来的形象"❹。这一原理背后隐藏着一种种族优越感假定，即"每个人可能都必须经历同样的发展过程"❺。

对于岩渊功一的观点，一个比较严重的问题是"同时代性"的空洞概念。纵观全文，他并没有就同时代性（如果中国台湾地区电视观众心里的确认为存在同时代性）如何促使日本电视剧在中国台湾地区广受欢迎这一问题进行严肃的学术分析。更为重要的是，"同时代性"这一术语似乎太笼统，脱离了文化和历史对象。我们需要很明智地提出"同时代性"等笼统的术语如何能解释特定事物这一问题，在本文所讨论的情况下，即，以描述年轻人都市爱情和生活为主的日本电视剧为何如此大受欢迎❻。同样明智的问题是，如果我们并不清楚"同时代性"约定俗成的知名对象，我们如何能够确定"同时代性"足以解释日本偶像剧广受欢迎的原因。最后一个问题是，即使我们确信"同时代性"也许就是日本偶像剧在中国台湾地区广

❶ Iwabuchi, Koichi, "Becoming Culturally Proximate: The A/Scent of Japanese Idol Dramas in Taiwan", in *Asian Media Productions*, edited by Brian Moeran, Richmond [England]: Curzon Press, 2001, pp.72-73.

❷ Iwabuchi, Koichi, "Becoming Culturally Proximate: The A/Scent of Japanese Idol Dramas in Taiwan", in *Asian Media Productions*, edited by Brian Moeran, Richmond [England]: Curzon Press, 2001, p.73.

❸ Iwabuchi, Koichi, "Becoming Culturally Proximate: The A/Scent of Japanese Idol Dramas in Taiwan", in *Asian Media Productions*, edited by Brian Moeran, Richmond [England]: Curzon Press, 2001, p.73.

❹ Marshall Sahlins, "Preface", in *Ethnohistory* 52, no. 1（2005）: 3-4.

❺ Marshall Sahlins, "What is Anthropological Enlightenment? Some Lessons of the Twentieth Century," in *Culture in Practice: Selected Essays*, New York: Zone Books, 2000, p. 504.

❻ Iwabuchi, "Becoming Culturally Proximate: The A/Scent of Japanese Idol Dramas in Taiwan", p.63.

受欢迎的原因，我们无法知道"同时代性"的形成过程，就会仍然无法得知"同时代性"究竟如何与日本偶像剧在中国台湾地区广受欢迎串联起来的。

对岩渊功一最大的疑问在于他的文化理论。根据他的观点，文化并非一种独立存在的象征系统，而是经济条件的表现。据此他宣称，中国台湾地区电视观众的"品味"紧紧追随着由中国台湾地区最近经济发展的"同时代性"，这也进一步解释了日本电视剧风靡中国台湾地区的原因。换言之，中国台湾地区电视观众的"品味"是物质环境的反射。因此，否认了中国台湾地区人们发挥的积极历史角色，即"这意味着他们按照自己的概念，改造他们所处物质环境的方式"❶。有趣的是，尽管存在各种各样的问题，岩渊功一仍然拥有众多追随者❷。

同质化范式遭遇了其他许多有关日本流行文化扩散研究提出的一些严重难点，尤其在中国香港地区、中国台湾地区和中国大陆社会。其中一个主要难点在于缺乏明显的同质化推动力。似乎这些研究❸总能识别出当地媒介将日本文化产品重新塑造包装的各种方式。而且这种重塑包装总是依托当地文化进行。借用萨林斯的话即为，全球日本流行文化的同质化推动力的确存在，但是克里奥尔化过程是一个更普遍的事件❹。

在日本流行文化全球化进程中，克里奥尔化过程更普遍的发生显然支持克里奥尔范式。然而，克里奥尔范式也并非不存在任何问题。一个主要

---

❶ Marshall Sahlins, "Cosmologies of Capitalism: The Trans-Pacific Sector of 'The World System'", in *Culture in Practice: Selected Essays*, New York: Zone Books, 2000, p. 416.

❷ 例如：Leung, Lisa Yuk-ming Leung, "Romancing the Everyday: Hong Kong women watching Japanese drama", in *Japanese Studies* 22, no. 1（2002）：65-75；Su, Yu-ling（苏宇铃）；"Romance Fiction and Imaginary Reality: Reading Japanese Trendy Drama Socially"（虚构的叙事／想象的真实：日本偶像剧的流行文化解读），Unpublished master's thesis, Department of Journalism and Communication Studies, Fu-Jen Catholic University, 1998.

❸ Yau, Hoi-yan Yau. "The Domestication of Japanese Pornographic Adult Videos in Hong Kong", Unpublished MPhil Thesis, The University of Birmingham, United Kingdom, 2001；Lai, Cherry Sze-ling and Wong, Dixon Heung, "Japanese Comics Coming to Hong Kong," in *Globalizing Japan: ethnography of the Japanese presence in Asia, Europe, and America*, edited by H. Befu and S. Guichard-Auguis, London; New York: Routledge, 2001, pp.111-120；Yau, Hoi-yan and Wong, Heung Wah, "Japanese Adult Videos, Hong Kong Chinese Reading: indigenising Japanese pornographic culture"（日本成人A片，香港华人解读），in *Envisage: A Journal Book of Chinese Media Studies 5*（《媒介拟想》），Japanese Pornography and Chinese Desires,（2008）：31-52.

❹ Marshall Sahlins, "Preface", in *Ethnohistory* 52, no. 1（2005）：4.

专题研究

问题是它忽视了这样一个事实，即，外国文化商品也有它们自己的推动力、形态和动机，这同样对跨文化迁移产生的社会效应非常重要。正如我们将很快看到，选址策略、营销政策和香港八佰伴的目标客户，香港八佰伴是日本一家连锁超级市场八佰伴在中国香港地区的子公司，与其他日本百货商店和中国香港地区本地零售商非常不同，它进一步塑造了一个完全不同的企业形象。但之后它融入了中国香港地区社会的社会文化秩序。在这种情形下，八佰伴形成了一种不同的含义，被赋予特别的重要性：八佰伴变成中国香港地区年轻人的图腾标志，因此成为香港年轻人一个重要的购物点。很显然，就文化商品的跨文化迁移产生的社会效应而言，本文所讨论的文化商品的推动力、形态和动机确实关系重大。简而言之，任何理论范式在评估跨文化迁移的社会效应时，都必须能够考虑外国商品的推动力、形态和动机，当地社会的社会文化秩序以及两者之间的关系，因为文化商品的跨文化迁移产生的社会效应是外国文化商品和当地社会的社会文化秩序相调和的结果。

调和是关键字眼。外国文化商品和当地社会的社会文化秩序之间的互惠性接触造成了多种形式的历史后果。在众多后果中，同质化和克里奥尔化最多仅能代表两种可能的一般结果。更重要的是，商品交叉迁移的实际社会后果比意图代表的两种一般结果要更为复杂、丰富多样和不确定。就其意图涵盖的现代文化形式和历史过程的丰富组合而言，同质化或克里奥尔化"太过抽象和不确定"[1]。正如福斯特（Foster）所指出的那样，因为同质化和克里奥尔化之间的对抗是双极理论的归结，而非人类学和历史研究的归结[2]。

为了捕捉外国文化商品和当地社会的社会文化秩序之间的互惠性接触的复杂性、丰富多样性和偶然性，我提议将文化商品的跨文化迁移理解为萨林斯所说的历史事件，因为只有这样理解我们才能将商品的跨文化迁移作为一种社会过程进行研究，才能理解这种跨文化迁移的历史后果的偶然性。我想通过将八佰伴在 20 世纪 80 年代中期进入中国香港地区以及 90 年

006

---

❶ Marshall Sahlins, "Preface", in *Ethnohistory* 52, no. 1（2005）: 6.

❷ Robert Foster, "Negotiating Globalization: Contemporary Pacific Perspectives," in *Ethnohistory* 52 no.1（2005）: 167.

代初期进入中国内地作为一种历史事件进行理解和研究❶——首先简要综述萨林斯的事件理论,并与同质化和克里奥尔化范式进行比较——从而展开本论文的论述。

二、将商品跨文化迁移当作历史事件研究

萨林斯事件理论始于他对"结构"和"事件"之间"言过其实的"对立的不满❷,这种对立的看法在很长一段时间存在于人类学和历史领域。萨林斯指出,这种言过其实的对立没有必要,因为对立本身只是意识形态上的,而非本体上的❸。事实上,所争论的"结构"限定了"事件"的本体性。众所周知,不同的事件构成了现行的结构❹。换言之,现行结构是给某事件下定义的必要条件。更为重要的是,某事件的历史后果取决于争论中的结构。萨林斯认为:

这一事件可能是什么,它拥有何种历史重要性,不能简单通过事情的"客观性质"作出论断。特定的历史效应取决于客观性质融入所讨论的文化

---

❶ 本案例中不同的部分因不同目的已经发表出版了不同的内容(Wong, Heung Wah, "From Japanese Supermarket to Hong Kong Department Store," in *Asian Department Stores*, edited by Kerrie L., MacPherson, Surrey: Curzon Press, 1998, pp. 253-281; Wong, Heung Wah, *Japanese Bosses, Chinese Workers: Power and Control In A Hong Kong Megastore*, Surrey: Curzon Press, 1999; Wong, Heung Wah, "Friendship and Self-Interests: An Anthropological Study of a Japanese Supermarket in Hong Kong"(友情と私利―香港―日系 スーパー の人类学的研究), Tokyo: Fūkyōsha, 2004; Wong, Heung Wah and Hui, C.H., "The Cultural Influences of Japanese Popular Culture in Hong Kong: The Case Studies of Yaohan and Japanese Pop Music"(香港における日本の大众文化の文化的影响－日本のポップミュージックとヤオハンに关するケーススタディ), *Nihongaku Kenkyū*(《日本学研究》), 15(2005): 182-197; Wong, Heung-wah and Yau, Hoi-yan, "Taking the Structure of the Conjuncture Seriously: Reflections on Yaohan's Success in Hong Kong in the Second Half of the 1980s" [In press], in D.P. Martinez(ed.), Global Japan. 如有重复内容,请接受本人诚挚的致歉。

❷ Marshall Sahlins, "The Return of the Event, Again: With Reflections on the Beginnings of the Great Fijian War of 1843-1855 Between the Kingdoms of Bau and Rewa," in *Culture in Practice: Selected Essays*, New York: Zone Books, 2000, p. 293.

❸ Marshall Sahlins, "The Return of the Event, Again: With Reflections on the Beginnings of the Great Fijian War of 1843-1855 Between the Kingdoms of Bau and Rewa," in *Culture in Practice: Selected Essays*, New York: Zone Books, 2000, p. 296.

❹ Marshall Sahlins, "The Return of the Event, Again: With Reflections on the Beginnings of the Great Fijian War of 1843-1855 Between the Kingdoms of Bau and Rewa," in *Culture in Practice: Selected Essays*, New York: Zone Books, 2000, p. 301.

中的方式，而这种方式永远不可能只有一种可能性 **❶**。

这遵循了这样一个原则，即，同一事情在不同文化中会产生不同的历史效应，因为"客观性质"融入的方式随着所处文化秩序的变化而变化。换言之，当地文化的关键作用不仅体现在定义了事件的本质，还体现在决定了其历史效应。从这一角度而言，克里奥尔化范式中所包含的当地人民发挥着他们自己的历史力量的思想不仅是正确的，而且是必然的，因为当地文化不仅是作为历史事件的某一事情的必要条件，而且还是其历史效应的充分条件。

从萨林斯对历史事件的定义可以看出，事情本身也是构成某事件的必要条件，因为历史事件涉及三个方面：事情、结构和两者之间的调和作用。从分析上而言，可以假定结构为常量，拥有不同推动力、形态和动机的不同事情对应着不同本质的事件，产生具有不同历史意义的结果。因此，在研究某事件的历史效应时，必须考虑事情的性质。研究文化商品的跨文化迁移，事情的重要性主要暗含着这一点，即，外国文化商品的推动力、形态和动机也很重要。

简而言之，事情、历史事件和该事件的历史效应的构成取决于所讨论文化调和该事情的推动力、形态和动机的方式，而该方式从来就不可能只有一种可能性。换言之，事情性质本身单独无法决定事件的本质和历史效应。同样，结构单独本身也不能。事情性质和事件的最终历史效应之间存在重大的不确定性，两者间缺乏固定的对应性。同样，事件的结构和最终历史效应之间也存在同样的重大的不确定性。事件的历史效应和结构或事情之间存在着结构和事情相调和所产生的干涉。

双重不确定性表明不能使结构降为事件。同样，事情也不能降为结构。因为虽然"事件清楚阐述了不同等级或语域现象，如个人和社会、行动和指示、短期和长期，以及地方和全球" **❷**，但是"性质和所阐述现象的决定

❶ Marshall Sahlins, "The Return of the Event, Again: With Reflections on the Beginnings of the Great Fijian War of 1843-1855 Between the Kingdoms of Bau and Rewa," in *Culture in Practice: Selected Essays*, New York: Zone Books, 2000, p. 299.

❷ Marshall Sahlins, "The Return of the Event, Again: With Reflections on the Beginnings of the Great Fijian War of 1843-1855 Between the Kingdoms of Bau and Rewa," in *Culture in Practice: Selected Essays*, New York: Zone Books, 2000, p. 302.

因素之间存在着不连续性"❶。例如，下文所阐述的八佰伴的商业战略并不能确保该公司在 20 世纪 80 年代初进军中国香港地区市场一定会取得成功，因为该公司商业战略的效应是该公司商业战略和中国香港地区社会交互调和的结果。反之亦如此。中国香港地区社会在 80 年代的普遍情况不能规定八佰伴在中国香港地区的商业战略。换言之，如果不考察全球推动力和当地社会之间的调和作用，很难从全球推动力的文化逻辑或当地社会的性质方面具体说明文化商品的跨文化迁移的历史后果。这遵循这样一个事实，即，很难假定历史后果的可能的演绎式形式，因为这种形式具有多样性，变化万端。因此，同质化和克里奥尔化无法穷尽文化商品跨文化迁移的历史后果的所有可能形式。

实际上，这种不连续性是"事件的历史图解标志"❷。在下文所探讨的事件中，该公司主席的个人使命保持了该公司的主体性，引领该公司在 20 世纪 70 年代初进军海外市场。1984 年，作为公司国际化战略的一部分，该主席决定在中国香港地区开设零售店。八佰伴香港采用了其母公司在日本的商业模式，在新界沙田区新城市成立中国香港地区第一家商店，向中国香港地区的中产阶级和中低社会群体出售日用品。这一商业模式受到新兴中产阶级的热烈欢迎，因为这一模式有助于创造一种与新兴中产阶级身份形成的文化逻辑相匹配的企业形象。该公司的沙田店因而大获成功。沙田店的成功进一步促使八佰伴利用同一商业模式发展其业务。在这一事件中，八佰伴在中国香港地区复制了其日本超市的模式。但是，香港人民根据他们自己对"百货商店"的定义，并没有将八佰伴看作是一家日本超市，而是看作一家中国香港地区本地的百货商店，这进一步促成了八佰伴在香港的成功。可以看出，八佰伴的商业战略和香港新兴中产阶级的身份形成之间的调和作用为该公司在中国香港地区的发展增添了活力；该公司的商业形式和"百货商店"的本土概念之间的调和作用进一步强化了该公司在中国香港地区取得的成功。该公司商业战略及其在中国香港地区的历史后果

❶ Marshall Sahlins, "The Return of the Event, Again: With Reflections on the Beginnings of the Great Fijian War of 1843-1855 Between the Kingdoms of Bau and Rewa," in *Culture in Practice: Selected Essays*, New York: Zone Books, 2000, p. 303.

❷ Marshall Sahlins, "The Return of the Event, Again: With Reflections on the Beginnings of the Great Fijian War of 1843-1855 Between the Kingdoms of Bau and Rewa," in *Culture in Practice: Selected Essays*, New York: Zone Books, 2000, p. 304.

专题研究

之间存在不均衡。为了理解这种不均衡，需要查明这种结构逻辑，它引起了外国文化商品的性质和当地社会文化秩序之间的调和。

可以看出，萨林斯的事件理论分析焦点在于外国文化商品的性质和当地社会文化秩序之间的相互接触、引起这种相互接触的结构逻辑以及有关媒介。这一分析焦点为我们将商品跨文化迁移视为**多样化过程**以及将其社会效应作为**偶发性**历史结果提供了视角。

三、事情经过

1984 年，日本一家连锁超市八佰伴要在沙田新城的新城市广场购物中心开设其在中国香港地区的第一家百货商店，消息传来，香港人都觉得很惊讶，因为直到这一刻他们才听闻有这样一家超市。人们感到惊讶的原因包含两个方面。首先，香港作为曾经被英国统治的一个地区，从 20 世纪 80 年代早期一直以来饱受经济和社会危机。1982 年 9 月，当八佰伴正在考虑进入中国香港地区时，英国首相玛格丽特·撒切尔访问中国，商谈这片曾是荒芜之地的岛屿的未来。她坚持将香港岛和九龙部分地区割让给英国的 1842 年和 1860 年条约以及将新界租借给英国的 1898 年条约在法律上具有有效性。她补充说："现在还存在这些条约，我们忠于所签署的条约，除非我们决定要做出些改变。"[1]但是，中国领导人坚持自己的立场，即，因为香港的这三个条约都是不平等条约，因此它们不具有法律效力。中国将在 1997 年之后收回香港领土主权。香港届时将成为"香港特别行政区"[2]。

在后来的中英谈判中，英国政府提议英国承认中国对整个香港包括 19 世纪割让部分的领土主权，以换取中国政府同意 1997 年后英国继续治理香港[3]。那时，许多香港地区的人民相信中国可能会接受这一提议。然而，出乎他们意料的是，中国立即拒绝了这一提议，坚持领土主权和行政权不可分割。中国外交部部长吴学谦甚至强硬地说，如果双方无法达成统一，"最

---

[1] Michael Sida, *Hong Kong Toward 1997: History, Development and Transition*, Hong Kong: Victoria Press, 1994, p.148.

[2] Michael Sida, *Hong Kong Toward 1997: History, Development and Transition*, Hong Kong: Victoria Press, 1994, pp.144-148.

[3] Hungdah Chiu, "Introduction", in *The future of Hong Kong: Toward 1997 and Beyond*, ed. Hungdah Chiu et al., New York: Quorum, 1987, p. 8.

010

第陆卷

晚在 1984 年 9 月，中国将宣布其对香港的政策"❶。

中国拒绝英国政府的提议，让香港地区当地和国际团体对香港地区的未来丧失了信心。这场信心危机后来被解读为经济倒退，之后受到严重的全球危机影响导致香港出口下降影响进一步加剧❷。香港地区著名地产开发公司新鸿基地产位于新界新城沙田的大型购物中心即将竣工，但由于香港政治前途的不明朗，无法找到大型零售商在那里开设旗舰店。开发商随后将目光转向日本。但是，日本许多零售寡头担忧香港地区未来前景，不愿投资。最终，这一项目递到八佰伴董事长和田一夫手中。他表示出对此项目的兴趣，于是，双方开始协商。谈判进展得并不顺利，双方没有就租赁达成一致意见。但是，对香港地区的信任危机在 1983 年达到顶峰，新鸿基同意在之前租金额上削减一半额度。八佰伴以每月每平方米 107.6 港币的价格从新鸿基手中获得 10 年租期，这一价格仅为香港地区最主要购物区租金的三分之一。和田一夫决意投资尚属政治的不确定性的香港确实让香港人民很惊讶，因为当时香港地区本地和国际商界对香港地区经济未来持强烈保留态度，许多公司暂缓或取消了在香港地区的投资计划。

八佰伴第一家百货商店的选址也让香港地区当地社会很吃惊。那时，沙田还是偏僻的新界新开发的一座人造城，从来不曾是日本百货公司的选址之地。事实上，除了八佰伴以外，日本所有百货公司在 20 世纪 80 年代初都是在铜锣湾、尖沙咀和中环开设百货商店，这些地区全部都是香港地区主要的零售区。这就是香港地区当地社会对和田一夫决定接受新鸿基的提议，在沙田开设八佰伴第一家百货商店感到很惊讶的原因所在。

尽管位置很偏僻，八佰伴沙田百货商店结果非常成功。八佰伴初期的成功令它得以于 1988 年在香港证券交易所上市。八佰伴是第一家在香港地区上市的日本零售商。20 世纪 90 年代初，八佰伴占据了百货商店销售 10%的市场份额，总零售额的 1.4%❸。我们不禁要问：包含哪些相互关联的因素得以让八佰伴的位置"战略"与日本其他百货商店如此不同呢？为何其位置"战略"能够让它在 20 世纪 80 年代下半叶在香港地区获得成功呢？

专题研究

---

❶ Michael Sida, *Hong Kong Toward 1997: History, Development and Transition*, Hong Kong: Victoria Press, 1994, p.154.

❷ Penelope Hartland-Thunberg, *China, Hong Kong, Taiwan and the World Trading system*, London: MacMillan, 1990, p.100.

❸ 该数据来源于八佰伴公司内部资料。

又或者和田一夫为何最初决定要下注于政治前景还不明朗的香港地区呢？

1990 年，和田一夫将八佰伴总部迁到香港地区，这一举动再次令香港人民惊讶不已。他还带来了大量资金，用于八佰伴在香港地区的投资。在香港地区站稳脚跟之后，和田一夫进一步扩大了该公司连锁经营规模，到1995 年该公司百货商店数量已增至 9 家。与此同时，他投资餐厅、食物供应、地产开发、特产品连锁店以及娱乐业，转型成为零售综合企业。

似乎一切都被和田一夫规划得如此之好，也受到该公司的企业战略的统筹。讽刺的是，据与和田一夫非常亲近的知情人透露，当他决定将公司总部搬迁至香港地区时，实际上他并没有任何具体的计划，无论你相信与否，他当时只是想放手一搏！但我们应该如何理解他"构成因果"的一搏呢？是什么让他的搬迁如此成功？

这同样符合他在中国内地的投资计划。当他在 1990 年搬迁至香港地区时，他并没有将中国内地看作是可盈利的市场。他对媒体说中国内地并不富裕，不足以支撑他的超市业务，尽管他又急忙补充说他的确计划在未来数十年之内在中国相对富裕的沿海地区开设连锁百货商店❶。但是，这只是一种模糊的远景，而非具体计划，因为他当时还不知道如何实现这一远景。然而，在 1990 年 10 月第一次拜访北京之后，他开始认真思考投资中国内地的事宜。1991 年 9 月，他在深圳沙头角开设了第一家百货商店。次年，他在北京开设了一家联营百货商店。1993 年，他成立了中国室有限公司❷，以协调八佰伴在中国内地的投资项目，其中包括投资 2 亿美元在上海浦东新经济区兴建的购物综合设施❸。他甚至将公司大部分资金引入中国内地，出售其在香港的资产为他的企业提供资金。1994 年 5 月，他出售了香港的办公室，融资 3 亿美元，以支持八佰伴在中国内地的扩张。但是，像和田一夫这样一个既不知道该如何做又没有强烈投资中国内地意愿的人，为何最终将八佰伴变成了一家"中国热"公司呢？

---

❶ Yaohan Department Store Ltd, *Leap Forward*（《跃进》）, no.102 , Japan: Yaohan Department Store Ltd, 1990, pp. 115-116.

❷ 中国室有中国办事处之意。

❸ Yaohan Department Store Ltd, *Leap Forward*（《跃进》）, no.109 , Japan: Yaohan Department Store Ltd, 1993, p.76.

四、阐释

上述事件显示出和田一夫是八佰伴主要的历史媒介。首先，他是八佰伴的象征，他自己代表着公司，其他所有员工均为公司的一分子。其次，他的个人使命在某种程度上总是会对公司产生社会后果，他的个人行为会隐喻地调到一个更高层级，变成八佰伴的共同决策。1990年，将公司总部搬迁至香港地区的个人决定就是一个十分显著的例子。如同我在其他书籍中所述❶，他的历史作用能得以成就的原因主要归于该公司的权力结构：和田家族对管理权的控制、八佰伴的所有权以及利用生长之家（Seichō-no-Ie）这一日本新宗教对员工的进行教导。这一权力结构让他能够在八佰伴命运史上发挥出不相称的历史影响。正如他自己所说："如果我改变，整个世界也要跟着一起改变。"❷

例如，20世纪70年代初，和田一夫采取了一种生存策略，与同地区的其他地方性超市所采用策略均不同。20世纪60年代，大荣（Daiei）和西友（Seiyu）等一些全国性连锁超市开始在全日本开设店铺。这一扩张对许多地方性超市构成生存威胁。大多数公司的店铺设在静冈县，八佰伴也面临着这些全国性超市的竞争威胁。由于八佰伴在日本零售业处于非常边缘的位置，因此，它无法与这些全国性超市相抗衡。八佰伴的边缘性同时体现在经济和社会两个方面。首先，八佰伴很难被称为是一家百货公司，但它在日本确实是一家超市。日本的百货公司和超市的区别主要体现在三个方面：第一，它们有各自经营的组织。超市属于连锁式自助经营，把营销与商店经营分开。百货公司不同于超市，不区分这些职责❸。第二，超市拥有数量众多的零售店。超市星罗棋布于全日本的居民区，而大型百货公司则只经营很少的百货商店。第三，百货公司与超市在社会声望方面也有所差别。这种地位差别根植于它们的历史以及它们店铺的实际位置❹。百货公司，尤其是被称为"和服传统"的三越（Mitsukoshi）或大丸（Daimaru）

❶ Wong, Heung Wah, "From Japanese Supermarket to Hong Kong Department Store," in *Asian Department Stores*, edited by Kerrie L., MacPherson, Surrey: Curzon Press, 1998 .

❷ Kazuo Wada, *Yaohan's Global Strategy: The 21st Century is the Era of Asia*, Hong Kong: Capital Communication Corporation Ltd, 1992, p. 23.

❸ Hajime Sato（佐藤肇）, *The Retail System in Japan*（《日本の流通机构》）, Tokyo: Yūhikaku, 1978, pp. 232-233.

❹ Roy Larke, *Japanese Retailing*, London and New York: Routledge, 1994, p.169.

等公司，能够夸耀它们比超市拥有更悠久的历史。一般而言，在日本商界，悠久的公司历史在消费者心中与质量和地位成正比。换言之，百货公司通常比超市地位要高。八佰伴作为一家超市，在日本自然比百货公司的社会地位要低一些。

更为重要的是，八佰伴在日本只被视为一家地方性超市。"超市"又进一步分为"全国性超市"和"地方性超市"。根据定义，全国性超市需要至少在四个县设有零售店，在以下两个或以上城市拥有零售店网：东京、大阪和名古屋 **❶**。大荣、西友、伊藤洋华堂（Itō-Yōkadō）、吉之岛（永旺）[Jusco（Aeon）]和生活创库（UNY）等都是著名的全国性超市的代表。这些公司占据巨大的市场份额，必定出现在日本零售业"四大"榜单上。另一方面，地方性超市规模较小，也不太有名。八佰伴只在静冈、神奈川、爱知和山梨设有分店，但在东京、大阪或名古屋并没有开设店铺。因此，它被归为地方性超市。更为重要的是，正如超市通常比百货公司的地位要低，作为地方性超市的八佰伴在日本的超市分类中处于最低地位。如上所述，它无法与全国性超市相竞争。

八佰伴的边缘性还体现在经济方面。例如，20世纪60年代，大荣销售额为1000亿日元，而八佰伴销售额仅为30亿日元 **❷**。鉴于其极小的市场份额，八佰伴在20世纪60年代无法与大荣或西友等全国性超市相竞争也就不足为奇了。

尽管和田一夫充分意识到了八佰伴的边缘地位，他仍然选择在20世纪70年代进军海外市场。这一决定与他在其家族中的地位有密切关系。和田一夫是和田家族的长子，因此，依据他们家的传统，他将成为家族企业八佰伴的继任者。作为家族企业的继任者，他有责任维持家族企业的延续和繁荣。因此，当他的公司面临全国性超市扩张的威胁，他选择通过进军海外市场维持其公司的独立性，而不是与其他地方性超市合并或者被全国性超市收购。最初大多数员工，包括董事会成员反对在那时进军海外市场，他们认为公司不应该进军未知的海外市场使得已非常有限的资金更为分散。最终，和田一夫成功压制了员工和董事会成员的反对意见，在20世纪70

❶ Nikkei Ryūtsū Shinbun（日系流通新闻），*The Modern History of Retailing*（《流通现代史》），Tokyo: Nihon Keizai Shinbun, 1993, p.2.

❷ Kazuo Wada, *Yaohan's Wining Strategy in China*（《ヤオハン中国で胜つ戦略》），Tokyo: TBS Buritanika, 1995, p.73.

年代初开展了第一笔海外投资 **❶**。

尽管后来撤出了巴西市场，但他坚持八佰伴应该继续海外战略，并于1974年、1979年和1984年分别在新加坡、哥斯达黎加和中国香港地区开设店铺。据说，当他在思考投资中国香港地区时，包括他几个兄弟在内的众多八佰伴董事都反对这一计划，因为他们认为投资政治前景不太明朗的中国香港地区风险太大。但是，和田一夫有他自己的盘算。根据他的推测，便宜的租金加上大有希望的市场，八佰伴能在9年内收回其在中国香港地区的投资，即1997年香港回归前的5年之内。因此，他推断即便发生最坏的情况，他也不太可能会损失金钱。更重要的是，他有权强制推行他个人的决定。他能够克服来自他同事甚至他兄弟的强烈反对，决定向香港项目投资82.5亿日元。1984年12月9日，香港八佰伴资助100万美元举办烟火会，标志着八佰伴在沙田新城市广场盛大开业。我们可以看出，八佰伴在20世纪80年代进入中国香港地区取决于和田一夫的个人日程，因此，存在它自己的动机。

和田一夫做出的在沙田开设八佰伴第一家店铺的决定也有他自己的动机和特性。如上所述，在日本，超市通常没有百货公司的声望高。声望的绝对差别进一步导致了超市和百货公司在营销政策、价格、位置战略和顾客方面的差别。简而言之，在日本，百货公司的商业模式就是在最早的中心商业区开设商店，为富裕的顾客提供奢侈品，而超市则开设在居民区附近，主要为普通客户提供便宜的日用品。正是超市的这种商业模式让八佰伴作为一家超市选取了"适宜的"商业位置，指导它在中国香港地区的位置战略，鉴于和田一夫对店铺要毗邻于居民区、普通顾客中的常客和便利性的重视要远甚于其他考虑因素。因此，对他而言，许多日本百货公司都在中心商业区开设店铺，而非中心商业区的沙田"似乎"成了开设店铺的理想之选。

但是，八佰伴在20世纪80年代初进入中国香港地区市场以及和田一夫决定在沙田开设店铺具有双重含义和重要性，这两者的重要性不能简单地从它们自己的动机和特性进行断定，这是与当地文化秩序相调和的结果，而这些特性和动机会对香港本地文化秩序产生某些特定的影响。八佰伴在20世纪80年代中期获得的巨大成功从逻辑上并不符合和田一夫在20世

---

❶ Hidenori Itagaki（板垣英宪），*Yaohan*（《ヤオハン》），Tokyo: Pāru, 1990, pp.113-115.

专题研究

015

80年代初做出的投资中国香港地区和在沙田开设八佰伴第一家店铺的决策的动机和特性，而是取决于这些动机和特性融入当地秩序的方式。

（一）本地秩序

毫无疑问，香港非常之小，面积仅有1096平方千米，大约相当于大伦敦区面积的70%❶。这种小不仅体现在地理上，还体现在国际地理政治事件中。由于小，香港在国际政治舞台上从来不曾成为一名重量级选手，现在同样不是，将来仍然也不会是。它总是通过一些超级大国在经济和政治上与外面的世界接驳，1997年之前是英国，之后为中国❷。1842年香港割让给英国时，香港被英国商人视为中英贸易的一个基地。因此，香港经济受制于转口贸易。第二次世界大战之后，香港地区与中国内地的转口贸易迅速下降。与此同时，美国政府意欲通过鼓励全球贸易整合全球经济。香港得益于美国这一意图，在20世纪60年代开始了以出口为导向的工业化。当香港地区工业的生产成本增长到无法与中国台湾地区、韩国和其他东南亚国家等新兴工业化地区和国家相抗衡时，香港制造商通过他们与内地的关系，利用中国内地改革开放政策，将他们的生产基地迁往内地南部地区。因此，他们得以保留劳动密集型生产优势❸。可以看出，香港经济发展总是受制于全球经济。这也解释了为何20世纪80年代初全球经济萧条会对香港造成如此严重的影响。

还必须记住的一点是，香港在政治上的特殊地位。1997年之前，在英国统治长达150年的时间内，港英政府在制定主要政策前，总是不得不寻求伦敦的指示。香港总督作为英国政府的代表，同他的私人顾问团行政会议一起，制定所有决议都需先请示英国政府，然后政府控制的立法会才能通过这些决议。这解释了港英政府在治理香港过程中为何一直坚持放任主义的方式。

在很大程度上，香港人民能做的就是保持敏锐的察觉力，在许多情况下对经济和政治环境的变化高度敏感，并对这些变化做出回应，在许多情况下要高度回应。

❶ James Lee, *Housing, Home Ownership and Social Change in Hong Kong*, Aldershot: Ashgate, 1999, p.46.

❷ Stephen Chiu W. K., K. C. Ho, and Tai Lok, Lui, *City States in the Global Economy: Industrial Restructuring in Hong Kong and Singapore*, Oxford: Westview Press, 1997, p.159.

❸ Stephen Chiu W. K., K. C. Ho, and Tai Lok, Lui, *City States in the Global Economy: Industrial Restructuring in Hong Kong and Singapore*, Oxford: Westview Press, 1997, pp.53-55.

（二）新兴中产阶级的出现

与第二点相关的本地秩序就是香港在 20 世纪 80 年代不断变化着的社会结构。如上所述，香港制造商在 20 世纪 80 年代将他们的生产基地迁往中国内地南部，以保持成本竞争优势。根据 Chiu. Ho 和 Lui 的研究，这一迁徙战略对香港雇佣结构有两层含义。首先，制造业绝对雇佣人数下降。其次，制造业生产和相关工人人数比例下降五分之一，从 1981 年的 82.3%下降至 1991 年的 68.2%，而专业人员、技术人员、行政人员和管理人员的比例翻了三番，从 1981 年 3.8% 增长到 1991 年 11.4%。Chiu. Ho 和 Lui 认为，这些数据显示出一个双重重建过程。就总的经济结构而言，出现了行业转移，从制造业向 20 世纪 70 年代之前的金融、贸易和服务业转移。同时，制造业本身也从以生产为导向向以商业为导向转移❶。从生产向商业转移导致的职业转移催生了新兴中产阶级的出现，改变了香港社会的阶级结构。

Lui 和 Wong 在 20 世纪 90 年代初开展了一项流动性研究❷。根据调研数据，他们构建了一个复杂的七层社会阶级方案以及简化版的三层社会阶级分类版本（见表 1.1）。Lui 和 Wong 发现，随着服务阶级大规模的自我扩充，出现了相对较高的流入率和较低的流出率。超过 60% 的服务阶级并非出身于服务阶级家庭❸。这是唯一能解释服务阶级扩大的原因，否则，不可能出现这么多新的成员加入这一阶级❹。本文前一小节中所描述的双重去工业化导致了服务阶级的扩大，使得在过去 20 年间出现的社会流动性这一结论更加清晰。

❶ Stephen Chiu W. K., K. C. Ho, and Tai Lok, Lui, *City States in the Global Economy: Industrial Restructuring in Hong Kong and Singapore*, Oxford: Westview Press, 1997, pp.71-77.

❷ Lui, Tai Lok and Wong, Thomas W. P., *Reinstating Class: A Structural and Developmental Study of Hong Kong Society. Social Sciences Research Centre Occasional Paper 10*, Hong Kong: Department of Sociology, the University of Hong Kong, 1992.

❸ Lui, Tai Lok and Wong, Thomas W. P., *Reinstating Class: A Structural and Developmental Study of Hong Kong Society. Social Sciences Research Centre Occasional Paper 10*, Hong Kong: Department of Sociology, the University of Hong Kong, 1992, pp. 50.

❹ Lui, Tai Lok and Wong, Thomas W. P., *Reinstating Class: A Structural and Developmental Study of Hong Kong Society. Social Sciences Research Centre Occasional Paper 10*, Hong Kong: Department of Sociology, the University of Hong Kong, 1992, pp.47.

专题研究

表1.1 香港阶级结构

七大阶层	简要描述	N	百分数（%）	三大阶层
I	上层服务阶级：更高级的专业人士、行政官和官员、大型企业的管理人员、大型经营主	81	8.6	服务
II	下层服务阶级：较低级的专业人士、行政官、较高级技术人员、小型商业和工业企业的管理人员、非体力劳动雇员的管理者	107	11.3	服务
III	商业和行政部门的一般的非体力劳动雇员、个人服务劳动者和商店销售人员	90	9.6	中产
IV	小资产阶级：雇佣员工或自我雇佣的小业主、技工、承包商	132	14	中产
V	较低级的技术人员、体力劳动者的管理者	150	15.9	中产
VI	技术熟练的体力劳动者	149	15.8	工人
VII	半熟练和不熟练的工人、务农工人	234	24.8	工人

来源：Lui Tai Lok，Thomas W. P.，Wong，"恢复阶级：香港社会结构和发展研究"，载《社科研究中心职业报告》10期，香港：香港大学社会学系，1992年，第30页。

Lui 和 Wong 描述了几点与阶级相关的社会经济特征。与本文所探讨主题相关的一个特征为房屋所有权。超过 60% 的服务阶级居住在独门独户的私人住宅内，而只有 43% 的工人阶级和一般的非体力劳动阶级以及 47% 的小资产阶级居住在私人住宅。就房屋所有权而言，65% 的服务阶级拥有他们自己的住宿单元，而只有 24%—33% 的工人阶级和一般的非体力劳动阶级拥有他们自己的住宿单元。55% 的小资产阶级拥有他们的居住区。❶

（三）房屋和新兴中产阶级生活方式

可以看出，新兴中产阶级在房屋所有权方面比较突出，拥有房屋人数的比例较高。该如何理解这一新兴中产阶级现象呢？ Lee 提出了中产阶级房屋所有权的布尔迪厄式分析❷，本文将沿用这一分析法。Lee 认为，新兴中产阶级购买居住区的动机应归于他们早期居住环境、房屋所有权的投资回报率和身份构建。如上所述，超过 60% 的新兴中产阶级来自工人阶级和小资产阶级。据 Lee 所述，他们中大多数人童年时代的居住环境都比较拥

❶ Lui, Tai Lok and Wong, Thomas W. P., *Reinstating Class: A Structural and Developmental Study of Hong Kong Society. Social Sciences Research Centre Occasional Paper 10*, Hong Kong: Department of Sociology, the University of Hong Kong, 1992, pp.33.

❷ James Lee, *Housing, Home Ownership and Social Change in Hong Kong*, Aldershot: Ashgate, 1999.

挤。房产投资的高回报率也是他们购置房屋的一个重要原因。1983—1992年的 9 年时间内，市区房屋价格增长了 10 倍。[1]但是，Lee 认为经济原因不能单独解释中产阶级的消费模式，因为房屋消费，尤其是购买太古城等私人屋苑以及与之相匹配的生活方式同样有助于彰显中产阶级身份。[2]

如果 Lee 所说的太古城及其生活方式象征着新兴中产阶级的社会地位的观点是正确的话，我们会倾向于说日本在中国香港地区开设的超市及与此相关的购物方式应视为构成新兴中产阶级生活方式的一个重要元素，因为在这些大型私人住宅区总是会有日本的超市。鉴于八佰伴在沙田新城市广场比 UNY 在太古城开设超市的时间要早 3 年，我们甚至能够这样认为，新城市广场，而非太古城在塑造新兴中产阶级生活方式方面发挥着重要作用。

表1.2 私人住宅区和日本零售商

私人住宅区	日本零售商	设立时间
沙田新城市广场	八佰伴	1984
太古城	UNY	1987
屯门新城市广场	八佰伴	1987
康山花园	吉之岛	1987
黄埔花园	八佰伴	1988
丽港城	八佰伴	1992

来源：由作者收集资料整理而成。

（四）调和

如上所述，香港人民对政治和经济环境易过度敏感和过度反应。这就是为何 20 世纪 80 年代初中英政府之间的冲突在香港人民中间产生了一场信心危机。那时大多数香港人民认为，冲突对于中英政府而言都仅仅只是外交策略，而对于香港人而言，这很容易发展成一场灾难。

这场信心危机随后因全球性经济衰退导致香港经济衰退而进一步加剧，

[1] James Lee, *Housing, Home Ownership and Social Change in Hong Kong*, Aldershot: Ashgate, 1999, p.63.

[2] James Lee, *Housing, Home Ownership and Social Change in Hong Kong*, Aldershot: Ashgate, 1999, pp.153-157.

专题研究

在香港社会发展成一场社会危机。在香港经受政治、经济和社会危机时，和田一夫投资中国香港地区的决定因而在意义和重要性这两个方面具有超乎寻常的意义。对于香港人民而言，和田一夫愿意承受损失大笔金钱的风险投资香港地区必定意味着并非所有的外国公司对香港地区未来都持悲观态度，其重要性在于让香港人民和外国投资者相信，香港地区一切都会好起来的。由于具有这种超乎寻常的意义，和田一夫投资香港的决定得到香港媒体的广泛关注。因此，尽管八佰伴是一个新进入中国香港地区的企业，但和田一夫已成为香港社会的话题，这极大地提升了该公司的知名度。

随后的政治形势的发展也有利于八佰伴在香港的生意。在沙田店铺开张 10 天之后，中国政府和撒切尔夫人在历经长达两年的痛苦谈判之后在北京签署了《中英联合声明》。基于"一国两制"，联合声明承诺香港的资本主义经济制度和生活方式在 1997 年 7 月 1 日之后维持 50 年不变。香港对联合声明的最初反应是长舒一口气。人们对香港的信心恢复了，经济开始再次增长，到 1985 年 5 月底，大多数宏观经济指标似乎都显示香港在稳步复苏中。因为八佰伴得益于 1982 年疲软的地产市场，减低了最初运营成本，在随后的经济复苏中甚至获利更多。

但是，这一系列政治变化不能完全解释八佰伴 20 世纪 80 年代下半叶在中国香港地区取得的成功。八佰伴在沙田的第一家店铺位置和香港社会结构的变化之间的交互影响也是八佰伴获得成功的一个重要因素。

1. 房屋、购物设施和购物体验

从 20 世纪 60 年代直到现在，在香港购物者心中，购物设施的发展和与此相关的购物体验的变化与第二次世界大战后香港房屋发展有着密切关系。1949 年新中国成立之后不久，香港地区人口迅速增长，由 1947 年 180 万人增加至 1956 年的 250 万人[1]。这些移民中 80% 为来自广东省的贫苦农民，剩下 20% 为来自上海和中国北方的移民企业家。后者能够负担租住他们自己的公寓，甚至能够买得起房屋，而前者初到香港地区时，只能跟他们的亲戚挤在廉价的出租住宅[2]或任何能找到的非法建的房屋里。1956—1958 年间，非法木屋居民人口达到 25 万。[3]1953 年圣诞，石硖尾的一场大

---

[1] James Lee, *Housing, Home Ownership and Social Change in Hong Kong*, Aldershot: Ashgate, 1999, p.111.

[2] James Lee, *Housing, Home Ownership and Social Change in Hong Kong*, Aldershot: Ashgate, 1999, p.118.

[3] James Lee, *Housing, Home Ownership and Social Change in Hong Kong*, Aldershot: Ashgate, 1999, p.116.

火烧毁了 5 万个家庭的房子，迫使政府执行新的房屋政策：大规模建设 7 层楼高的 H 型徙置大厦，不仅安置这 5 万家庭，而且还安置非法寮屋居住者。❶ 这些 7 层楼高的 H 型徙置大厦在 20 世纪 60 年代如此突出，因此，可将 20 世纪 60 年代称为徙置大厦时期。

在徙置大厦时期，零售设施的典型模式就是位于徙置大厦一层的家庭式经营的小商铺，向那里的居民出售日用品，这类消费品占据着市场主导地位。集市的出现，补充了家庭式经营的小商铺之不足，那里出售新鲜的蔬菜、肉类、鱼类，等等。一些集市发展壮大为街市，如旺角通菜街和北角马宝道，出售低端但相对"时髦"的衣物❷。

那时的百货业主要包括三类百货公司，专门出售中国制造产品的国货公司、永安百货等香港本地百货公司，以及连卡佛、龙子行和大丸等非中国百货公司。所有非中国百货公司都建在中环、尖沙咀和铜锣湾等高端的核心零售区，而国货公司和香港本地百货公司则在高端和低端的核心零售区（旺角和油麻地）以及新蒲岗和深水埗等居民区均设有店铺。

20 世纪 60 年代购物的一般模式是，占据着香港绝大多数人口的低收入和中低收入家庭的家庭主妇在她们居住大厦的一层购买日用品，在附近集市购买新鲜食物。换言之，除了像春节等一些重要节日，她们很少在百货商店购物。父母通常会在春节前夕领着孩子们去国货公司买新鞋子和新衣服，同时也为过年购置一些特殊食品。青少年也很少购物，因为那时他们的零花钱不多。他们中有些人在存够一定的钱之后，偶尔在旺角等低端零售区买条牛仔裤或一双运动鞋。富裕的顾客则在位于高端核心零售区的非香港百货商店里购物。

可以得出，20 世纪 60 年代大多数香港人民购物主要出于实际需要，而非娱乐消费的目的。换言之，大多数香港人是**买**东西，而非**去**购物。他们主要关心的是价格，以及商品能够维持多久，而不是潮流，因为那时年幼的小孩穿年长的哥哥姐姐穿小的衣服是很寻常的事。

20 世纪 70 年代初，香港政府开展了一项新的公共屋邨项目。在新的公共屋邨项目下，旧的徙置大厦修葺一新；新建新的公共屋邨；在新界开发

专题研究

---

❶ James Lee, *Housing, Home Ownership and Social Change in Hong Kong*, Aldershot: Ashgate, 1999, pp.121-122.

❷ John Lam. "Developing of Shopping Center in Hong Kong: A Sociological Study", Master thesis, the University of Hong Kong, 1996, pp.23-24.

新城镇。随着这些新的开发项目，购物设施也得以改善。在这些新的公共屋邨中，特别修建了能够容纳众多商铺的多层购物中心。第一个购物中心建于 20 世纪 70 年代，位于沙田新城的沥源邨❶。从那时起，新的公共屋邨出现了许多类似的购物中心。

私人屋苑也开始出现类似的购物中心。最典型的是位于荔枝角的美孚新邨。美孚新邨第一期到第三期建于 20 世纪 60 年代末和 70 年代初，遵循了传统的购物模式，小型商店设在每栋建筑的一层。但是，开发商在 20 世纪 70 年代中期开发美孚新邨四期时，在四期建筑里面建了多层购物中心，包括电影院和百货商店。❷随着购物中心出现在公共屋邨和私人屋苑，香港购物一词的含义开始由买东西向去购物转变。

2. 新界的新城镇

新城市广场的开发和八佰伴在 20 世纪 80 年代初在新城市广场开设旗舰店是购物行为和意义发生转变的最重要标志。如上所述，20 世纪 70 年代初期，香港政府决定在新界新建新城。Leung 指出了这些新城的几点特征。首先，就雇佣机会、现在购物和服务设施以及娱乐和社区服务而言，这些新城完全能自给自足。❸其次，通过一个社会中可能达到的健康社会融合，实现了"公共/私有住宅、个人所有/租赁单元和高/低密度住宅之间的最佳住宅混合"❹。结果，居住在新城的家庭来自于不同的收入阶层，从居住在公共屋邨的底层家庭到居住在私人屋苑的中低层和中层家庭。❺但是，如上所述，居住在公共屋邨的底层家庭并不一定意味着他们购买力低下，因为香港政府对公共屋邨租金给予了大量补贴。

住宅和其他社会设施并不能完全吸引人们搬迁至新城。还必须有将这些新城与香港中心区域连接起来的发达公共交通系统。1980 年，港英政府完成香港地铁（MTR）观塘线建设，将观塘与尖沙咀和中环等中心区域连

❶ John Lam. "Developing of Shopping Center in Hong Kong: A Sociological Study", Master thesis, the University of Hong Kong, 1996, p.26.

❷ John Lam. "Developing of Shopping Center in Hong Kong: A Sociological Study", Master thesis, the University of Hong Kong, 1996, p.25.

❸ W. T. Leung, "The New Towns Programme," in *A Geography of Hong Kong*, ed. T. N. Chiu and C. L. So, Hong Kong: Oxford University Press, 1986, p.268.

❹ W. T. Leung, "The New Towns Programme," in *A Geography of Hong Kong*, ed. T. N. Chiu and C. L. So, Hong Kong: Oxford University Press, 1986, p.268.

❺ W. T. Leung, "The New Towns Programme," in *A Geography of Hong Kong*, ed. T. N. Chiu and C. L. So, Hong Kong: Oxford University Press, 1986, p.273.

接起来。一年后，九广铁路（将位于新界沙田、大埔、上水等区的新城镇与尖沙咀连接起来）实现电气化。更为重要的是，九广铁路（KCR）在九龙塘站与港铁接驳，人们从而可以搭乘港铁往返于新界和香港岛之间。港岛线和荃湾线于20世纪80年代竣工。这些高效的公共运输系统极大缩短了新城和香港中心区域的距离，使得新城对大多数香港人民颇具吸引力。因此，从20世纪70年代初起，九龙和新九龙大量人口向新界大多数新城所在地迁移。根据Lam的研究，新界人口从1971年占总人口的17%增长至1986年的35%，其中34.7%的新增人口来自九龙、新九龙和香港岛。❶

随着新界人口的快速增长，收入呈现更快速地增长。根据Jim和Chan的研究显示，家庭住户每月收入中位数几乎翻了一番，从1981年的2955港币增加到1986年的5160港币，1991年增加至9964港币。这些数据意味着大型零售市场于20世纪80年代在新界形成。❷

3. 沙田新城、新城市广场和八佰伴

在第二次世界大战前，沙田处在农业社会时期，一直到1976年香港政府决定将沙田开发成为新城市。新鸿基地产发展有限公司是最早进入沙田的地产开发商之一。它在20世纪80年代初开始建造名为新城市广场的大型私人住宅区。新城市广场包含三期工程，分别于1984年、1988年和1990年竣工。❸让这一地产颇具吸引力的原因在于其优越的地理位置。正如Lam所述：

> 广场拥有优越的地理位置，它紧挨着地铁站。广场旁的沙田铁路站将新界与九龙市区连接起来。铁路也能让九龙其他地方的游客便利地前往新界。此外，返回大埔等新界东其他区的居民也必须经过沙田。因此，铁路因其旅行时间短和便利性，将人们带往新城市广场。此外，广场还有一个大型公交总站，能够服务于沙田新城的居民以及九龙其他区的游客。大量居住在新城其他地方的人们经常乘坐广场公交，将广场当作交通换乘点。

❶ John Lam. "Developing of Shopping Center in Hong Kong: A Sociological Study", Master thesis, the University of Hong Kong, 1996, pp.41-42.

❷ Simmons Jim and Kam Wing Chan, *The Retail Structure of Hong Kong. Working Paper No. 53*, Hong Kong: Centre of Urban Planning and Environmental Management, the University of Hong Kong, 1992, p.7.

❸ John Lam. "Developing of Shopping Center in Hong Kong: A Sociological Study", Master thesis, the University of Hong Kong, 1996, p.27.

专题研究

另外，拥有数千个停车场的地下停车广场满足了自驾游客和居民的需求❶。

此外，新鸿基修建了两个6层购物中心，为当地居民提供现代化购物设施。八佰伴为购物中心的旗舰店，占据了头3层绝大部分空间。其他商铺包括青春时尚连锁店、专卖店、药店、珠宝店、快餐店、咖啡店、西餐厅、游戏厅、迷你电影院，等等。购物中心里面还有3—4家大型中餐厅。人行道将广场与沙田站连接起来，这样顾客下地铁之后，可以直接前往广场。❷众所周知，八佰伴沙田店在20世纪80年代非常成功，它的成功不仅吸引着沙田区和九龙其他地区的购物者前往购物，而且还有居住在新城市广场以及沙田其他私人住宅区的家庭也前去购物。这些家庭为中产阶级，否则他们不可能负担得起那里的公寓。但八佰伴在20世纪80年代如何吸引香港中产阶级家庭呢？八佰伴在塑造香港新兴中产阶级生活方式方面发挥着怎样的作用呢？

4. 香港人新兴中产阶级身份认同形成的文化逻辑

大多数新兴中产阶级生于20世纪60年代，长在70年代。20世纪70年代香港社会产生了快速而又彻底的变化，使得它成为现代香港史上非常重要的10年。从经济上而言，服装制造业在70年代中期达到顶峰，电子产业同时出现快速增长。香港这两大产业的快速增长导致劳动力短缺，工资从而上涨。换言之，70年代香港工人的收入快速增加，生活水平得到巨大改善。因此，工人阶级家庭不再需要他们的小孩早早离开学校，进入社会工作养家糊口，而是能够将他们的孩子们送到大学接受教育。大多数新兴中产阶级在70年代都曾努力读书，在学校考试中获取成功，他们成为各自家庭中第一批上大学的人。同时，香港的经济结构在70年代开始从制造业向金融、贸易和服务业转型。这种行业转型为接受过良好教育的年轻人创造了机会，让他们能够脱离工人阶级，进入服务阶级。

从社会地位而言，新的香港总督麦理浩勋爵（Murray MacLehose）1971年到任，实施了一系列旨在改善香港人民生活水平的社会政策，如前文所述的大型公共屋邨项目。新总督还致力于让社会更加公平。例如，他成立了廉政公署（ICAC）遏制腐败滋生，这在香港20世纪五六十年代蔚然成

---

❶ John Lam. "Developing of Shopping Center in Hong Kong: A Sociological Study", Master thesis, the University of Hong Kong, 1996, pp.27-28.

❷ Philips, Lisa A. et al., "Hong Kong Department Stores: Retailing in the 1990s", *International Journal of Retail and Distribution Management* 20, no.1（1992）: 22.

风。ICAC 非常成功，不仅体现在遏制腐败方面，还体现在通过众多教育项目将"公平"和"公正"等"西方/现代"价值观深深植入香港人民心中，尤其是新兴中产阶级。因此，新兴中产阶级吸收了"公平"和"社会公正"等"西方/现代"思潮，而在他们父辈这些并不存在。但是，他们无法完全脱离父辈的"中国/传统"价值体系的影响。因此，新兴中产阶级形成一种新的世界观，综合了父辈的"中国/传统"价值体系和他们自身的"西方/现代/新的"价值体系，这构成了新兴中产阶级身份认同的文化逻辑。这也是为何新兴中产阶级被视为介于两者之间的一代的原因所在。

笔者提议，将新兴中产阶级身份认同与香港人的身份认同在本质上画等号，因为香港社会、人民和各种社会现象总是被描述为"东方"和"西方"、"传统"和"现代"以及"旧"和"新"的交融。Evans 和 Tam 指出❶，"香港是一个'东方遇见西方'的地方，而'中国传统'仍在延续"❷，这成为香港人民普遍构建身份认同的方式。如他们所观察到的，"香港人遇见内地人时，可用他们的'西方性'阐述与内地人的区别，而在遇到侨民时，又可用他们的'中国性'阐述与侨民的区别"❸。Evans 和 Tam 的观察显示，香港人的身份认同介于"东方"和"西方"、"传统"和"现代"以及"旧"和"新"之间。

可以看出，香港人身份认同的文化逻辑与新兴中产阶级身份认同的文化逻辑是一样的。因此，新兴中产阶级与他们父辈不同，他们并不认为自己是"纯粹的"中国移民，将香港视作暂时的避风港。另一方面，他们受到对香港社会不断增强的依恋感的影响，也对全盘接受西方文化渐渐持怀疑态度。他们与他们的家园香港同心同德。

笔者提议，我们应该理解香港人/新兴中产阶级的身份认同如何为八佰伴沙田店在 20 世纪 80 年代下半叶的成功构建了一个重要背景。

---

❶ Evans, Grant and Tam, Maria S. M. "Introduction: The Anthropology of Contemporary Hong Kong Identity", in *Hong Kong: The Anthropology of a Chinese Metropolis*, edited by Grant, Evans and Maria S. M. Tam, Richmond, Surrey: Curzon Press, 1997, pp.1-24.

❷ Evans, Grant and Tam, Maria S. M. "Introduction: The Anthropology of Contemporary Hong Kong Identity", in *Hong Kong: The Anthropology of a Chinese Metropolis*, edited by Grant, Evans and Maria S. M. Tam, Richmond, Surrey: Curzon Press, 1997, p.5.

❸ Evans, Grant and Tam, Maria S. M. "Introduction: The Anthropology of Contemporary Hong Kong Identity", in *Hong Kong: The Anthropology of a Chinese Metropolis*, edited by Grant, Evans and Maria S. M. Tam, Richmond, Surrey: Curzon Press, 1997, p.5.

专题研究

5. 八佰伴和香港人

20 世纪 80 年代下半叶，对香港人民而言，八佰伴代表着一种新的零售形式。这种新的零售形式与新兴中产阶级生活方式非常匹配，为他们提供了前所未有的便利性。八佰伴位于新城市广场，与九广铁路沙田站接驳，非常便利，客户可在回家途中选购食品。此外，八佰伴沙田店设有纺织品部、综合部、超市和食品拱廊，为香港顾客提供一站式购物。例如，沙田店的大型超市可为那些时间有限或不愿意去脏乱没有空调的传统集市购物的上班族母亲或年轻的单身汉提供大量日用品，甚至包括现做好的菜肴。当他们买完日用品，可以去综合部买一些家庭用商品，或去纺织品部为孩子们买衣服。这一切都可以在沙田店买到。顾客不再需要跑到不同的地方，逛不同的店铺寻找所需的各种商品。

更为重要的是，八佰伴对新兴中产阶级的吸引力还具有象征性，因而具有文化方面的意义。总体上而言，可将香港大型零售商体系视为文化范畴和它们彼此间关系的一种复杂体系。另一方面，八佰伴也不同于日本百货公司。这种差异就是上文所述日本的"超市"和"百货商店"之间范畴的差异的延续。香港的日本百货公司通常将零售店设在中心商务区，而非住宅区，比八佰伴更重视顾客服务，出售的商品更昂贵，重纺织品轻食品。八佰伴作为一家超市，将其连锁店设在人口稠密的新城镇的购物中心，为中产阶级和中低阶级的本地购物者提供日用品，八佰伴对他们而言最为熟悉。通过营销政策、位置策略和常客，八佰伴成功地塑造了与香港其他日本百货公司不同的企业形象。

同时，就商业模式和企业形象而言，八佰伴与国货公司、香港本地百货公司和超市也有所区别。八佰伴能为顾客提供一站式购物。但国货公司以及香港本地百货公司和超市均不能提供一站式服务。本地超市只出售新鲜食品和日用品，而国货公司和本地百货公司只出售非食品类商品。此外，相对于本地超市，八佰伴超市通常更大更干净，提供商品种类更齐全，能够更好地管理商品。国货公司没有自己的超市和食品拱廊，也不如八佰伴那样重视顾客服务。

八佰伴与国货公司、香港本地百货公司和超市之间的商业模式的差异带来了企业形象的差异。国货公司具有强烈的"中国性"的形象，但八佰伴则没有；集市与"传统"紧密相连，而八佰伴则与"现代性"相关；本地百货公司给人"保守"和"陈旧"的形象，而八佰伴则代表着"新的"

和"开明"。因此，八佰伴代表着介于"中国"和"外国／西方"、"传统"和"现代"以及"旧"和"新"之间特质，这一形象与20世纪80年代香港人／新兴中产阶级身份认同的文化逻辑相匹配。八佰伴因而成为这一阶层的身份象征。

一旦在八佰伴购物与新兴中产阶级象征性地联系在一起，更多新兴中产阶级便被吸引前往八佰伴购物，甚至搬到沙田居住。有趣的是，那些想要成为中产阶级的下层社会人民也喜欢在八佰伴购物，居住在新城市广场周围的公共屋邨的众多居民前往八佰伴购物。出于中产阶级身份认同的购物可部分归结于香港政府的城市计划。如上所述，政府发布的其中一个新城政策就是要通过维持公共屋邨和私人屋苑之间的最佳住宅混合，建立一个不同社会和经济背景人群混合居住的社区。鉴于香港有限的空间，私人屋苑、公共屋邨和房屋所有权建筑彼此靠得很近。私人屋苑和公共屋邨在空间上紧邻，通过不断提醒下层社会人民他们与成功如此接近，只要他们足够努力工作，有一天他们也能居住在他们旁边的私人屋苑中，从而驱使他们完成向上的社会流动。在这一天到来之前，他们可以在八佰伴购物，哪怕只是片刻感受一下中产阶级的感觉。

可以看出，香港人民对八佰伴的兴趣以及沙田店所代表的购物体验由当地社会的逻辑所构建，这也赋予了八佰伴非凡的象征价值。在这一逻辑形成过程中，在八佰伴购物成了新兴中产阶级地位的象征以及香港人的图腾标志。通过让其身处对社会地位和认同标志的本地竞争之中，反过来使得八佰伴在20世纪80年代的香港更受欢迎。

在八佰伴和新城市广场购物因而成为沙田许多香港中产阶级家庭在周末和节假日的固定活动。周末早上，全家人通常一起会去新城市广场的中餐厅吃些点心。之后，一些人去八佰伴或购物中心的其他商店购物，而另一些人则去附近迷你电影院看电影，或者带着孩子们去购物中心的家庭游戏中心或游乐园式商店。如果饿了，就去八佰伴的食品拱廊或其他快餐店吃东西。晚餐时间，一些人会去八佰伴超市购买食物回家做饭，而其他人则选择在中餐厅吃晚餐。这就是20世纪80年代沙田众多中产阶级家庭典型的周末活动，甚至直到现如今也仍是这样。八佰伴成功地将休闲与消费活动结合在一起，从此再也没分开过。**买东西**转变成了**去购物**。

6. 八佰伴作为地区性超市再复制

得益于沙田店的成功，八佰伴依赖超市的商业模式进一步扩大其在中

专题研究

国香港地区的生意。首先，八佰伴将所有零售店作为连锁店，由总部集中控制。它比其他日本百货公司经营的店铺要多（见表1.3），直到1997年11月，它已在中国香港地区开设9家店铺，而大多数日本百货公司只有1—2家零售店。

表1.3　1997年中国香港地区日本零售店数量和位置

零售商	店铺数量	位置
大丸	1	铜锣湾*
伊势丹	2	尖沙咀*&阿伯丁
松坂屋	2	铜锣湾&英国海军部*
东急	1	尖沙咀
崇光	1	铜锣湾
西武	1	英国海军部
八佰伴	9	沙田**、屯门**、红磡、荃湾**、元朗**、蓝田**、天水围**、将军澳（垃圾湾）**、&马鞍山**

注释：*表示主要零售区，**表示"新城市"（例如，针对工人阶级租户的高层住宅开发区）。

来源：由作者收集资料整理而成。

其次，八佰伴采取了日本超市典型的位置策略。据表1.3可知，日本百货公司一般位于尖沙咀和铜锣湾等主要零售区的中心地带，这里也是旅游热门区域。而八佰伴则将其连锁店设在新城人口稠密的地区，不用与其他大型零售商相竞争。这是大型零售商首次冒险进入新界新城尚未开发的购物区。❶港英政府在20世纪60年代指定荃湾、屯门和沙田作为新城，在1979年初又新增大埔、元朗和新界的粉岭、上水和石湖墟。❷据表1.3可知，八佰伴9家零售店中有8家位于这些新城市。

最后，八佰伴位置策略意味着它的常客和营销政策与其他百货公司有所不同。与沙田新城相比，其他新城一般中产阶级家庭比例较低。这些新

❶ Philips, Lisa A. et al., "Hong Kong Department Stores: Retailing in the 1990s", *International Journal of Retail and Distribution Management* 20, no.1（1992）: 22.

❷ K. Y. Wong, "New Towns: the Hong Kong Experience," in *Hong Kong in the 1980s*, ed. J. Y. S. Cheng, Hong Kong: Summerson（HK）Educational research Centre, 1982, pp.121-124.

第陆卷

城的居民通常居住在公共屋邨。❶由于那些有资格住在公共屋邨的家庭有一定的收入限制，因此，这显示出八佰伴的绝大多数顾客为工人阶级。Chow于1988年在屯门展开的调研证实了这点。屯门超过2/3受访家庭居住在公共屋邨，总的月收入水平通常低于香港平均水平。❷

然而，低平均收入并不一定意味着购买力低。实际上，自从他们搬迁到新城市开始，大多数新城市居民的可支配收入就增加了。Chow调研显示，大部分受访家庭在搬到屯门后，实际支付的月租金降低，从590.7港币降到447.9港币，下降中位数达24.5%。此外，对于所有租户，包括Chow取样中的租户，租金仅仅占据了他们家庭收入中位数的10%。对于居住在出租的私人住宅的人而言，租金也很少超过家庭收入中位数的25%。❸换言之，除了沙田店的顾客，八佰伴的顾客主要是新城的工人阶级居民，拥有适中的可支配收入。

为了匹配这些常客的购买力，八佰伴调整了营销政策，着重销售食品杂货和日常用品，降低它的其他商铺中日本商品的比例。换言之，除了保持其取胜秘籍，即顾客可以在一个店铺内购买所有一切商品的"一站式购物"服务，八佰伴将相对较贵的日本品牌商品的库存比例从60%降至40%，从而使得新城的工人阶级家庭有能力在八佰伴购物消费。

八佰伴通过其位置策略、营销政策和顾客定位，从而在中国香港地区重新复制了其地区性超市模式。但是，八佰伴在中国香港地区的历史不能简单地视为地方性超市的历史，因为根据构建超市与百货商店不同的一套标准，香港人民对八佰伴有他们自己的理解。接下来本文将讨论这些标准。

7. 从日本超市转型为中国香港地区百货公司

中国香港地区和日本的零售业一样，品种丰富多样。但"超市"和"百货商店"在中国香港地区本地文化范畴中的含义与日本不同。香港特区政府统计处所使用的"超市"一词的定义包含两大主要因素：出售商品主

❶ Y. K. Chan, "The Development of New Towns," in *Social life and Development in Hong Kong*, ed. by A. Y. C. King and R. P. L. Lee, Hong Kong: Chinese University of Hong Kong, 1981, p.41.

❷ W. S. Nelson Chow, *Social Adaptation in New Towns: A Report of a Survey on the Quality of Life of Tuen Mun Inhabitants*, Resource Paper Series no.2, Hong Kong: Department of Social Work and Social Administration, University of Hong Kong, 1988, p. 25.

❸ W. S. Nelson Chow, *Social Adaptation in New Towns: A Report of a Survey on the Quality of Life of Tuen Mun Inhabitants*, Resource Paper Series no.2, Hong Kong: Department of Social Work and Social Administration, University of Hong Kong, 1988, p. 28.

要为食品为主以及自助式服务❶。换言之，中国香港地区的"超市"指那些大多数销售层均为食品区的商店。然而，"百货商店"则是销售商品更加广泛的商店，包括食品、各类商品和纺织品等。因此，一般的商店在中国香港地区不被归为超市，这与日本情况一样，但在日本被归为百货商店。

超市在中国香港地区的历史发展有助于解释这一文化范畴。Ho 和她的同事将香港超市发展过程分为三个阶段：初创期、加速发展期和成熟期。初创期指从 20 世纪 50 年代初超市在中国香港地区开始设立到之后超市发展非常缓慢的 20 年间。❷在初创期，大多数超市由美国运营商按照美国超市模式运营管理。那时的美国超市并不出售日用百货。中国香港地区的超市从一开始就是自助式服务，仅出售食物和一些日用品。在之后两个阶段成立的超市也沿袭了这一模式，这也是为何从日本的角度一般的商店不能划归为中国香港地区的超市的原因所在。

如上所述，八佰伴在日本被归为地方性超市。但是，当八佰伴搬到中国香港地区之后，人们用他们自己对"超市"和"百货商店"的概念，而非日本的文化范畴看待这一新商店。八佰伴的零售方式在中国香港地区没有先例，但它将自身置于已有的文化范畴之中，让其在概念上为人们所熟悉。意想不到的结果是八佰伴被香港人民视为百货公司，受到热烈欢迎。因此，八佰伴轻易地摆脱了"超市"的名号以及超市所暗含的廉价内涵。与其在日本的经营不同，八佰伴不再需要努力吸引高收入顾客群，他们可能永远不会忘记其地方性超市的身份。有一段时期，在中国香港地区拿着八佰伴的购物袋就像在日本拿着一些百货公司的包装袋一样有面子。八佰伴毫不迟疑地利用了这一文化差异，在通常由日本百货公司主导的中国香港地区本地零售业中声名鹊起。

8. 香港零售方式的同质化

八佰伴的美誉有助于在全香港地区推广这一商业模式。首先，许多零售商效仿八佰伴位置策略，在新城市而非中心零售区开设店铺。一个显著的例子就是吉之岛。这是一家日本全国性超市连锁，于 1987 年进入香港地区市场（见表 1.4）。1987 年，吉之岛在中产阶级住宅区太古城开设首家店

❶ Suk-ching Ho et al., *Report on the Supermarket Industry in Hong Kong*, Hong Kong: The Consumer Council, 1994, pp.6-7.

❷ Suk-ching Ho et al., *Report on the Supermarket Industry in Hong Kong*, Hong Kong: The Consumer Council, 1994, p.9.

铺，3 年后在另一个主要零售区尖沙咀开设第二家。目睹了八佰伴在 20 世纪 80 年代末的成功，吉之岛决定从 1991 年起改变其位置策略，将店铺设在乐富和慈云山等住宅区。通过开设店铺紧紧跟随八佰伴的脚步，如它在荃湾新城市开设的第三家店铺以及在大埔新城市开设的第五家店铺。在八佰伴 1997 年破产之后，吉之岛收购了其黄埔花园店和屯门店。

表1.4　吉之岛在香港店铺开张编年表

设立时间（已关张）	日本零售商	位置
1987	吉之岛	太古城
1990（1994）	吉之岛	尖沙咀
1991	吉之岛	荃湾*
1991	吉之岛	乐富
1995	吉之岛	大埔*
1997（2007）	吉之岛	将军澳*
1998（2004）	吉之岛	慈云山
1998	吉之岛	黄埔花园
1998	吉之岛	屯门*

注释：* 表示新城市。
来源：由作者收集资料整理而成。

其次，中国香港地区本地超市也倾向于效仿八佰伴的零售风格，扩大它们的超市，出售更多日本食品。两家大型本地超市连锁百佳（Park' N' Shop）和惠康（Welcome）开始修建更大型的超市，称为"超市百货"，出售寿司、乌冬面和其他许多日本小吃。商业战略的变化帮助本地超市成功夺回它们在香港地区零售市场的份额。

最后，八佰伴零售风格的成功以及八佰伴日本和中国香港地区本地效仿者逐渐将采取不同商业模式的大型零售商从香港地区市场排挤出去。从 20 世纪 90 年代中期起，许多日本百货公司被迫退出中国香港地区市场。因此，八佰伴零售风格逐渐使得香港地区大型零售商的方式同质化。

9. 八佰伴集团总部迁往香港地区

1989 年，和田一夫决定让其弟弟和田晃昌接任总裁一职。但是，他作为总裁身份离开八佰伴更像是名义上，并非实质性离开。1990 年 5 月，与

许多外国公司在 1989 年从中国香港地区撤资的做法相反，他举家将价值 11.5 亿港币的资产以及集团总部迁往中国香港地区。他出任八佰伴总部和控股公司八佰伴国际主席一职。八佰伴国际 1990 年在中国香港地区成立，协调八佰伴在 12 个国家的分公司的经营活动、开发大型项目以及控制所有国内外子公司。❶这样的举动其他日本公司从未做过。

和田一夫决定从总裁一职上退下来仅仅只是个人决定。正如他在回忆录中所述❷，1989 年他已满 60 岁，根据中国传统概念，完成了另一个十二年黄道循环。与他出身那年一样，1989 年为蛇年。像蛇常常蜕皮一样，他决定蜕掉自己旧的皮，然后重生——通过将总裁一职让与他的弟弟❸。

但他对于要去中国香港地区做什么并没有清晰的想法。据八佰伴国际前顾问和和田一夫的夫人的密友 Takabayashi S. 回忆，当他夫人问他去中国香港地区有何打算时，他回答说不知道，只是去那里看看他能做什么。

无论和田一夫搬迁至中国香港地区的决定多么个人化和单纯，但受到 20 世纪 90 年代初中国香港地区政治经济危机的调和作用，这一决定赋予了与他本意完全不同的重要历史意义。和田一夫本人也被香港人们视为"卓越非凡"的人予以热烈拥抱，因为他的投资推动了人们对香港未来的信心，那时大量资产从中国香港地区转移至北美、澳大利亚和新加坡。当地媒体进行了广泛报道，称赞他搬迁到中国香港地区这一举动，他突然间再一次成为中国香港地区社会的热门话题❹。香港当局也及时表达了感激之情。和田一夫引用了当时总督卫奕信勋爵（Sir David Wilson）的话，如下所述：

像八佰伴这样一家企业应该决定将总部迁往香港，主席亲自居住在这里，并带来了全部身家在这里投资，其他企业也会选择这样做，这是香港未来一片光明的明确征兆。我对此深信不疑。这也是我从心底感激你（一夫）的原因❺。

---

❶ Kazuo Wada, *Yaohan's Global Strategy: The 21st Century is the Era of Asia*, Hong Kong: Capital Communication Corporation Ltd, 1992, p. 28.

❷ Kazuo Wada, *Yaohan's Global Strategy: The 21st Century is the Era of Asia*, Hong Kong: Capital Communication Corporation Ltd, 1992.

❸ Kazuo Wada, *Yaohan's Global Strategy: The 21st Century is the Era of Asia*, Hong Kong: Capital Communication Corporation Ltd, 1992, pp. 19-22.

❹ Kazuo Wada, *Yaohan's Global Strategy: The 21st Century is the Era of Asia*, Hong Kong: Capital Communication Corporation Ltd, 1992, pp. 7-8.

❺ Kazuo Wada, *Yaohan's Global Strategy: The 21st Century is the Era of Asia*, Hong Kong: Capital Communication Corporation Ltd, 1992, pp. 3-4.

和田一夫自己也毫不迟疑地放大他搬迁举动的重要性，他高调参加一系列活动，不断对媒体强调中英联合声明一定会像承诺的那样执行❶。为了显示他投资中国香港地区的承诺，他不停夸耀八佰伴总部设在湾仔的昂贵办公室以及他在太平山顶的豪宅，这曾是汇丰银行主席所拥有的一栋极具历史价值的建筑，象征着他的身份地位❷。为了向香港人民显示他决意成为"香港居民"，他不断对媒体说他已经获得中国香港地区的身份证，尽管那时所有以非游客身份常住香港的人都要求办理中国香港地区的身份证❸。

他就第二次世界大战期间日本入侵中国内地和中国香港地区这段历史，巧妙操控香港人民的感情，他在这条路上走得更远。与其他亚洲国家和地区相比，中国香港地区没有受到日本入侵中国的影响，但战争的伤痛仍然残留在人们的记忆之中。让这一情况更为糟糕的是，日本政府从未就战争期间的行为向中国人民道歉。但是，和田一夫总是在公开场合强调，由于日本在第二次世界大战期间对中国人的可怕行径，如果中国政府在1997年香港回归之后将其香港的店铺全部收归国有，他也不会有任何怨言。如果这的确是发生了，他会感到宽慰，因为这会是补偿中国人民日本在第二次世界大战时所作所为的一个契机❹。

很难去质疑和田一夫的真诚性，但有一点可以确定的是，和田一夫成功地吸引了香港的中国顾客。

10. 从国际零售商到综合企业

和田一夫在搬迁至中国香港地区之后，通过收购进入其他商业领域，那时许多商人对香港地区政治前途完全丧失了信心，迫切想要出售他们的公司，因此，他们愿意大幅削减出售价格。八佰伴进入百货领域外的第一个大动作，要归功于20世纪80年代经济高速增长期全家人一起外出用餐的风气风靡全香港地区。和田一夫相当晚才进入这一游戏。他从一名中国本地人手中收购了一家餐饮连锁店，尽管这家餐饮连锁店在香港地区经营得非常好，但他仍然以非常实惠的价格收购成功，因为那时许多业主想要

❶ Hidenori Itagaki（板垣英宪），*Yaohan*（《ヤオハン》），Tokyo: Pāru, 1990, p.17.

❷ Kazuo Wada, *Yaohan's Global Strategy: The 21st Century is the Era of Asia*, Hong Kong: Capital Communication Corporation Ltd, 1992, p.4.

❸ Kazuo Wada, *Yaohan's Global Strategy: The 21st Century is the Era of Asia*, Hong Kong: Capital Communication Corporation Ltd, 1992, p.205.

❹ Kazuo Wada, *Yaohan's Global Strategy: The 21st Century is the Era of Asia*, Hong Kong: Capital Communication Corporation Ltd, 1992, p.174.

专题研究

出售他们的餐厅，移民国外，却很难找到卖家。和田一夫也承认说这一困境意味着以正常价格的1/3就能收购一家香港公司，因为通常香港生存竞争压力非常之大，这些公司都是生意比较好的企业。如果不是政治形势如此之差，餐厅业主不会急于出售他们辛辛苦苦建立的招牌。和田一夫随后将他的新公司八佰伴国际餐饮有限公司于1990年12月在香港证券交易所上市。

和田一夫进一步利用了香港商业界对政治前景的担忧，扩张进入不同的领域。1991年，八佰伴收购了香港一家著名的鞋包零售商90%的发行资本。与此同时，它还收购了一家著名的蛋糕连锁店、一家游戏中心以及一家众所周知的食品制造公司。这家食品制造公司在1992年底在证交所上市。因此，和田一夫在香港商业王国的主要引擎在两年内全部走上正轨：一家百货商店、一家专卖店、一家蛋糕店、一家游戏中心以及一家食品加工公司。八佰伴不再单纯只是一家大型零售商。它成功进入其他商业领域，成为一家国际综合企业。

11. 八佰伴在中国的发展：一个意想不到的结果

有趣的是，和田一夫似乎也给中国政府留下了深刻印象，因为他在中国香港地区的投资可以用来说服香港当地人民以及国内外投资商，让他们相信中国香港地区前景充满希望，以及再次证实中国会遵守《中英联合声明》的承诺。在他购置香港办公室时，《人民日报》曾报道说：

和田先生选择在香港设立总部的原因，不仅在于香港是主要的国际金融中心之一，而且还在于香港提供的最具优势的税收体系以及良好的经济增长形势。更为重要的是，中国在未来将会出现跳跃式发展，中英之间的基本协议将会像承诺中那样兑现。❶

结果，中国政府公开对和田一夫搬迁至中国香港地区的举动表示欢迎。当他和他的属下在1990年10月拜访北京时，他们在人民大会堂受到港澳事务办公室主任的接见。他引用了会面中的话语：

中国政府高度赞赏八佰伴将总部从日本搬迁至香港，以及主席本人连同家人一起成为香港居民。我们政府在1997年香港回归之后将继续维持香港现在的体系以及"一国两制"。从1997年起，我们将全力支持香港

❶ Kazuo Wada, *Yaohan's Global Strategy: The 21st Century is the Era of Asia*, Hong Kong: Capital Communication Corporation Ltd, 1992, p.39.

发展❶。

对于此次拜访，和田一夫回忆说，当他们抵达首都机场时，受到中国政府官员的热情接待。红灯一闪一闪的警车沿途不停靠地将他们护送至市中心，这让他非常震惊。他在回忆录中写道：

> 我认为对中国而言，邀请一家外商公司是一件极其罕见的事。我们享受的是国宾的待遇。我们在北京下榻之所是钓鱼台国宾馆，那里曾是布什总统、撒切尔夫人、基辛格博士以及其他代表各自国家的重要人士下榻的地方。我母亲住的房间曾是撒切尔夫人下榻的地方。❷

中国政府给予了和田一夫大量商业机会，让许多其他外国零售商艳羡，受到 20% 的年销售额增长速度的引诱，在中国政府于 1992 年开始放松对零售业投资管制之后，他们开始纷纷进入中国。1995 年底，八佰伴投资 2 亿美元的综合区开业。但是，和田一夫并没有干等着上海购物中心在 1995 年竣工开业，而是与中方成立了一家合资企业，于 1991 年 1 月在深圳开设了他的第一家分店，随后于 1992 年 12 月在北京开设第二家分店。此外，为了获得中国有利可图的零售市场更大的蛋糕，八佰伴通过出售八佰伴国际的股份，与中国顶尖投资集团合作。

不用说，八佰伴进入中国大陆不能简单地说是中国政府在 1989 年之后对和田一夫不久便搬迁至中国香港地区的奖励。八佰伴进入中国市场与中国政府的发展战略相一致，旨在通过引入外国零售资金推动国内经济分配体系的现代化进程。但是，中国的国家政策本身单独不能解释为何中国政府选择八佰伴而非其他外国零售商，以及为何和田一夫投资中国。

需要在更微观的层面寻找这些问题的答案。如上所述，和田一夫在最初搬到中国香港地区时，并不知道他将要做什么。他也不认为中国是一个能赚钱的市场。直到 Takabayashi S. 作为顾问加入八佰伴，这一局面才开始改变。Takabayashi 曾经是日本一家著名的国家研究所的一名研究员。有一次他去新加坡出差，碰巧去了八佰伴在新加坡的商店，被其服务所深深打动。他开始思考在退休之后加入八佰伴。他给八佰伴日本公司发了一封信函，并附上了自己的简历。随后他受邀参加八佰伴日本总部的面试。他在

❶ Kazuo Wada, *Yaohan's Global Strategy: The 21st Century is the Era of Asia*, Hong Kong: Capital Communication Corporation Ltd, 1992, p.176.

❷ Kazuo Wada, *Yaohan's Global Strategy: The 21st Century is the Era of Asia*, Hong Kong: Capital Communication Corporation Ltd, 1992, p.175.

专题研究

那里见到了八佰伴国际的副主席。在面试过程中，他得知他与该副主席两人都曾在第二次世界大战期间与日本海军有某些渊源。当他还在帝国海军军校学习时，该副主席已是一名战士。因此，他们就各自在海军的经历展开了大量交谈。面试后不久，他正式加入八佰伴，并于1990年与和田一夫一起来到中国香港地区。在去中国香港地区之前，Takabayashi向和田一夫引荐了他的同学Kanke Shigeru，那时他是日本东亚经济研究所的主席，在帮助和田一夫进入中国市场中起到了关键作用。1990年3月，他们在热海市见面。在会谈中，和田一夫对Kanke说，他与中国政府官员没有任何私人联系，而这是在中国做生意能否成功的关键所在。Kanke随后向和田一夫引荐了一名中国官员。1990年7月，和田一夫和Kanke首次拜访深圳。深圳之旅给和田一夫留下了非常深刻的印象。返回日本之后，他要Kanke将他带往北京。Kanke随后向他引荐了中国政府的另一名高官。正是这名中国高官后来安排了和田一夫10月前往北京的旅程。

和田一夫在拜访北京受到中国政府热烈欢迎之后，开始认真思考投资中国事宜。根据陪同和田一夫前往北京的知情人士称，当和田一夫目睹100名保安护卫他和他一行人员，确保他们能很好地游览长城，他回忆说："四名健壮的保安把我母亲的轮椅扛在肩上，一直将她带到前日本首相田中角荣攀登到的地方。"❶在这次拜访期间，和田一夫开始认真思考投资中国事宜。首先，如上所述，和田一夫已经成功地与中国一家著名百货公司合作，成立了一家合资企业，在上海开设八佰伴商店。其次，他聘请了另一名顾问Shin, L. L.，他是Kanke的朋友，在八佰伴随后在中国的发展发挥了至关重要的作用。Shin曾在日本东京的庆应大学留学。Shin与Kanke结识于一次联合图书项目。随后，Kanke将Shin介绍给Takabayashi，后来又将之推荐给和田一夫。1991年，Shin来到香港，加入八佰伴。在Shin的帮助下，和田一夫能够与中国政府建立起联系。

在与中国公司成功建立数家合资企业后，和田一夫甚至默默地放弃了构建国际综合企业的想法。据八佰伴一名知情日本员工称，1992年底，和田一夫曾在公司内部宣布，从今往后中国内地将是八佰伴主要的目标市场。作为这一新战略的一部分，他成立了一家中国室有限公司，协调八佰伴在

---

❶ Kazuo Wada, *Yaohan's Global Strategy: The 21st Century is the Era of Asia*, Hong Kong: Capital Communication Corporation Ltd, 1992, p.178.

中国内地的项目，将大部分资金引入中国，甚至卖掉了八佰伴在中国香港地区的一些资产，给他的企业提供资金。1994 年 5 月，他出售了八佰伴在湾仔的办公室，融资 3 亿美元，以支持八佰伴在中国内地的扩张。总而言之，和田一夫决定进入中国内地市场是他决定迁往香港的个人决策意料之外的产物。

五、结论

本文从历史事件的角度解释和研究了八佰伴在 20 世纪 80 年代初进军香港的商业行为，以及随后它在中国香港地区以及中国内地的发展。八佰伴的商业行为作为一个历史事件，被当作是八佰伴和中国香港地区社会之间的交互运动，将全球性转变为地方语域，反之亦然。转变本身遵循在八佰伴和香港社会的文化秩序中的逻辑关系，造成了转变成的现象的性质和历史效应之间的差异。回忆和田家族控制的八佰伴公司的权力结构，就可以理解为何和田一夫能够压制来自他同事的普遍反对声，在 20 世纪 80 年代初决定投资中国香港地区。但是，和田一夫的决定首先受到中国香港地区不明朗政治形式的调和。20 世纪 80 年代初，受到中国香港地区人民对香港政治前景的担忧以及经济下滑的影响，香港地产市场疲软，和田一夫在 1982 年利用这一现象成功地降低了最初的经营成本。他自愿承受巨大的风险投资中国香港地区，引起当地媒体的广泛关注，使他进一步得益。尽管八佰伴在 20 世纪 80 年代还只是中国香港地区市场一个新加入者，但媒体的关注提高了八佰伴在香港的名气。

此外，八佰伴冒险进军中国香港地区还受到社会背景的调和。八佰伴最受香港顾客欢迎，尤其受到新兴中产阶级家庭欢迎。从八佰伴将其首家店铺设在沙田新城市而非香港核心零售区，目标顾客定位为当地中产阶级和中低阶级顾客而非日本观光客和上层阶级，以及通过"一站式购物"形式吸引本地顾客的角度而言，八佰伴代表着一种新的购物形式。这种新的购物形式与新兴中产阶级身份认同的文化逻辑相匹配。大多数中产阶级同时受到他们父辈的价值体系以及他们在 20 世纪 70 年代新的经历的影响，因此，我把他们称为介于两者之间的一代。这一介于两者之间的一代拥有香港人的身份认同，与他们父辈的身份认同有所差异。这种认同转变同时也反映在那时的消费模式上。那时新兴中产阶级要求一种绝非西方、同时又不是很中国的东西。结果证明，八佰伴以其区别于国货公司、香港本地

百货公司和非香港的百货公司的购物形式，很好地满足了这一需求。甚至可以说，八佰伴沙田店在20世纪80年代的成功是因为八佰伴在那时成了**香港人**的图腾标志。这里我要提出一个不同的论点：人们在日本超市八佰伴一次购物越多，他们越觉得自己像**香港人**。更为重要的是，八佰伴能够吸引那些想要成为中产阶级的底层社会人民，因为他们在八佰伴购物时感觉自己"成了"中产阶级。

和田一夫于1990年将八佰伴总部迁往中国香港地区。他作出将公司总部迁至中国香港地区的决定主要基于他对如何最好地实现他自己设定的个人使命的感知。但是，他的行为受到广泛的社会文化问题的调和，如中国香港地区人民对第二次世界大战期间日本对中国采取的军事行动的态度，以及香港人民对他们政治前景的担忧。这将八佰伴进入香港市场以及将总部迁往香港这种完全的经济行为转变成在香港的巨大成功。在这一事件中，八佰伴进一步从国际零售商转变成零售综合企业。此外，和田一夫在关键历史节点操控香港人民的政治情感，是中国政府的政治和经济考虑以及一些关键人物的帮助的结果，这在更高层面上转变成八佰伴在1991年进军中国内地市场的行为。结果，八佰伴在中国香港地区最初的抱负是成为一家国际综合企业，最终却变成了一家"中国热"公司。

所有这些揭示出萨林斯所说的"文化重要性的手段，同样可以描述为将本地现象的占为己用。这些现象在现有文化历史体系有它们自己存在的理由，以及作为现有文化历史体系存在的理由"❶。这一文化重要性的手段的结果就是"某一特定事件——作为'事件'决定因素和效应——取决于文化背景"❷。如果我们用本文的理论背景重新阐释这句话就是克里奥尔化，这是决定商品任何跨文化迁移的历史效应所"必不可少"的。八佰伴扩张进入中国香港地区有其自己的理由。但是，它扩张进入中国香港地区的历史意义取决于香港的社会文化背景。如上所述，八佰伴最初的成功表示，八佰伴最初成功的形式和程度不能简单地从和田一夫投资的"客观性

❶ Marshall Sahlins, "The Return of the Event, Again: With Reflections on the Beginnings of the Great Fijian War of 1843-1855 Between the Kingdoms of Bau and Rewa," in *Culture in Practice: Selected Essays*, New York: Zone Books, 2000, p.301.

❷ Marshall Sahlins, "The Return of the Event, Again: With Reflections on the Beginnings of the Great Fijian War of 1843-1855 Between the Kingdoms of Bau and Rewa," in *Culture in Practice: Selected Essays*, New York: Zone Books, 2000, p.301.

质"的角度进行解读，而是取决于诸如八佰伴进入中国香港地区的时间以及沙田店所代表的购物体验等其他性质受到20世纪80年中国香港地区政治背景、中国香港地区新兴中产阶级的出现以及新兴中产阶级身份认同的文化逻辑的调和作用的方式。

在这一历史事件中，我们还可以看到，随着沙田店获得最初的成功，八佰伴进一步扩大它在中国香港地区的业务，在13年间增加至9家店铺，大多数店铺都设在新城，向中产阶级和中低阶级顾客提供日用品和食品。在这一事件中，八佰伴在中国香港地区复制了其日本超市的模式。更为重要的是，八佰伴的成功进一步促进了中国香港地区大型零售商的零售形式的同质化。换言之，在同一事件中，同质化也发生了！

然而，这种同质化过程也是克里奥尔化过程，因为八佰伴依赖其日本超市的商业模式扩大在中国香港地区的业务，香港人民根据他们自己对"超市"和"百货商店"的分类使八佰伴连锁经营克里奥尔化，并把八佰伴看作是百货商店。换言之，这里同时涉及里奥尔化和同质化。它遵循这一事实，即单独同质化或克里奥尔化范式无法充分解释八佰伴在20世纪80年代进军中国香港地区产生的文化效应。

可以看出，东亚的文化交互作用是一个非常复杂的过程，其对所涉及文化的社会影响颇为丰富，并具有不确定性。为了捕捉这一过程的复杂性以及其社会效应的丰富多样性和偶然性，我们需要一种可替代式范式去理解和研究作为历史事件的东亚文化交互作用，而具有特定目标的人们能够知晓他们的文化传统和与众不同的环境，通过这一范式能够试图清晰阐述这种关系，以及建立超越国度的联络网。在这一过程中，在东亚范围内或超出东亚范围之外，跨文化和跨民族构造他们的历史。这一历史构造过程，全球和地方、国外和国内、内部和外部之间的区分频繁地予以修订。例如，八佰伴作为一家日本/全球性超市于20世纪80年代在中国香港地区成为新兴中产阶级的图腾标志，成了香港/本地超市。从这一角度而言，东亚不能再被视作只拥有民族史的一片地理区域。将东亚概念化的方式需要心得方法论和理论框架，能够捕捉这一地区的跨文化和跨民族历史进程。正如本文所展示的，萨林斯的事件理论阐述了外国商品和本地社会的社会文化秩序之间的交互调和作用。正如本文所阐释的，这一理论绝对是一种可行方式。

专题研究

Studying Cross-cultural Migration of Goods as a Historical Event:
Some Reflections on the Case of Yaohan's Venture into Hong Kong

Wong, Heung Wah

Abstract: In his recent article "Some Observations on the Study of the History of Cultural Interactions in East Asia", Professor Chun-chieh Huang（2010）has made several related observations about a new field of historical study: regional history. To simplify enormously, the first observation was the incorporation of the study of the cultural interactions in East Asia into the field of regional history and global history. This requires us to make several methodological shifts of academic attention, in Huang's own words, 'from a structural to a developmental perspective', 'from the center to the periphery', and 'from texts to political environments', against which there emerged two general research themes: the interactions of self and other, and those between cultural exchange and the power structure in East Asia. These two research themes, as Huang observed, can be examined through the study of the exchange of people, goods, and ideas.

Inspired by Huang's observations, this paper is to examine the cultural interactions between Japan and Hong Kong（SAR）in terms of the cross-cultural migration of goods through the study of the venture of a Japanese supermarket chain, Yaohan into Hong Kong（SAR）and Mainland China in the 1980s and 1990s as a historical event.

The major implication of this study is that East Asia can no longer be seen as a geographic area in which there are only national histories; but a region where trans-cultural and trans-national historical processes unfold themselves. This way of conceptualizing East Asia requires new methodological and theoretical frameworks that can capture such historical processes. Sahlin's event theory that can address the reciprocal mediations between foreign goods and socio-cultural order of local societies definitely is one possible candidate, as this paper will show.

Keywords: Japan, Yaohan, Hong Kong, East Asia, Historical Events

第
陆
卷

在"全球均一化"和"本土化"之间

——中国香港地区的日本电子游戏在地化❶

王志恒

摘要： 全球均一化（Homogenization）与本土化（Creolization）的争论多年来一直持续不休，本文旨在透过检视中国香港地区的日本电子游戏在地化情况，开展出新的讨论空间和焦点。自 20 世纪 70 年代起至今，电子游戏业（Video game industry）一直稳步发展，至今已是每年销售额达数百亿美元的庞大产业。本文先从日本电子游戏的历史出发，剖析以任天堂为首的日本的电子游戏厂商，如何在 20 世纪 80 年代起开辟了消费品游戏（Consumer Game）市场，并大量向海外输出电子游戏产品。本文下半部分将焦点带到香港，在研究日本游戏如何进入中国香港地区市场的同时，指出日本电子游戏产品在香港被再造、传播及消费的过程中，已被不同程度和层面地在地化，以协调日本电子游戏商品能更顺利地被本地玩家消费。本文从被再造、传播及消费的三个层面上，找出了游戏机厂商、游戏开发商、游戏代理商、盗版游戏、零售商、游戏杂志和玩家等参与中国香港地区的日本游戏化的八个主要单位。本文认为，任何有关跨地域文化传播的讨论，必须先找出传播的过程；而传播的过程，往往可从各代理不同方面和程度的参与中串联起来。本文重申并不倾向全球均一化或本土化任何一方，认为虽然为跨地域文化作在地化是自然不过的事，可是亦不应忽视输出者所定下的框架，否则所有讨论都是徒然。总结而言，流行文化产品的在地化研究不应只集中在个别参与者（如消费者和制造者）身上，应把视野拉阔，仔细检视各参与者的特质与互动关系，结合本土社会发展历史加

---

❶ 有关文化及商品被传播到海外市场的研究，在学术界一直都是备受关注的课题。而在华文学术圈中，有关文化"全球化"及"本土化"的研究，多引用"Globalization"及"Localization"此两个对立的概念作讨论的基础。然而，本文跟随 Howes（1996）所定下之讨论架构，利用"Homegenization"及"Creolization"作核心概念来代表"全球均一化"及"本土化"，希望能更准确地与 Howes 定下的讨论框架保持一致。

专题研究

以分析，方可对这课题有更全面的了解。

关键词：全球均一化；本土化；日本流行文化；电子游戏；跨地域文化传播

一、引言

自 1972 年出现第一台家庭用游戏机开始，电子游戏业一直稳步发展，至今已是每年销售额达数百亿美元的庞大产业。2007 年，全球电子游戏产品的销售总额超过 419 亿美元，预期到 2012 年❶更可达 683 亿美元，超过电影业成为第一大内容产业（Content Industry）。❷自 20 世纪 80 年代开始，日本的电子游戏厂商一直处于世界市场的领先位置，对很多地方的电子游戏玩家来说，消费电子游戏几乎等同消费日本电子游戏。中国香港地区自 20 世纪 70 年代以来一直受日本流行文化影响，在电视、音乐、饮食及时装等方面都可找到日本文化留下的痕迹，过往亦有不少关于这些日本流行文化如何传入中国香港地区的研究，唯独是中国香港地区的日本电子游戏一直乏人问津，有关的研究可谓凤毛麟角。本文聚焦电子游戏这较少人留意的流行文化版块，从历史的角度细看日本电子游戏的发展与中国香港地区市场的关系，并尝试找出在流入中国香港地区的过程中，日本电子游戏如何被作不同程度和层面的在地化（Localization）。最后本文希望透过认识中国香港地区的日本电子游戏在地化情况，为持续不休的全球均一化与本土化争论，开展一个新的讨论空间。

二、全球均一化与本土化

踏入 20 世纪，随着科技发展，地域之间的距离不断收窄，加速了各地的互相交流，当中包括了大量的消费商品离开生产地，在世界各地流通。为了解释这种跨国性商品传播背后的文化意义，Howes（1996: 3-6）检视了两种互不相容的理论："全球均一化"与"本土化"。"全球均一化"认为"很多（通常是源自西方的）商品，正被大规模生产及运到世界各地销售，取代本土的商品之余，亦令各地域之间的文化差异正不断收窄"。跟"文化

---

❶ 本段创作于 2011 年，此处时间以行文时间为基准。——编者注

❷ Digital Media Wire Daily, 18 June 2008, "Report: Global Video Game Sales to Reach $68.3 Billion in 2012," http://www.dmwmedia.com/news/2008/06/18/report%3A-global-video-game-sales-reach-%2468.3-billion-2012, accessed date: 10 Feb 2010.

帝国主义"（Cultural Imperialism）一样，全球均一化理论强调输出商品的一方的主导地位，掌握了对受方（receiving end）所带来的文化影响，而受方在整个过程都是被动的。相对而言，"本土化"一样着眼于各种商品在世界市场流通的情况，却从受方的角度出发，认为"商品在被消费过程中，会被赋予不同的意义及在社会上的角色，而商品生产者的原意，往往未被当地消费者所察觉或尊重，而在消费过程中流失"。

Sahlins（2000a：417）批评全球均一化理论轻视了受方的消费者的自主能力，认为不管越洋而来的外来文化如何强大，受方的消费者总会根据本土的思维架构，把外来文化放在一个合适的位置。换句话说，即使受方的社会因受外来文化影响而作出改变，都是按本土社会的独有逻辑而生，与外来文化没有任何既定的关系。王向华和邱恺欣（2010b）指出，不少研究已先后显示，全球均一化理论与多种跨地域商品的实际流通情况并不相符。如王志恒（2009）就研究中国香港地区的电视台多年来大量输入日本电视剧的情况，与整个中国香港地区电视工业发展的关系。他仔细追溯中国香港地区的电视台自第二次世界大战以来数十年的节目时间表，发现尽管各电视台常播放各类型电视剧，可是多被安排在一些非黄金时间播出，足以证明日本电视剧的受重视程度有限。在结合了中国香港地区的电视台的发展史后，他认为因中国香港地区的电视台在早期的资源不足，自制的剧集未能提供一些吸引观众的元素，故需要引入个别的日本电视剧，以补本土制作的一时之不足。事实上，当本土制作成熟至一定程度，有力提供之前所缺乏的元素之后，中国香港地区的电视台上的日本电视剧数量即大幅下降。由此可见，即使日本电视剧如何曾在亚洲各地卷起热潮，但受方在输入这外来商品时，都会经受方本土逻辑的过滤，而非盲目全盘接收。

另一方面，本土化理论亦同时受到质疑。王向华和邱恺欣（2010b：188）指出该理论忽视了跨地域文化自有本身的力量、形态和形成原因，而它们对受方都可产生不同的影响。即使受方并不一定会全盘遵从文化输出一方的意图进行消费行为，我们亦不可武断地将之全盘推翻，不顾跨地域文化自有本身的力量、形态和形成原因。

本文无意在此再为两套理论的长短做大篇幅讨论，却希望指出即使跨地域文化的力量、形态和形成原因有多具影响力，又或受方的消费者如何坚持本土逻辑，任何文化商品在跨地域的传播过程中，必先透过不同的代理（agent），才能完成商品在实体和意义上的传播。前者乃指把商品的实体

运到消费者手上，如运到中国香港地区发售的中国台湾地区唱片；后者乃指被赋予在商品上的象征意义，如运动鞋上商标所代表的信念、充汽饮料强调的"及时行乐"的生活态度及钟表品牌对时间和爱情之联系等。如没有了这些代理的参与，商品的实体不但难以送到其他市场，商品原来所被赋予的意义和用途更会完全消失，整个跨地域文化传播的讨论将会变得毫无意义。正如电影《上帝也疯狂》中的情节，当非洲的土著把从天而降的可口可乐玻璃瓶奉作神明时，可乐原来的用途（饮用）和意义（享受）已经消失。从一开始"可乐已经不再是可乐"，与其说是受方按本土逻辑赋予新的意义，不如说是土著由零开始创造了一项新的"物品"，只不过其原料碰巧为可口可乐的玻璃瓶罢了。故本文认为，任何有关跨地域文化传播的讨论，必须先找出传播的过程；而传播的过程，往往可从各代理不同方面和程度的参与中串联起来。下文将以在中国香港地区大受欢迎的日本电子游戏为例，尝试找出有份参与日本电子游戏在中国香港地区传播的各个代理，并透过检视他们在传播过程中的各种操作，看看跨地域文化的力量、形态和形成原因，跟本土逻辑的角力和关系。

三、日本电子游戏产业简史

（一）"日本电子游戏"之分类和定义

日本的电子游戏，可分为四大类："大型电子游戏"（Arcade Game）、"手机游戏"（Mobile Game）、"电脑游戏"（Computer Game）和商品游戏（Consumer Game）。

"大型电子游戏"乃指以逐次投币方式游玩的电子游戏机。这些游戏机多体积庞大，设有大型屏幕及操控用的游戏杆和按键玩法，常见于一些室内娱乐场所如游戏机中心和保龄球场，也可见于早期的日本百货公司内。这些游戏大都设计得简单易明，可在短时间内熟习游戏操作方法并感受到游戏的乐趣所在，旨在吸引新玩者加入；之后游戏难度会拾级而上，诱使玩者不断投币以继续游玩。由于近年大屏幕平板电视在一般家庭中迅速普及，电子游戏玩者即使安坐家中，亦可享受以往只有在大型电子游戏机上看到的高质影像，很多大型电子游戏开发商都为游戏加入新的玩法，如需要较大空间的体感操控，为玩家带来不一样的游戏体验。

"电脑游戏"则是专供在个人电脑操作系统执行的电子游戏。❶这些游戏大多要求玩者将游戏数据复制到个人电脑的硬盘内，安装过程中或要求玩者有基本的电脑操作知识。由于各玩者所使用的个人电脑硬件及软件有着极大差异，故各玩者的游玩经验会由电脑性能及各种不可预见的软件冲突而有所偏差。近年互联网快速普及，使可供大量玩家同时游玩而不受地域限制的"网络游戏"（Online Game）成为电脑游戏中重要一员。虽然电脑网络游戏目前在日本仍在主流之外，可是在很多亚洲市场如韩国、中国大陆和中国台湾地区却极受玩家欢迎。

　　"手机游戏"在以往是专指手提电话上的游戏，现在则泛指各式手提多媒体装置上的游戏。在日本，手提电话游戏一直都是游戏开发商的其中一个重要的收入来源，并透过电话网络供货商发放游戏供用户下载，有关费用亦由网络供货商代收。近年手机游戏市场急速发展，除了受惠于平板电脑等个人多媒体装置的急速普及，亦有赖谷歌（Google）及苹果电脑（Apple）在旗下的手提装置操作系统中加入应用程序商店，使消费者在弹指之间就可下载各大小开发商的游戏及获得其信息。

　　最后，"商品游戏"乃指专为电子游戏而设计的游戏机器及其专用软件，玩者购入硬件及软件后可按喜好随时随地游玩。"商品游戏"又可细分为"家用机"（Console）及"手提机"（Handheld）两种。其中"家用机"又称为"电视游戏机"，因机身没有显示屏，需连接电视机以输出画面而得名；"手提机"则虽附设显示屏，但机身细小，易于携带，玩家可随时在户外游玩，可是同时亦受电池寿命所限制。与大型电子游戏机相比，商品游戏机体积细小，可供消费者直接购买及无限次游玩，有着较大弹性；若跟手机游戏和电脑游戏比较，商品游戏的游戏硬件乃专为游玩电子游戏而设计，并非如手机及电脑游戏般仅是个别硬件上的附加或其中一项功能。❷本文所谓的"日本电子游戏"，乃指上述的商品游戏，包括家用机和手提机等游戏机器（游戏机），及各机种专属的游戏软件（游戏）。值得注意的是，近年很多日本游戏趋向多平台发展，即同一款游戏可见于上述的多个甚至全部游戏平台，而各个版本之间在画面质素跟游玩经验上的差距正逐步收窄。加

---

❶ 如微软的窗口系统（Microsoft Windows）和苹果电脑的 Mac OS。

❷ 虽然近年推出的商品游戏机逐渐多功能化，"游戏专用机器"的定位亦变得模糊，但厂商、传媒以至玩家都仍对"游戏机"一词有一定共识。

专题研究

上商品游戏机的功能走向多元化，与市场上其他个人多媒体装置的定位相似，各平台间的界限日渐模糊不清。本文下一节将回顾日本的电子游戏发展史，当中虽以商品游戏的历史为主轴，但亦可看到与其他平台千丝万缕的关系。

（二）日本电子游戏发展史

1947 年，英国数学家阿兰·图灵（Alan Turning）编写了一套简单的象棋电脑程序，为日后人类与机器透过程序进行互动打开了大门。1971 年，一名斯坦福大学学生编写了一套可在投币机器上游玩的射击游戏《Galaxy Games》，史上第一部大型电子游戏机诞生（Donovan 2010: 15-20）。与此同时，电视工程师拉尔夫·贝尔（Ralph Baer）正一直研究如何利用人们家中的电视机来玩电子游戏。贝尔最后找到美国的电视机制造商 Magnavox 合作，在 1972 年推出了史上第一台家用电视游戏机 Odyssey。Odyssey 的玩家透过游戏机的专用控制器，与电视屏幕上不断移动的光点进行互动，从而产生游玩效果。每台 Odyssey 游戏机已内置数款游戏，其中以模拟乒乓球运动的《Ping-Pong》最受欢迎。不久大型电子游戏开发商雅达利（Atari）自行开发了《Ping-Pong》大型电子游戏机版本，并改名为《Pong》。《Pong》推出后旋即大受欢迎，在美国以至世界各地都有大量玩家。1973 年，日本投币贩卖机公司 Taito 把《Pong》引入了日本市场，于各娱乐中心与百货公司中与其他大型投币机器并列，为日本大型电子游戏机的起源（Donovan 2010：26）。1975 年，Taito 更自行开发了日本的第一套大型电玩游戏《Speed Race》，为之后的电子游戏热潮揭开了序幕。

1. 20 世纪 70 年代：日本第一部电视游戏机诞生

1974 年，京都的纸牌游戏公司任天堂代理 Odyssey 进入日本市场。可是因 Odyssey 在世界各地销量不佳，于同年宣告停产。1975 年，日本玩具制造商 Epoch 得到 Magnavox 的协助，推出了日本第一台电视游戏机：TV Tennis（テレビテニス）。这台游戏机跟 Odyssey 的运作模式相近，只可游玩内置的单一网球游戏，游戏画面几乎与 Odyssey 一模一样，售价亦不菲（19500 日元），故未带来太大回响。

之后数年间，多家日本公司如万代（Bandai）、Epoch 和日立（Hitachi）等都推出了以雅达利的《Pong》为蓝本的电视游戏机。其中尤以任天堂跟三菱电机共同研制的电视游戏机 Color TV Game（カラーテレビゲーム）最受欢迎。虽然 Color TV Game 的画面看上去跟 TV Tennis 差不多，但内置的游戏最高可达 15 种，售价亦较低。❶任天堂在 1977—1980 年间推出了六种不同版本的 Color TV Game，共售出超过 300 万台（Sheff 1999:27），成绩理想，不单为任天堂带来可观收入，亦加强了日后全面开展电子游戏业务的信心。

正当日本的电子游戏开发商在技术上日渐赶上之际，美国的雅达利在 1977 年推出名为 Video Computer System（VCS）的电视游戏机，采用可换式游戏盒带设计，玩家可随时购买不同的游戏软件在游戏机上运行，不再局限于游玩有限的内置游戏。对雅达利而言，售卖每盒毛利高达 20 美元的游戏盒带，是一门比售卖游戏主机更有利可图的生意（Donovan 2010：66）。尽管 VCS 在推出初期因生产线效率欠佳致使成绩一般，其销量在往后逐年攀升，至 1982 达至高峰，在世界各地大卖。VCS 的成功不单把电子游戏推广至家庭层面，亦为其他游戏机开发商带来宝贵的经验，其中包括将在 20 世纪 80 年代取代雅达利成为业界领导者的任天堂。

2. 20 世纪 80 年代：任天堂雄霸一方

踏入 20 世纪 80 年代，电子游戏热潮在世界各地方兴未艾，当中可说得力于两款大受欢迎的日本作品，把电子游戏的市场进一步开展。1978 年，日本的大型电子游戏先驱 Taito 推出射击游戏《太空侵略者》（Space Invader）。Taito 透过新一代的电脑芯片，制作出生动流畅的游戏画面，令玩家在游玩这套人类对抗外星侵略者为主题的作品时更为投入。《太空侵略者》在日本推出后旋即大受欢迎，更由于玩家争相收集一百日元硬币以作游玩此作之用，日本市面曾一度出现一百日元硬币短缺的情况，使收费电话亭及铁路售票机等其他投币设施亦未能正常运作（Donovan 2010: 76-77）。此外，《太空侵略者》亦扩展了大型电子游戏在日本的版图。除了游戏机中心和百货公司外，更多室内场所都愿意摆放大型电子游戏机以吸引人流，❷使大型电子游戏在日本更为普及。在太平洋的另一面，《太空侵略者》在另一主要电子游戏市场——美国亦大受欢迎，在商场、便利店和咖啡厅都可见到《太空侵略者》的踪影，进一步推动了美国的大型电子游戏市场。有统计指美国的投币式机器整体营业额在 1979 年上升了两倍，而当中有很多可

---

❶ TV Tennis 的开售价为 19500 日元；Color TV Game 则售 9800 日元（6 款游戏）及 15000 日元（15 款游戏）。

❷ 如柏青哥（日本弹珠机中心）和小区内的小商店。

专题研究

归功于《太空侵略者》的成功（Donovan 2010: 77）。

1980 年，另一日本厂商 Namco 推出了另一款极具影响力的大型电子游戏《怪兽食鬼》（Pac-Man）。《怪兽食鬼》与市场上其他游戏的最明显分别在于，游戏内有一名具身份和基本容貌的主角 Pac-Man 作为玩家操控的角色。《怪兽食鬼》卡通化的外型，加上最新电脑硬件所带来的鲜艳画面，成功吸引了很多新的大型电子游戏玩家，当中更有不少是女性。Namco 不单在全球售出了超过 30 万台内置《怪兽食鬼》的大型电子游戏机，更把 Pac-Man 的肖像权出售，推出很多与游戏有关的周边商品，如衣服、毛巾和水杯等，在美国市场尤受欢迎。（Egenfeldt-Nielsen, Smith and Tosca 2008: 61-63）雅达利随后取得《太空侵略者》和《怪兽食鬼》的版权，分别在 1980 年及 1982 年推出 VCS 移植版本，其中《怪兽食鬼》的 VCS 游戏盒带更在全球售出超过 1200 万片，间接推动雅达利的销量，在家庭游戏的市场中抛离其他对手最少 2000 万台（Egenfeldt-Nielsen, Smith and Tosca 2008: 89）。

《太空侵略者》和《怪兽食鬼》的优异成绩却同时为雅达利的没落埋下了伏线。一直以来，VCS 的游戏都是由雅达利独自开发，在某种程度上亦保证了游戏有一定的水平。可是，《太空侵略者》和《怪兽食鬼》的大卖，也令大小厂商纷纷希望借着开发 VCS 游戏来大赚一笔。由于雅达利以开放式平台经营，各厂商可自行开发游戏而无须雅达利授权，一时间市场上充斥着大量雅达利游戏，当中很多都是浑水摸鱼之作，质量参差不齐。当时的消费者在缺乏有关信息的情况下，往往在付钱后才发觉游戏质量低劣，渐渐不愿再购入新的 VCS 游戏（橘宽基 2010：18）。1982—1984 年间，雅达利游戏机及其游戏的销量急降，称为"雅达利震荡"（Atari Shock）。其中改编自大受欢迎的好莱坞电影的同名游戏《E.T.》，更因开发厂商错估市场的需求而严重滞销，数百万等同废物的游戏盒带最后被长埋在得克萨斯州的沙漠底下（橘宽基 2010：8）。

与此同时，任天堂凭着 Color TV Game 在日本电子游戏市场渐渐站稳阵脚。踏入 20 世纪 80 年代，任天堂推出一系列的 Game & Watch（ゲームウォッチ）手提游戏机，打开了未有前人踏足的手提游戏机市场。Game & Watch 的外形比一张名片略大，机身附有单色的液晶显示屏和控制键，只内置一款游戏。从第一款游戏《Ball》开始，任天堂在 20 世纪 80 年代并推出了 12 款 Game & Watch 游戏机，在全球卖出超过 3000 万台（Donovan 2010: 155）。时至今日，仍有很多玩家对 Game & Watch 上的游戏念念不忘，在各大甩卖网站上不时可见有人以高价收购。1981 年，任天堂开始开发大型电子游戏，推出了大受欢迎的游戏《Donkey King》。《Donkey King》的成功不但进一步肯定了任天堂在日本而电子游戏市场的地位，更为制作人宫本茂在其游戏开发生涯打响头炮，宫本茂在往后的日子一直都是任天堂内的重要一员。

　　Game & Watch 与《Donkey King》的成功，令任天堂更有信心进一步扩展其电子游戏市场的版图。20 世纪 80 年代初，日本的世嘉（Sega）、托米（Tomy）万代和卡西欧（Casio）等厂商眼见雅达利 VCS 的成功，相继推出以个人电脑为基础的可换游戏盒带式电视游戏机，然而市场反应一般。这些电视游戏机的主要失败原因，可能在于它们的高昂售价。在 20 世纪 80 年代初，一台多功能的家庭电脑系统约售 8—9 万日元，而这些电视游戏机叫价达 5 万日元，却只能用作玩游戏，对消费者而言自然吸引不大。任天堂汲取其他厂商经验，决定在进军可换盒带式电视游戏机市场时，以两大卖点来吸引玩家：一是漂亮的游戏画面；二是尽可能以最低价格发售（小山友介 2010b：39-41）。1983 年，任天堂推出可换游戏盒带式电视游戏机 Family Computer（ファミリーコンピュータ），亦凭着以上卖点打响了名堂。首先，任天堂移植了包括《Donkey King》在内的三款大型电子游戏到 Family Computer 上，不但把那些游戏的既有玩者吸引到家用机的平台，更展示出 Family Computer 的游戏画面已达到大型电子游戏的高水平；而在价格方面，任天堂把 Family Computer 定价压在 14900 日元的低位，是主要竞争对手定价的三分之一。任天堂在 Family Computer 开售前的会议上曾向游戏零售商明言，预计该游戏机的主要收入将来自游戏盒带销售，游戏主机不过是"卖软件的工具"（Donovan 2010: 158）。

　　由于消费者信心仍未从"雅达利震荡"中恢复过来，Family Computer 在开售首两年的销售数字只能算是不过不失。其实，任天堂看到之前雅达利的失败经验，并制定一套全新的游戏发行系，以保证每一套 Family Computer 游戏达一定水平，希望挽回电视游戏玩家的信心。所有游戏开发商如欲开发 Family Computer 的游戏，必须先得到任天堂的授权。在任天堂审批游戏开发计划后，开发商先要付一笔费用予任天堂作为保证金，而任天堂亦有权在开发过程中提出意见，并可决定已完成之游戏能否推出市场发售。所有已决定推出的游戏，都会经由任天堂生产游戏盒带，生产数量及推出日期均由任天堂决定，厂商更要按生产数向任天堂缴交费用。虽然

专题研究

以上条款对开发商颇为严苛，可是这套由任天堂作主导的发行系统，使每一套在 Family Computer 上推出的游戏，在水平上都有一定保证，成功挽回了消费者对购买电视游戏盒带的信心（小山友介 2010：39-40）。至 1985 年，任天堂在日本卖出了超过 800 万台 Family Computer，很多游戏开发商在丰厚利润的吸引下，都愿在任天堂的严苛制度下，为 Family Computer 推出游戏。

在本土市场的成功，增添了任天堂进军海外市场的信心。1985 年，Family Computer 正式进入欧美市场，并改名为 Nintendo Entertainment System（NES）。由于欧美的家庭电视游戏市场仍未从"雅达利震荡"中恢复，NES 推出首年，销情一般。未几，一套全新游戏扭转了局面。宫本茂利用《Donkey King》的其中一名角色玛利奥，创作了前所未见的平台游戏（Platform game）《超级玛利奥兄弟》（Super Mario Bros）。所谓平台游戏，意指游戏的世界并不局限于游戏画面显示的空间，玩家可操控角色探索现有画面外的未知世界。《超级玛利奥兄弟》在推出后不但在世界各地大卖，更直接带了 NES 在欧美的销情（Donovan 2010: 169）。乘着《超级玛利奥兄弟》的气势，任天堂推出了随后多款大受欢迎的 Family Computer/NES 游戏，如《萨尔达传说》（Legend of Zelda）、《银河战士》（Metroid）和《恶魔城》（Castlevania）等，进一步确立了任天堂在电视游戏市场的领导地位。1987 年，NES 成为在美国最畅销的玩具，而《财富》杂志更认为任天堂"凭一己之力令游戏业重生"（Donovan 2010: 170）。多年来任天堂在全球各地售出了超过 6000 万台 Family Computer 及其多个在地化版本，至 2003 年才在日本正式停产（橘宽基 2010: 8）。

Family Computer 的成功，亦为日本游戏业带来其他先前未有预见的影响。

首先，它推动了角色扮演游戏（Role-Playing Game）成为日本最受欢迎的游戏类型之一。一直以来，角色扮演游戏都是欧美电脑游戏中的主流，可是唯独在日本市场乏人问津。对很多日本玩家来说，只有极少数在秋叶原❶流连的电脑游戏发烧者，才会玩规则艰涩晦明的角色扮演游戏。1983 年，一名美国游戏设计师留意到角色扮演游戏在日本市场的发展潜力，针对日本玩家的喜好开发了一套简单易明的角色扮演游戏《Black Onyx》，游戏在录得不俗成绩之余，更使很多玩家和电子游戏业界中人重新认识角色扮演游戏，并思考在日本市场的潜力（Donovan 2010: 159-160）。1986 年，

---

❶ 在东京市内的著名电子器材集中地，区内也有很多售卖动漫画等流行文化产品的商店。

日本厂商 Enix 乘着 Family Computer 在日本的热潮，推出了《勇者斗恶龙》（Dragon Quest）。这套角色扮演游戏针对日本玩家的喜好，处处以玩家容易上手为大前提，一洗西方角色扮演游戏系统极其复杂的形象，结果大受日本玩家欢迎（小山友介 2010b：39-41）。在 Family Computer 极其雄厚的玩家数量支持下，多套角色扮演游戏相继登场。时至今日，多个角色扮演游戏系列如《勇者斗恶龙》和 Square 的《太空战士》（Final Fantasy）仍定期有新作推出，成为家喻户晓的品牌，当中有很多都是 80 年代在 Family Computer 上推出系列首作。

此外，任天堂的严谨发行制度，亦间接造成了 20 多年来美少女游戏（Bishoujo Game）集中在电脑平台的现象。美少女游戏起源自 20 世纪 80 年代初，当时 NEC Computer 两性关系指南软件《Night Life》启发了不少游戏开发商，开始把年轻少女影像配合互动选项而成为游戏（Donovan 2010：155-158）。这种全新的电子游戏吸引不少玩家注意，并可见于电脑和电视游戏机等多个电子游戏平台。可是这种踩界式的游戏大都不能通过任天堂的严格审查，以免影响 Family Computer 可供一家大小同乐的形象。自 20 世纪 80 年代中期开始，因 Family Computer 在电视游戏机市场一家独大，不少美少女游戏开发商唯有把旗下作品放到电脑平台上发售。时至今日，虽然很多美少女游戏已可见于其他任天堂以外的商品游戏机平台，可是个人电脑仍是美少女游戏的第一大集中地。

除了电视游戏机市场，任天堂在 20 世纪 80 年代也确立下了它在手提游戏机市场的领导地位。1989 年，任天堂推出可换游戏盒带式手提游戏机 Game Boy（ゲームボーイ），取代每台机只能玩单一游戏的 Game & Watch。在此之前，其实已有其他厂商推出可换游戏盒带式手提游戏机，❶但 Game Boy 凭借旗下 Family Computer 的既有游戏品牌，加上当时首创的联机功能❷，使 Game Boy 在销路上远胜其他品牌的手提游戏机。在往后十年，任天堂为 Game Boy 系列增添了几位新成员，各有卖点❸，总计 Game Boy 系列在全世界售出超过 1 亿台。

---

❶ 如在 1985 年 Epoch 推出的 Game Pocket Computer。
❷ 利用一条数据线连接两机来进行双人游戏。
❸ 如改用多色显示的 Color Game Boy 或大幅机能的 Game Boy Advance。

专题研究

3. 20 世纪 90 年代：索尼的冒起

尽管任天堂在 20 世纪 80 年代后期已稳夺商品游戏机市场的领导位置，仍有不少竞争对手尝试推出新产品寻找出路。世嘉和 NEC 分别推出配备 16 位中央处理器的电视游戏机，希望以较佳的画面质素挑战只配备 8 位中央处理器的 Family Computer。其中 NEC 的 PC-Engine 游戏机更配备了光驱作读取游戏光盘之用，不但是业内首创，更成以后几代电视游戏机的标准装置。PC-Engine 的另一特点，是可游玩大量未能在 Family Computer 上推出的美少女游戏，成为个人电脑外另一主要美少女游戏平台，在日本市场有一定吸引力（小山友介 2010b：41）。反观世嘉的 Mega-Drive 游戏机在推出初期，因具吸引力作品欠奉，不单销量远不及假想敌 Family Computer，更落后于 PC-Engine。后来世嘉推出类似《超级玛利奥兄弟》的平台游戏《超音鼠》，反应远超预期，除了游戏内主角超音鼠成了代表世嘉的吉祥物外，更使世嘉在美国的销量一度超越任天堂（Donovan 2010: 159）。

面对竞争者的挑战，任天堂在 1990 年推出了新一代的电视游戏机：Super Family Computer（SFC）。SFC 除了配备 16 位中央处理器，在画面质素上大跃进外，其控制器设计亦是一大突破。以往，Family Computer 和其他游戏机的控制器，一般都只设箭头键及 "A"、"B" 二键，操控简单；SFC 的控制器则在原有按键上，再加 "X"、"Y"、"L" 和 "R" 四键。这种六键设计令游戏设计的可能性大增，游戏种类越见多元化的同时，亦为日后电子游戏操作渐趋复杂化揭开了序幕。此外，增加的按键使家用游戏机在按键数目上与大型游戏机看齐，有助把受欢迎的大型游戏完全移植至家用游戏机上，令原本已星光熠熠的游戏阵容更为充实。虽然 SFC 的销量未能与 Family Computer 看齐，但亦售出了超过 4700 万台，标志着任天堂的第二个黄金年代（沟上幸申 2008: 128）。

就在任天堂刚推出 16 位的电视游戏机之际，世嘉、松下（即后来的 Panasonic）、NEC 和索尼（Sony）等厂商，已相继在 1994 年推出新一代的 32 位电视游戏机。这些游戏机所采用的芯片都比 SFC 先进得多，以出色的 3D 立体画面作招徕，而其中又以索尼的 PlayStation 最惹人关注。在 SFC 发售之初，任天堂早已跟索尼结盟，计划共同开发新一代的电视游戏机。后来双方因游戏授权问题谈不拢，合作关系破裂，各自继续研发自家的新一代游戏机，而索尼就在原来跟任天堂合作的基础上，研发出 PlayStation，推出后大受欢迎。PlayStation 的成功主因有二：首先，游戏软件不再以盒带装载，而改用容量更大、生产成本却较低的光盘装载，令游戏零售价得以维持在约 6000 日元水平，比起动辄过万的 SFC 游戏便宜得多；其次，索尼制订立了一套较具弹性的游戏生产模式，大大增加了游戏开发商对生产数量及时机的权力之余，亦收取较低的开发权利费用。与任天堂处处保护自己利益的制度相比，索尼的做法吸引很多游戏商转投 PlayStation 的阵营，为 PlayStation 开发新游戏之余，更有一直都是任天堂的大作品牌改为在 PlayStation 上推出，使 PlayStation 的游戏阵容越见强大。❶

任天堂至 1996 年推出新一代的 64 位电视游戏机 Nintendo 64（N64），以全线游戏均以三维立体（3D）制作作招徕。可是由于负责计划的宫本茂坚持"每一只游戏都要是 3D"，使游戏开发的难度大增，进度缓慢，游戏机开售日期多次被迫延后（Donovan 2010：278）。纵使 N64 的游戏画面质量确在其他游戏之上，但在没有太多游戏可供选择下，加上可 3D 游戏早在其他游戏机上可见，N64 对玩家难有吸引之处，玩家纷纷改投索尼的 PlayStation 和世嘉的 Saturn。虽然最终任天堂售出约 3000 万台 N64，看似有所交待，但与 PlayStation 最终在全球卖出近 1 亿台的惊人数字相比，不免被比了下去，而任天堂在 N64 推出短短一年后，承认在电视游戏机市场中已被对手赶上，失去了优势（Donovan 2010：279）。

4. 21 世纪头 10 年：任天堂东山再起

踏入 2000 年，索尼的 PlayStation 基本上已取得电视游戏机的领导地位。面对竞争对手世嘉在 1998 年推出的新一代游戏机 Dreamcast，索尼亦在 2000 年推出 PlayStation 的后继机：PlayStation 2（PS2）。PS2 的最大特点为改用 DVD-ROM 作游戏媒体，而 PS2 本身亦可作 DVD 播放器，播放 DVD 电影。PS2 推出之初，因各游戏开发商一时未能掌握全新的开发环境和技术，游戏数目非常有限，加上高昂的售价，令不少玩家却步。后来游戏数目逐渐增多，加上不少家庭购入作 DVD 播放器使用，PS2 的销量很快便急速上升，至今在全球已售出超过 1.6 亿台，是史上销量最高的游戏机（橘宽基 2010：43）。可是与此同时，日本本土市场却开始浮现了一个名为"游戏分离"（ゲーム離れ）的现象，意指电子游戏软硬件的销量逐年下跌，显示玩家数目正在减少。有论者认为，因电子游戏的内容和操作日趋复杂❷，加上娱乐可供选择

❶ 有关任天堂与索尼制度的比较，可参阅：沟上幸申 2008：pp.136-138。
❷ 如 PS2 的手掣的可操控按键多达十多个，操控比起 Family Computer 时代的游戏复杂得多。

专题研究

的娱乐增多，令越来越少人愿意花时间在电子游戏上（橘宽基 2010：26-27）。

失掉电视游戏机领导者地位的任天堂，在手提游戏机界却没有对手，至 2000 年代初仍以 Gameboy 系列的多个不同版本长居榜首。可是不久市场上传出 Sony 有意开发 PlayStation 的手提机版，任天堂不敢怠慢，遂在 2004 推出全新的手提游戏机 Nintendo DS（NDS）。NDS 为手提游戏机带来了两项前所未见的革新，大大扩阔了游戏开发的可能性：采用双屏幕设计，令可显示画面和游戏数据大增；配偏操控笔，以触屏幕控作主要操控方式，让新手都可轻松掌握游玩方法。NDS 推出后，凭着其独特的游玩方式，加上外型轻便，易于携带，迅即掀起热潮，连一些从来对电子游戏不感兴趣的人，亦加入成为玩家的一分子。❶至 2013 年 6 月，任天堂在全球售出超过 1.5 亿台，按上市时间计，成绩更胜 PS2。任天堂在 2011 年推出 NDS 的后继机 Nintendo 3DS（N3DS），与 NDS 的最大分别，在于此机可让玩家在无须额外装备的状态下，直接看到立体电影般的 3D 影像。可是玩家对 N3DS 的反应一般，任天堂更破天荒在主机开售仅 6 个月后便做大幅度减价促销。

NDS 的成功，揭示了游戏机在盲目追求硬件性能外，尚有其他的发展空间。任天堂看准了这个扩大玩家层面的良机，于 2006 年推出另一部极具创意的电视游戏机：Wii。跟 NDS 一样，Wii 采用了一种崭新的操控方式。有别于一般电子游戏机以按键操控，Wii 透过红外线感应系统连接主机与控制器，手持无线控制棒的玩家需以身体的摆动去参与游戏。Wii 的体感操控模式，不但带来极大新鲜感，更可针对现代都市人多吃少运动的生活习惯，建立"健康游戏机"的形象。Wii 推出后在全球极受欢迎，游戏机大卖之余，其游戏软件亦连续多年占据全球销量榜首。任天堂凭着 NDS 及 Wii 成功开拓了新的玩家层，使电子游戏重回简单易玩的年代，终重夺电子游戏界的领导地位（沟上幸申 2008：30-37）。

索尼在 2005 年推出手提游戏机 PlayStation Portable（PSP），以"在手提机玩到 PS2 水平的游戏"作卖点。虽然市场反应不俗，并成功吸引一群既存的 PS2 捧场客，但销量却不及顾客层极其广阔的 NDS（橘宽基 2010：164-165）。然而，因 PSP 配备了高速的无线连接系统，使 PSP 的玩家可在不同环境下流畅地与其他玩家一同游玩，推动了多款 PSP 游戏的联机游戏热潮。而在电视游戏机市场上，PS2 的后继机、于 2006 年推出的

---

❶　新增的玩家包括一些上了年纪的退休人士，市面亦有很多专为老人而设的锻炼脑筋游戏。

PlayStation 3（PS3），虽拥有 PlayStation 系列一贯的强大画面处理机能，跟搭载最新的蓝光盘播放器（Blu-ray Disc Player）作卖点，但在销量上却被 Wii 远远抛离，多年来都只能与美国微软研发的游戏机 XBOX360zb1 争夺相对规模较小的核心玩家（Core Player）市场。

（三）日本电子游戏进入中国香港地区市场简史

早在 20 世纪 70 年代初，电视电子游戏已进入中国香港地区市场。当时的游戏机以欧美品牌为主，多采用跟 Odyssey 相近的"Pong"系统，以简单的光点移动来模拟网球、壁球和回力球等运动。这些游戏机在中国香港地区都有指定的代理商，负责进口、推广和销售等工作。如"Bang Bang"游戏机的代理商便在港九各地开设专卖门市；"康力"牌（Conic）的代理商亦常在各大报刊刊登广告，透过"好玩呀！"、"新春亲友拜年，共赛电子球，益增欢乐气氛"等宣传语句，凸显出游戏机可供一家人同乐的特点。雅达利亦在 1981 年起正式进入中国香港地区市场，委任香港王氏工业集团旗下的港建贸易为港澳区的总代理。港建贸易透过各种途径，积极推广雅达利游戏机：在报刊广告中，列出游戏的名字及画面，以显示其庞大的游戏阵容；亦会为个别新作加推特别宣传，如《凤凰基地》（Phoenix）、《食鬼小姐》（Ms. Pac-Man）和《先锋敢死队》（Vanguard）等新作推出之时，便在《明报周刊》刊登题为"雅达利三套新招，你领教过未？"的广告（明报周刊，5 页，1983 年第 753 期）；又经常在大型商场举办展览会，标明"任你玩任你试"；更举办《怪兽食鬼》游戏大赛，胜出者可代表中国香港地区到外参加比赛。这些推广活动除了让香港人认识雅达利这品牌外，同时让香港人知道家庭电视游戏究竟是哪一门的玩意，在某种程度上亦跟向来形象不佳的大型电子游戏机中心画下了界线❶，为日后日本电视游戏进入中国香港地区市场打开了大门。

当任天堂 1983 年推出 Family Computer 时，在中国香港地区没有代理商，市面上只有少量的平行进口货（又称"水货"，经代理进口的则为"行货"）。至 1986 年 12 月，中国香港地区的西门玩具公司取得任天堂产品的代理权，日本电子游戏正式进入中国香港地区市场。当时首批引进中国香

---

❶ 早期的香港电子游戏机中心大都灯光昏暗，烟雾弥漫，与桌球室、迪斯科（Disco）等被视为不良分子聚集的地方。至 20 世纪 90 年代后期，开始出现一些空间广阔并实施禁烟的大型电子游戏机中心，其负面形象才逐渐改善。

港地区市场的是所谓的"美版机"，本为美国市场而设计，外形较日本原版大，另加设一个影音输出端子，两机的游戏盒带并不能互通，一般中国香港玩家地区都以机身颜色分区别美日两机，称美版机为"灰机"，日版机则称为"红白机"。后来代理商发现行货虽提供保养服务，但销量反不及价钱差不多、源自日本的水货红白机，故后来改以日本红白机作行货机的来源。红白机较受欢迎的其中主因，是它可兼容任天堂在 1986 年推出的 Family Computer 专用磁盘驱动器。当时任天堂有感盒带生产成本高昂，容量有限，又不能储存游戏进度，故另推出磁盘驱动器，让玩家可选择价格较低的磁盘版本游戏之余，亦可用作储存游戏进度。但对中国香港地区玩家而言，磁盘驱动器的最大好处，是可以读取在游戏店用磁盘拷贝的盗版游戏。当时的正版游戏约售数百至上千港元不等，市面上亦有一些只售六七十元的盗版盒带可供选择，但到游戏店拷贝磁盘更只需 20 元左右，而磁盘可循环再用之余，水平亦较有保证，故很快磁盘驱动器便成了香港玩家的红白机常见配件。虽然香港代理商曾多次对经营及制作盗品游戏盒带及磁盘的商户采取法律行动，更在报章头版刊登声明，警告销售盗版之商户（《东方日报》，第一版，1987 年 12 月 13 日），但效用不大，盗版依旧横行。自此，不论是 SFC、PlayStation 以至 NDS 兴盛的年代，盗版游戏都是香港人消费日本电子游戏的一大渠道。

除了盗版游戏外，市场上水货游戏机泛滥也是另一令香港代理商头痛的问题。这些水货游戏机源自日本，经个别渠道进入中国香港地区市场，定价比行货低。当年在大型日资百货公司买到的游戏机及游戏都是行货，而在一般小型零售店则行货和水货参半。虽然水货本身亦有价格常随日元汇率浮动、没有保养服务及必须另置电源变压器等问题，但在价格有明显差距下，不少玩家仍选择购入水货。加上一般中国香港地区行货游戏机的推出时间都比日本慢（见表 2.1），而一些冷门游戏更是不设行货，令不少欲先玩为快的玩家投向水货的怀抱。时至今日，由于日本游戏厂商比以往更注重海外市场，往往在新型号游戏机推出之前，已定好全球营销策略，如索尼的 PlayStation 3 中国香港地区行货的推出日期便几乎与日本一样，即将面世的新一代电视游戏机 PlayStation 4 更出现中国香港地区和中国台湾地区等亚洲版本比日本版本还要早 2 个月推出的前所未见情况；此外，现在行货游戏机和游戏的定价一般较水货便宜，除了个别非主流游戏或特别版游戏机仍倚靠水货商人引入外，现在中国香港地区的日本游戏市场都是以行货为主。

表2.1 日本游戏机在日本和中国香港地区推出的时间

游戏机	厂商	日本发售日期	中国香港地区行货发售日期
Family Computer	任天堂	1983年7月	1986年12月
Mega LD	世嘉	1994年4月	1994年7月
Neo-Geo	SNK	1994年9月	1994年12月
PlayStation	索尼	1994年12月	1996年12月
PlayStation 2	索尼	2000年3月	2001年12月
NDS Lite	任天堂	2006年3月	2006年6月
Wii	任天堂	2006年12月	2009年1月

四、中国香港地区的日本电子游戏在地化方法

香港人消费电子游戏已有超过 30 年历史，自雅达利在 20 世纪 80 年代中淡出市场后，来自日本的游戏机几乎垄断了中国香港地区市场，可说是陪伴着中国香港地区的玩家成长。一项在 2006 年进行的调查显示，在有"打机"（游玩电子游戏）习惯的中国香港地区受访者当中，六成人表示最喜欢日本的游戏软件，远远抛离第二位、得票不足一成的欧美游戏（钟庭耀、彭嘉丽及李伟健 2006）。然而，因语言及文化之差异，日本电子游戏在生产、传播及消费的过程中，其实已透过不同方式作在地化（Localization）：因应不同国家及地域的情况，把消费品调整至迎合本地玩家的语言、文化及观感要求。本节现试从近年日本电子游戏在中国香港地区被再造（Re-Production）、传播（Circulation）及消费（Consumption）的过程中，找出各个日本游戏在地化的参与者。

（一）再造（Re-Production）

1. 游戏机开发商 / 代理商

要一台来自日本的电子游戏机能在中国香港地区顺利运作，游戏机开发商其实已作了不少在地化的工夫。首先，最重要同时亦常被人忽视的一项，就是将游戏机硬件，调整至适合中国香港地区的技术规格，如国际线路（NTSC）电视制式、220 伏的电源变压器及三脚电插头等。[1]其次，将使用说明书及游戏机接口里的文字翻译成繁体中文。此外，在中国香港地区

专题研究

---

[1] 近年索尼已将旗下游戏主机的电源变压器改为全球通用的 100—240 伏，使各地的玩家只需配上符合当地规格的插头便可，方便玩家之余，亦有助节省生产成本。任天堂则仍维持为不同地区配上不同电源变压器的做法。

设立服务中心提供保养及技术支持等售后服务，也是不可或缺。

近年，包括任天堂和索尼的日本游戏机开发商都在中国香港地区设立分公司，专注宣传推广工作，而批发及分销工作则另交中国香港地区代理商负责。这些宣传推广的种类十分多元化，包括邀请中国香港地区艺人演出电视广告、在印刷媒体刊登广告、参加大型游戏展、邀请日本游戏制作人访港、举行游戏机/游戏首卖会、印制宣传小册子及邀请传媒试玩新游戏等。

而在任天堂和索尼两家日本游戏机制造商当中，以索尼的市场推广尤为积极进取。在 2000 年中期以前，盗版游戏在香港盛行，正版游戏销路长期低迷，间接令厂商不愿在中国香港地区投放太多资源于推广上。至 PlayStation 3 等新一代游戏机在 2000 年中期推出，因加入了不少防盗版的机制，使游玩盗版游戏的各种成本（包括金钱和时间）及风险大增❶，正版游戏渐受玩家重视，索尼亦同时开始加强在中国香港地区市场的推广。其中最引人注目的推广活动当数每年在 12 月的圣诞节假期期间举行的"亚洲游戏展"（Asia Game Show）。亚洲游戏展的前身是"PlayStation 2 Expo"，是 2001 年香港索尼为宣传中国香港地区 PlayStation 2 行货上市的推广活动，翌年改名为"亚洲游戏展"。亚洲游戏展参照"东京游戏展"等海外大型电玩游戏展览，除了在广阔的展览场地摆放大量最新的游戏供参观者试玩，亦加入各式各样的舞台活动，营造出一个电子游戏嘉年华的气氛。❷虽然索尼从 2004 年起已非亚洲游戏展的主办商，而是其中一个参展商，但由于香港索尼打从游戏展的构思阶段开始，已积极参与各筹备和宣传工作，每年索尼的展区都是经悉心布置，在游戏展中占地最广，加上任天堂等其他游戏机厂商未有参展的情况下，很多玩家跟一般参观者早已把亚洲游戏展看成索尼的游戏展一样。而香港索尼亦多次利用亚洲游戏展带来的机会，透过针对中国香港地区社会现况的推广活动，成功制造社会话题，令非游戏玩家亦留意到游戏展的新闻。首先在 2005 年的亚洲游戏展中，首次举办"角色扮演"（Cosplay）比赛，香港索尼的高层人员更粉墨登场，以旗下游戏角色造型示人，不少报刊均有报道。在此之前，中国香港地区的角色扮演活动仍处于萌芽阶段，不少人以至传媒仍对类似活动不太了解，甚至戴

---

❶ 玩家如被系统发现执行盗版游戏，其游戏账户可能会被冻结，更有可能完全不能启动游戏主机，俗称"变砖"，指游戏机已失去所有功能，与一块砖头无异。

❷ 舞台活动包括邀请日本游戏制作人来港与玩家见面、游戏比赛及演艺明星示范游玩等。

着有色眼镜，将之与不雅挂钩。香港索尼在游戏展中高调支持角色扮演活动，不但有助旗下游戏收宣传之效，亦令角色扮演活动更为社会大众所认识甚至肯定，可谓相得益彰。2007年，香港索尼在天水围举行招聘会，招请天水围居民担任游戏展的工作人员，再一次成为社会话题。天水围乃位于中国香港地区最西北的新市镇，位置偏远，居民以新移民及低收入人士为主，区内治安、家暴及童党等问题丛生，有"悲情城市"之称。香港索尼借着当时社会大众对天水围小区的关注，高调宣布在天水围举行游戏展工作人员招聘会，以优厚条件聘请天水围居民❶，迅即成为社会话题。在招聘会及游戏展举行期间，有关天水围居民受聘的新闻报道广见于各大媒体，大收宣传之效。由以上二例可见，香港索尼成功把电子游戏与中国香港地区的社会议题结合，为旗下产品在中国香港地区社会的脉络中添上新的意义和价值。姑勿论其出发点是否与角色扮演活动或天水围居民的利益有关，索尼的电子游戏产品因此而经历一定程度的在地化，却是不争的事实。

以上各种推广活动，都要求游戏厂商对香港社会文化及消费者的口味有一定认识，才能达到其目的：让中国香港地区消费者认识旗下的日本电子游戏。

2. 游戏开发商

游戏开发商把游戏软件内的内容和文字，翻译成不同国家和地区的语言，是一般消费者最易察觉的在地化程序。20世纪八九十年代，因游戏开发成本不高，日本的电子游戏消费市场又极其蓬勃，游戏开发商只要满足本土市场便可，海外市场的销路只是锦上添花，并不重要。当时日本电子游戏要待本土原版本推出后，才开始海外版本的翻译工作，海外玩家往往要等一年甚至更长的时间，才能玩到经过翻译的游戏，而当中大部分都是英语版本的游戏。中国内地的玩家要等到2000年才玩到第一套中文化PlayStation游戏《射雕英雄传》。这套中国香港地区和日本厂商合作开发的游戏，因以中国内地为主要目标，故游戏不但内含中文繁、简体字幕供选择，更收录了普通话语音，严格来说并不算是一套纯日本游戏。在PlayStation 2的平台，也有其他翻译成中文的例子，如《迷雾古城ICO》（2002年）和《樱花大战：炽热之血》（2003年）。但要数在地化得最全面

---

❶ 如针对天水围位置偏远，区内居民外出工作时交通贵昂贵的问题，索尼安排专车接送员工来往天水围及游戏展场地湾仔会议展览中心。

专题研究

的日本游戏，则不得不提 2004 年推出的《麻雀派对：跟水著美女打几圈》。这套日本麻雀游戏引入到中国香港地区后，不单文字全面中文化，连麻雀的玩法也由日本麻雀规则改为中国香港地区玩家熟识的广东麻雀规则，可见游戏开发商的心思和野心。当年 PlayStation 2 游戏的中文化工作，多是分别外判予中国香港地区及中国台湾地区的多个独立翻译员，各自完成后再由日本的中文化小组作统一及修饰（周刊 Famitsu 台湾中文版，第 6 页，2010 年 8 月 5 日）。外判翻译工作虽能节省成本，但翻译的质量难免受到影响，亦难以控制工作进度，使中文版的推出时间与日本原版仍有一定的距离，如《迷雾古城 ICO》和《樱花大战：炽热之血》均在日本原版推出两年之后才推出中文版本，对本地玩家的吸引力骤然大减。

踏入 Playstation 3 和 Wii 的年代，因游戏开发成本急剧上涨，加上日本国内市场日渐收缩，日本游戏开发商为了生存，不得不重视海外市场。由于厂商在游戏计划初期，已把海外版本在地化的工作计算在内，故游戏的翻译工作可提前进行，令日本与海外地区版本的推出时间差距大为收窄，甚至全球同日推出亦非罕见。中文化游戏在近年更是数量大增，多个家喻户晓的游戏系列均推出中文版，其中重量级角色扮演游戏《太空战士》系列，在 2009 年 12 月推出最新一集时，便在一个月内推出了中文版，是该系列 20 多年来首次有中文版本，让一些不谙日语、多年内都对游戏内容一知半解的香港玩家，终于可以以自己熟识的语言，理解游戏故事的内容。2011 年，索尼在台北成立中文化中心，专门负责旗下游戏的中文化工作。由于中心内的翻译人员以中国台湾地区职员为主，故虽然中心负责人曾在访问中强调翻译时会尽量采用中国台湾地区、中国香港地区两地相通的用词（周刊 Famitsu 台湾国际中文版，6 页，2010 年 8 月 5 日），可是仍有不少中国香港地区玩家在游玩中文化游戏时，遇到不能理解的台湾用词。值得注意的是，大部分的中文化游戏都只翻译游戏和说明书内的文字，保留游戏内的日语语音。这种中文化模式的出现，或许与本地玩家的口味取向有关。❶笔者在进行田野采访的时候，曾与超过 100 名中国香港地区的玩家谈及中文化游戏的问题。当中大部分的玩家认为，单纯文本翻译是最理想的做法，中文配音反而不及日语语音"原汁原味"。

---

❶ 微软 XBOX360 游戏《HALO》在香港推出时，其中文版只有普通话语音可选择，结果有大量玩家要求退换，宁可玩没有中文字幕的全英语版。

（二）传播（Circulation）

1. 游戏代理商

中国香港地区的游戏软件代理商于日本电子游戏在地化所扮演的角色，跟游戏机开发商/代理商和游戏开发商的角色有点相近。一方面，它们如游戏机开发商的中国香港地区分公司般，透过各种宣传活动，把旗下的游戏推广至中国香港地区市场；另一方面也与日本的游戏开发商紧密合作，参与中文版游戏的翻译工作。

游戏代理商的其中一种宣传手法，乃随游戏附送赠品。这些赠品多以本地玩家的口味为依据，如在农历年期间赠送有关游戏的红包袋、游戏角色八达通卡套等。游戏代理商在挑选赠品种类时，往往有两点需考虑：中国香港地区消费者的接受程度及与日本的版权问题。有游戏代理商表示，中国香港地区的日本游戏玩家大多只爱来自日本的游戏精品，对中国香港地区代理商附送的精品类赠品则反应一般，故代理商在挑选赠品多以其实用性作考虑，以加强吸引力；此外，由于日本公司方面对版权问题处理相当严谨，代理商会避免挑选一些牵涉复杂版权问题的赠品，如游戏原声音乐光盘（GameZone，第70—72页，2010年第256期）。

另一种常见的推广手法，乃举办本地游戏比赛，为玩家提供公开较量的平台。用作比赛的游戏多以一些有直接竞争性的游戏为主，如运动类和格斗类的游戏，胜者除了有奖金奖品外，部分更可获"香港代表"的称号，到海外参加国际大赛。可是由于中国香港地区的电子游戏竞技运动并未如中国大陆、中国台湾地区和韩国等邻近国家和地区般盛行，其宣传之效只算一般。

此外，游戏代理商亦会参与中文化游戏的翻译工作，如协助招请翻译人员、为游戏的翻译风格及用语提供意见等。可是个别游戏的翻译质量参差，看似来自网上的自动翻译，与索尼与任天堂等有专人翻译的中文化游戏，在质量上有一定距离。

2. 盗版游戏

自20世纪80年代开始，盗版游戏一直都是香港玩家消费日本电子游戏的重要来源。Family Computer在中国香港地区得以兴盛的其中一个主因，除因盗版游戏除了让玩家可以低价购入游戏外，更因为可玩到很多代理商没有引入的游戏。早期的盗版Family Computer游戏，以来自中国台湾地区及中国大陆的盒带游戏为主，部分更已内置多款游戏，甚至会按游戏种

专题研究

类而有盒带名称，如"运动游戏系列"及"神枪手全集"等。后来 Family Computer 推出了专用磁盘驱动器，令玩家玩盗版游戏更为方便，只需带同个人电脑用的电脑磁盘，到一些小型零售店下载游戏即可，磁盘亦可循环再用。跟盒带相比，利用磁盘玩盗版不仅成本较低，亦无须担心常见的盒带游戏未能运行的情况，❶故很快便成了中国香港地区市场的主流。及至 SFC 盛行的年代，部分中国台湾地区厂商自行推出磁盘驱动器，除了可用磁盘玩游戏外，也加入一些如让主角无限复活的独有功能，更在电视大卖广告宣传。任天堂及其香港代理虽知问题严重，可是由于举证困难，鲜见采取法律行动。

至 20 世纪 90 年代中期，PlayStation 等新一代游戏机以光盘取代盒带作游戏媒体，使本地的盗版风气更盛行。光盘生产成本跟磁盘同样低廉，容量却是后者的数百倍，加上只需把游戏机略作改装即可直接运行盗版光盘，无须额外购买配件，令本地玩家难以抗拒。❷其时正值中国香港地区盗版市场最猖獗之时，售卖音乐 CD、电影 VCD 及游戏光盘的盗版店铺随处可见，加上很多盗版游戏在正版推出之前已一早有售（更多情况是根本没有代理商引入），使盗版反成玩家更方便的选择。到了 PlayStation 2 盛行的 21 世纪头 10 年，盗版风气依然盛行，索尼便曾指在中国香港地区游戏机跟游戏软件的销量接近，显示有很多玩家购入游戏机后只会购买盗版游戏（《苹果日报》，A10 版，2002 年 12 月 22 日）。虽然在 2003 年曾有日本游戏商入禀控告提供"改机"服务（使游戏机可以运行盗版光盘）的香港网站，并成功获得赔偿（《明报》，A5 版，2003 年 11 月 26 日），但亦无阻盗版继续盛行。

到了 21 世纪头 10 年中期，两项科技产品在中国香港地区市场的普及，却间接改变了中国香港地区玩家消费电子游戏的模式。首先，当时互联网供货商间竞争激烈，令宽带上网的月费下调至一般家庭都可负担的水平，使用户的下载速度大为提高；而个人电脑 DVD 光盘刻录机的普及，则令用户可自行刻录各类型的 DVD 光盘。结合以上两种科技产品，中国香港地区

❶ 当年的盒带游戏常因积聚过多灰尘或天气过于潮湿而未能正常运作，在某程度上可说是因未能适应香港环境而引起的"风土病"；而遇上磁盘内的游戏不能运行，只需带另一磁盘到游戏店再次拷贝即可。

❷ 当时的改装方法包罗万象，如放一块磁石在机面、先读取正版光盘再强行换成盗版光盘及移除机盖的弹弓等，其目的都是要骗过游戏机内的正版游戏验证芯片。

玩家可轻易在网上取得游戏的档案，自行刻录成光盘后再放进游戏机内运行。这些游戏档案多来自中国内地的网站，再在中国香港地区的网上电子游戏群组内流传。在网站和网上群组内，玩家在下载前可先细看游戏内容简介、画面及其他玩家评分等信息，再决定是否下载及刻录，比起跑到盗版店购买来得更便宜和方便，可玩到的游戏数目亦更多。后来的 NDS 等手提游戏机虽非以光盘运行，但很快便有中国内地的厂商推出专用配件，让玩家可自行在网上下载网上的游戏档案，再放进游戏机的内存中运行，令玩家游玩电子游戏的边际成本接近零。近年，虽然日本游戏厂商及中国香港特区政府分别都有尝试打击盗版游戏市场，但"下载游戏"这种另类的盗版游戏方式仍未绝迹（《香港经济日报》，A23 版，2003 年 11 月 26 日）。一些在网上流传的盗版游戏档案，更是已被破解及翻译成中文的版本，多是以简体字显示，据估计应是出自中国内地的玩家。30 多年来，盗版游戏的兴衰与中国香港地区电子游戏玩家的游玩及消费模式息息相关，可以说是间接推动了电子游戏在中国香港地区的普及与发展。

　　3. 零售商

　　自 20 世纪 80 年代开始，中国香港地区出现了一些专卖电子游戏的小商店，是日资百货公司以外另一个可以买到日本电子游戏的地方。早期的游戏商店兼售正版和盗版的游戏软件，亦有售卖磁盘驱动器等盗版专用配件。在 Family Computer 和 SFC 兴盛的年代，很多游戏店的柜面上都会摆放着一本厚厚的游戏目录，玩家按目录内各游戏的简单图文介绍，挑选心仪的游戏，再要求店员把游戏拷贝到磁盘上，个别游戏店更同时附送翻印自中国台湾地区出版社出版的游戏"攻略"（游戏指南）作招徕。虽然这些游戏档案的来源暂难查究，但可以肯定的是，游戏目录上的游戏远比代理商引入中国香港地区的多。这时期的游戏店除了售卖游戏软硬件外，亦有一些同时兼营"租机"服务。所谓"租机"意指玩家可以付出"租金"，站在游戏店内的电视机前游玩自己指定的游戏，光顾的人以中学生为主。在 20 世纪 90 年代初，一般租机游玩 SFC 的费用约为每 5 分钟 1 元港币，世嘉 Saturn 和索尼 PlayStation 等较新机款的"租金"则较高。租机制度不但为游戏店带来几乎无本生利的额外收入，亦令许多无力负担游戏机的中国香港地区学生都有机会接触游戏机这玩意，与盗版游戏软件一样，间接推动了电子游戏在中国香港地区的普及。近年，已鲜见电子游戏店出售盗版软件或提供租机服务，但仍有部分游戏店有提供改机服务或出售配件供人运

行盗版游戏，至2010年针对改机的法例通过后，才略见收敛。❶

现时中国香港地区很多电子游戏店除出售行货游戏外，亦同时兼售不经本地代理商、直接从外地引入的游戏，又称"平行进口货"，坊间一般称之为"水货"。游戏店引入水货游戏的原因有很多，如该游戏中国香港地区未有代理商引入、部分玩家偏爱日本原版及水货在外地定价比中国香港地区便宜等❷。游戏店会按经验判断哪款游戏值得引入水货，在店内的游戏上亦会标明"日文版水货"与"港版行货"等字眼方便玩家选购。一些游戏店更标榜提供代订服务，为客人从日本代订店方本来没有引入的日版游戏，部分甚至在日本官方开售日期前就能交货给买家，是一些日版游戏爱好者购买游戏的重要渠道。

4. 游戏杂志

游戏杂志为玩家提供大量与日本电子游戏有关的信息，是整个在地化运作中的重要一员。在20世纪90年代中期以前，中国香港地区鲜见本地出版的游戏杂志，市面上多是中国台湾地区出版的游戏双周刊如《星际游乐杂志》和《电视游乐杂志》，或是完全翻译自日本游戏杂志的盗印版。这些刊物虽为玩家提供了难得的日本游戏信息，但因并非以中国香港地区读者为目标，故在内容取向上与中国香港地区玩家会有一定距离。20世纪90年代中期开始，电子游戏日渐普及，令中国香港地区玩家对游戏信息的需求亦随之而增加。一些本地报刊，如《新报》、《儿童周刊》、《壹本便利》和《电脑广场》，相继增设电子游戏的专栏，内容以日本的家庭及手提游戏为主，间中亦有一些电脑游戏及大型电子游戏的介绍。大量的本地游戏杂志亦在这时期诞生，令中国香港地区玩家不用再倚赖中国台湾地区的出版。这时的本地游戏杂志主要分为获官方授权的日本杂志中文版及本地制作两种，多以双周刊形式出版。前者因获日本方面的支持，资料一般较详尽，印刷亦较精美，但出版时间较慢，刊登的信息往往会显得过时；而后者则不用受制于日本的出版时间和各项官方规定，出版时间软快，内容多是由本地编辑自行编写，信息的来源则多来自日本厂商或参考日本游戏杂志。

---

❶ 详见知识产权署（2010）：〈规避科技措施〉http://www.ipd.gov.hk/chi/intellectual_property/copyright/
circumvention.htm 浏览日期：2010年12月15日。

❷ 因汇率变化关系，近来韩版的游戏的来价一般都会比较便宜，因除说明书外其余内容一样，故不少
香港玩家多选择韩版。

现在中国香港地区的游戏杂志大都是全本地制作，以周刊形式出版。面对各类媒体的激烈竞争，游戏杂志的内容亦渐见多元化，除了基本的家用电子游戏信息外，亦包含了有关手机游戏、电脑游戏、动漫、电影、电视、模型玩具、角色扮演甚至是饮食的内容。表 2.2 为现时一般游戏杂志内有关游戏的内容分布。

表2.2　中国香港地区游戏杂志的内容分布

栏目	内容
一般信息	所有关于游戏业界的新闻和信息，如新游戏在世界各地的销售数字、市场传闻及游戏商的经营状况等。
紧急游戏信息	很多本地游戏杂志都有参考日本杂志的习惯，通常都会在出版付印前一刻加入来自最新一期日本游戏杂志的信息。
游戏预告	透过游戏开发商发放的游戏数据和游戏画面，为玩家介绍即将发售的游戏。
游戏指南	又称"攻略"，可帮助玩家理解及完成游戏，可细分为以下四类： （1）控制指南：指导玩家游戏的操作方法； （2）日语翻译：以列表形式翻译游戏内的日语用词； （3）小说攻略：把日语游戏内容以故事形式串联，写成中文小说以助本地玩家明白游戏； （4）数据库：列出游戏内的各项数值设定，供玩家参考。
游戏评分	分析已推出的游戏，并给予评分。
业界评论	有关业界发展的长篇评论。
本地市场动向	个别游戏在本地的销售情况，及不同地区的价钱比较。
昔日游戏回顾	回顾昔日名作，让年轻一代玩家认识游戏的进化过程

从表 2.2 可见，本地的游戏杂志为香港玩家提供全面的游戏信息，其中又以翻译日语用词及小说式攻略两项，对日本游戏在地化最为重要，使不谙日语但又偏好日本游戏的香港玩家，能以自己熟识的语言去理解日本游戏内容，享受与日本玩家经验相近的游玩乐趣。

5. 网上媒体

自踏入 2000 年开始，网上媒体急速发展。除了一些传统媒介的网上延伸媒体外，亦陆续出现很多原生于网络平台的新媒体，当中亦有很多专门报道有关电子游戏信息的游戏网站。在一般的游戏信息报道上，游戏网站与传统游戏杂志的功能相似，其优胜之处主要来自可加入游戏片后的影片，令游戏信息更为生动立体，玩家亦能更易掌握游戏的玩法和基本内容。此

外，这些游戏网站多设有用户讨论区，让不同玩家可以打破地理和时间界限互相交流，使游戏信息的流通更为方便和快捷。透过网上讨论区，玩家不但可获得大量游戏信息，更让可轻易找到其他志同道合的玩家，一起讨论大家同感兴趣的游戏和有关话题。在这些讨论区上，玩家间互相分享的东西包罗万象，如游玩心得、游玩经验、游戏评论甚至自行修改的游戏内容。其中比较有趣的例子，是日本足球游戏《Winning Eleven》的中国香港地区玩家，透过游戏内的编辑器，新增原来不存在游戏内的香港球队及球员数据，以实现玩家利用中国香港地区球队与其他世界顶级劲旅较量的梦想。玩家将修改过的游戏数据放到网上群组供其他玩家下载，流传得快而广。网上群组的资源丰富，成了很多玩家获取游戏信息的主要来源，或会威胁游戏杂志的生存空间。

然而，中国香港地区现在仍没有一个能吸引大量玩家浏览的游戏网站，有关游戏的信息和讨论只见零星散布在各大综合讨论区之中。反观在中国大陆和中国台湾地区已分别出现一些人流极广的游戏网站，如中国大陆的"电玩巴士"和中国台湾地区的"巴哈姆特电玩信息站"。其中"巴哈姆特电玩信息站"的登记会员人数超过 250 万，在 2011 年录得平均每日达 2000 万的浏览数，不但是中国台湾地区最大的游戏网站，更是中国台湾地区的五大网络社群之一。❶其后"巴哈姆特电玩信息站"在一次访问中向我表示，巴哈姆特的浏览者中有约三成来自中国香港地区❷，粗略推算每日中国香港地区玩家浏览巴哈姆特网站的页数可达数百万，故有说巴哈姆特是中国香港地区玩家中的第一大游戏网站亦非完全没有根据。

（三）消费（Consumption）

玩家

Fiske（1989）认为消费者在消费流行文化时，会利用创意赋予消费品新的意义和内容。Radway（1988）也持相近的看法，主张人们不应再困在"制造者→产品→消费者"这种单向的思考陷阱中。吴伟明（2006）曾研究中国香港地区玩家如何把本地元素融入日本大型游戏中的格斗游戏内，创出大量极具本土气息的术语和独有的规则和玩法。

---

❶ 详见《巴哈姆特大家长 sega 专访畅谈巴哈姆特的过去、现在与未来（上）》一文，来源：http://gnn.gamer.com.tw/4/60444.html，浏览日期：2013 年 1 月 15 日。

❷ 访问于 2011 年 12 月 17 日，在巴哈姆特位于台北市松山区的办公室进行。

其实，在中国香港地区的日本游戏在地化流程内，除了上述在制造、再制造与传播阶段中的各个单位外，玩家本身也担当着重要的角色。无论游戏在制造及传播如何被在地化都好，玩家如何消费手中的游戏及赋予意义，才是最关键的一环。我从田野考察当中，发现中国香港地区玩家在消费日本电子游戏的过程中，亦会按自己所需把游戏作一定程度的在地化。这些在地化手段，很多都是玩家在游玩过程中按需要临时加入，而非有计划地进行；而游戏制造商在设计游戏的过程中，往往未有或未能预计玩家会否按游戏商既定的方式来游玩游戏。以下便是我从田野考察中观察到中国香港地区玩家在消费日本电子游戏时常见的在地化手段。

正如吴伟明（2006）发现中国香港地区游戏机中心内的大型格斗游戏的玩家自定术语及规则一样，电视及手提游戏机的玩家亦有类似的做法以方便游玩。近年极受欢迎的动作游戏《魔物猎人》系列（Monster Hunter），便是其中一例，说明中国香港地区玩家为何及如何创造术语。《魔物猎人》是一款由日本游戏裔艺嘉（Capcom）推出的游戏，自 2004 年在 PlayStation 2 推出首集以来，已先后在 PSP、Wii 及 N3DS 等多部主机上推出续集，各集合记录得数千万销量，是艺嘉旗下最畅销的游戏品牌之一。对很多玩家而言，《魔物猎人》的最大卖点为可作联机游玩，尤以 PSP 及 N3DS 等手提机版本为甚：玩家透过手提游戏机的无线联机装置，可与身边最多 3 名的玩家联机，合力讨伐游戏内不同种类的怪物。[1]因游戏无论在系统设计上还是游戏流程上都以鼓励玩家们联机游玩作出发点，使联机合作往往比起单人脱机游玩有趣及容易破关得多，令玩家多倾向以多人联机方式游玩此作。而事实上，艺嘉在日本本土宣传此作时，亦多番强调多人联机游玩的乐趣。在《魔物猎人》的其中一个电视广告中，4 名著名的日本电视男艺人在后台中一起愉快地联机游玩《魔物猎人》，画面中亦显示各人的总游玩时间，由数小时至数百小时不等，暗示此作的联机乐趣不会被各人的经验差距所限，即使新手与老手亦可一起乐在其中。[2]在同期的另一个广告中，主角换成了 4 名电视女艺人，她们一边兴高采烈地联机游玩《魔物猎人》，一边在闲聊各人的近况。当中一名女艺人，常在电视节目中被主持

专题研究

---

[1] 在 PlayStation 2 和 Wii 上的版本，则要家中游戏机接上互联网方可联机。因设定程序较复杂，更要缴付额外费用方可游玩，故受欢迎程度比不上手提机版本。

[2] *MHP 2nd G CM* 集『お笑い芸人篇』，来源：http://www.youtube.com/watch?v=QfThcWKdOzM，http://www.capcom.co.jp/ir/business/million.html，浏览日期：2012 年 10 月 15 日。

人取笑其外表和孤僻性格，突然宣布自己正恋爱中，其男友正是在联机游玩《魔物猎人》时认识的朋友。❶正如滨村弘一（2007）所言，《魔物猎人》的成功在于其联机系统，而艺嘉亦非常清楚这一点，集中推广其联机游玩的乐趣（滨村弘一 2007：51）。

笔者在中国台湾地区的田野考察中，发现《魔物猎人》的玩家会自觉地跑到位于台北地下街的游戏店前，一同坐在地上跟陌生人联机游玩，事前或过程中并没有任何人组织或管理，一切均建基于玩家间的默契和自律。而在香港，《魔物猎人》的联机游玩主要属朋友间的活动，鲜见玩家在公众地方与陌生人联机游玩。而在一些网上游戏讨论区，不时会见到有《魔物猎人》在网络上招募"队友"，并相约见面联机游玩。笔者曾多次以玩家的身份出席这些聚会，实地观察玩家联机游玩的情况。这些聚会多在周末深夜进行，地点则多在 24 小时营业的连锁快餐店。在讨论区的招募公告，通常会事先列明一些游戏内外的规则，要求前来参与联机的玩家一同遵守。所谓游戏内的规则，乃指一些为确保联机游玩的乐趣而对玩家在游戏内行为的要求。常见的游戏内规则包括"不可丢下队友独自开采宝物"、"一同配备威力较低武器以增加挑战性"、"避免盲目进攻令队友受伤"及"尽力避免不必要死亡"等；至于游戏外规则，则指玩家在出席聚会时应有的基本礼仪。如因越来越多玩家通宵达旦在快餐店"开战"，又不光顾任何食品，开始惹来快餐店和其他顾客的不满，故在不少招募队友的公告内，均有列明参与游戏的玩家应自律在开始游玩之前，先光顾快餐店内的食物。❷

在《魔物猎人》的联机游玩中，除了玩家各自的实力外，各人在讨伐怪物时的默契与合作也是战局发展的关键。换言之，玩家们在游玩时的言语沟通变得非常重要。由于《魔物猎人》并没有中文版，以游玩日文原版为主的中国香港地区玩家为方便沟通，在联机游玩时创造了大量本地独有的术语，以表达游戏内各类日语名词和复杂的概念。本地的嘻哈（Hip Hop）乐队"农夫"便曾用大量《魔物猎人》的术语，创作了一首歌在网上广泛流传。这些术语的创造方式有很多，大致可分为以下六类：

❶ *MHP 2nd G CM* 集『女性タレント篇』，来源：http://www.youtube.com/watch?v=mJTPLd0If_U，http://www.capcom.co.jp/ir/business/million.html，浏览日期：2012 年 10 月 15 日。

❷ 见《GameZone》，2010 年 254 期，第 33 页。

表2.3 《魔物猎人》中国香港地区玩家常用术语分类表

创造方式	术语例子	意思	术语构成原因
念读日语汉字	落穴	捕捉怪物的陷阱	游戏中道具"落とし穴"的汉字读法
中英结合	过Zone	在游戏内从一个版图走到另一个版图	结合粤语及英语的典型港式术语
中日结合	屎玉	以粪便制作的投掷武器	游戏内称作"粪玉",以粤语中常用的"屎"取代"粪",再结合日语"玉"而成
形容画面	猫车	主角战败	游戏中玩家的角色战败后,会出现一群猫用木头车把主角推回起点重生的画面,"猫""车"一词就是取至此画面
生活比喻	校服	最多玩家选用的战斗盔甲	以日常生活中校服所代表的一致性,来比喻最多玩家选用的战斗盔甲
借用其他术语	飞	游戏中子弹的量词	常见于香港电影的术语,亦用作香烟的量词,出处不明

五、结语

本文先从日本电子游戏的历史出发,剖析了以任天堂为首的日本的电子游戏厂商,如何在20世纪80年代起开辟了消费品游戏市场,发展至今已是世界最大文化产业之一。即使近年面对国内市场萎缩及欧美厂商的极力追赶,日本游戏厂商的产品仍是世界各地市场的重要一员。中国香港地区的游戏机市场也不例外,自20世纪80年代雅达利淡出市场后,市面上可以买到的游戏机几乎全是来自日本的厂商,日本游戏亦成了中国香港地区玩家的最爱。然而,在仔细检视日本电子游戏如何在中国香港地区被再造、传播和消费后,本文发现中国香港地区的日本电子游戏消费已经过了不同程度和层面的在地化,使中国香港地区玩家和日本玩家的游玩经验有所差异。本文从被再造、传播及消费的三个层面上,找出了游戏机厂商、游戏开发商、游戏代理商、盗版游戏、零售商、游戏杂志、装上媒体和玩家等参与中国香港地区的日本游戏在地化的八个主要单位。从以上各个单位所作的在地化手段可见,中国香港地区的日本电子游戏消费绝不如全球均一论所预计般进行。虽然自20世纪80年代起,中国香港地区的电子游戏玩家一直都以消费日本电子游戏产品为主,但并未有如全球均一论所预计的被动地全盘接收,反而在再造、传播和消费的过程中,出现了不同的代理为游戏商品流传到香港作出协调。这些协调工作不单把游戏商品的实体和

意义带到中国香港地区，更按本土情况为游戏商品赋予新的意义，亦即所谓的游戏商品在地化。本文透过日本游戏在中国香港地区被在地化的例子，印证了 Sahlins 对全球均一化理论的批评：该理论轻视了受方的消费者的自主能力，并忽视受方的消费者根据本土的思维架构把外来文化的能力。从本文的例子可见，即使受方的社会因受外来文化影响而作出改变，都是按本土社会的独有逻辑而生，与外来文化没有任何既定的关系。

正如文首所言，本文的主要目的并不是支持全球均一论或本土论的任何一方，反而经仔细检视各个代理为中国香港地区的日本游戏所作的在地化手段后，除希望指出如 Radway（1988）所主张我们不应再困在"制造者→产品→消费者"这种单向的思维陷阱外，亦要留意即使有再强大的本土化力量，文化商品的在地化操作在一定程度上都会在文化输出者所定下的框架内进行，否则只会如《上帝也疯狂》的情节般，作出误用游戏光盘来做杯垫等完全失去原意的行为，令任何讨论也是徒然。从本文的发现可见，日本电子游戏自有本身的力量、形态和形成原因，而它们对中国香港地区消费者都可产生不同的影响。即使中国香港地区的电玩玩家并不一定会全盘遵从日本游戏厂商的意图进行消费行为，我们亦不可武断地将之全盘推翻，忽视日本游戏与玩家之间的紧密互动关系。

最后，本文建议跨地域文化的在地化研究不应只集中在个别参与者（如消费者和制造者）身上，相反应把视野拉阔，仔细检视各参与者的特质与互动关系之余再结合当地的社会状况加以分析，才可对这课题有更全面的了解。

参考文献

Anderson, Craig, Douglas Gentile, and Katherine E. Buckley

2007   Violent video game effects on children and adolescents: theory, research, and public policy. Oxford; New York: Oxford University Press.

Aarseth, Espen

2001   Computer Game Studies, Year One. Game Studies 1（1）. Electronic document, http://www.gamestudies.org/0101/editorial.html. Accessed: Aug 1, 2011

Beck, John C.

2004   Got game: How the gamer generation is reshaping business forever.

Boston: Harvard Business School Press.

Berger, Arthur A.

2002　Video games: A popular culture phenomenon. New Brunswick, N.J.: Transaction Publishers.

Donovan, Tristan

2010　Replay: The History of Video Games. East Sussex: Yellow Ant.

Edery, David

2009　Changing the game: how video games are transforming the future of business. Upper Saddle River, N.J.: FT Press.

Egenfeldt-Nielsen, Simon, Jonas H. Smith, and Susana Tosca P.

2008　Understanding Video Games: The Essential Introduction. London: Routledge

Fiske, John

1989　Understanding Popular Culture. London & New York: Routledge

Gupta, Akhil and James Ferguson

1997　Culture, Power, Place: Ethnography at the End of an Era. In: Gupta, A. and Ferguson, J., eds. Culture, power, place: explorations in critical anthropology. Durham, N.C.: Duke University Press.

浜村弘一 Hamamura Hirokazu

2007　ゲーム産業何がおこったか Gemusangyou nani ga okotta ka （What happened in video game industry）. 东京: ASCII Media Works Tokyo: ASCII Media Works

Herz, J. C.

1997　Joystick nation: How videogames ate our quarters, won our hearts, and rewired our minds. Boston: Little, Brown, and Co..

Howes, David

1996　Cross-cultural consumption: global markets, local realities. New York: Routledge

石岛照代 Ishijima, Teruyo

2009　ゲーム業界の歩き方 Gemu gyoukai no arukikata （Guide of Video Game Industry）.

东京: ダイヤモンド社 Tokyo: Diamond Sha.

Iwabuchi, Koichi

2002　Recentering globalization: popular culture and Japanese transnationalism. London: Duke University Press

Kent, Steven

2001　The Ultimate History of Video Games: From Pong to Pokemon—The Story Behind the Craze that Touched Our Lives and Changed the World. Roseille, California,: Prima Publishing.

李培德 Lee Pui-Tak

2006　日本文化在香港 Riben wenhua zai xiang gang（Japanese culture in Hong Kong）. 香港：香港大学出版社 Hong Kong: Hong Kong University Press.

沟上幸伸 Mizoue Koshin

2008　Nintendo Wii のすごい発想 Nintendo Wii no sugoi hasshou（The great innovative idea of Nintendo）. 東京：パル　Tokyo: Paru

吴伟明 Benjamin Ng Wai-Ming

2006　Street Fighter and The King of Fighters in Hong Kong: A Study of Cultural Consumption and Localization of Japanese Games in an Asian Context. Game Studies 6（1）. Electronic document, http://gamestudies.org/0601/articles/ng. Accessed: Dec 11, 201.

小山友一 Oyama Tomoichi

2010a　ゲームが消費者にとどくまで Gemu ga Shouhisha ni todoku made（The production and circulation of video games）. In: デジタルゲームの教科書制作委員会 dejitarugemu no kyoukashouseisaku iinkai（Digital Games Textbook Committee）, ed. デジタルゲームの教科書知っておくべきゲーム業界最新トレント dejitarugemu no kyokasho shitteokubeki gemkyoukai saishin tornedo（The textbook of latest trend of digital games）. 東京：Softbank Creation Tokyo: Softbank Creation, pp.13-36.

2010b　ゲームとゲーム産業の歴史 Gemu to gemu sangyou no rekishi（The history of video games and video game industry）. In: デジタルゲームの教科書制作委員会 dejitarugemu no kyoukashouseisaku iinkai（Digital Games Textbook Committee）, ed. デジタルゲームの教科書知っておくべきゲーム業界最新トレント dejitarugemu no kyokasho shitteokubeki gemkyoukai saishin torneedo（The textbook of latest trend of digital games）. 東京：Softbank Creation Tokyo: Softbank Creation, pp.37-58.

Radway, Janice

1988　Reception study: Ethnography and the problems of dispersed audiences and nomadic subjects. Cultural Studies, 2（3）, pp.59-76

Sahlins, Marshall

1985　Islands of history. Chicago & London: The University of Chicago Press.

2000a　Cosmologies of capitalism. In: Sahlins, M., ed, Culture in practice: Selected Essays.　New York: Zone Books, pp.415-469.

2000b　The return ofthe event, again: With reflections on the beginnings ofthe Great Fijian War of 1843-1855 between the Kingdoms of Ban and Rewa. In: Sahlins, M., ed, Culture in practice: Selected Essays.　New York: Zone Books, pp.293-351.

Sheff, David

1993　Game over: How Nintendo zapped an American industry, captured your dollars, and enslaved your children. New York: Random House.

橘寛基 Tachibana Hiroki

2010　図解入門業界研究：最新ゲエーム業界と動向とカラクリがよくわかる本 Zukai nyuumon gyoukai kenkyuu: saishin gemu gyoukai no doukou to karakuri ga yokuwakaru hon （Introduction to industry study: The latest trend and development of video game industry）東京：シュワシステム Tokyo: Shuwa System.

Tomlinson, John

1991　Cultural imperialism: a critical introduction. London: Pinter Publishers.

Wong, Chi Hang

2009　From "V is the sign" to "Love generation"：how the production, circulation, and consumption of Japanese TV dramas have changed in postwar Hong Kong. MPhil Thesis. Department of Japanese Studies, the University of Hong Kong.

Wong, Heung Wah

専題研究

1999   Japanese Bosses, Chinese Workers: Power and Control in a Hong Kong Megastore. Richmond: Curzon Press.

Wong, Heung Wah and Yau Hoi Yan

2010a   The Politics of Cultures is the Culture of National Identity Politics in Taiwan: "Japan"in the National Building of Lee Teng-hui's Regime. In: Gong. G. and Teo, V., eds. Reconceptualising the divide: identity, memory, and nationalism in Sino-Japanese relations. Newcastle: Cambridge Scholars, pp.95-118.

2010b   Transnational Japanese Adult Videos and the Emergence of Cable Television in Post-war Taiwan. The Journal of Comparative Asian Development 9（2）, Pp.183-217.

曾参考之报刊

ファミ通 famitsu（Weekly Famitsu）（Multiple issues）. 東京：Enterbrain Tokyo: Enterbrain

香港经济日报 Hong Kong Economic Times(多期 Multiple issues). 香港：香港经济日报有限公司   Hong Kong: Hong Kong Economic Times Limited

明报 Ming Pao （多期 Multiple issues）. 香港：世界华文媒体有限公司 Hong Kong: Media Chinese International Limited

明报周刊 Ming Pao Weekly（多期 Multiple issues）. 香港：世界华文媒体有限公司 Hong Kong: Media Chinese International Limited

东方日报 Oriental Daily（多期 Multiple Issues）, 香港：东方报业集团 Hong Kong: Oriental Press Group

Gameszone magazine （多期 Multiple issues）. 香港：金门出版社 . Hong Kong: Kin Mun Chut Ban Sei

Between Homogenization and Creolization: The Localization of Japanose Video Games in Hong Kong

Wong, Chi Hang

Abstract: Homogenization and Creolization are two conflicting theories that have been involved in the debate over migration of cultural products for years. This chapter is an attempt to find new space and focus for discussion from the study of Japanese video games in Hong Kong. Since making its debut in 1970s, video game industry has developed into a multi-billion dollar business. The chapter begins with analyzing how Japanese video game companies, led by Nintendo, found the huge potential of consumer market in video games and expanded their influence to oversea markets. The article then shifted the focus to the video game market of Hong Kong. While studying the process of how Japanese video games has been imported to Hong Kong, the author also points out that the Japanese video games have been localized in the processes of re-production, circulation, and consumption in order to smoothen the consumption of Japanese video games in Hong Kong. The article have located console companies, game developers, distributors, piracy, retailers, game magazines, online media and players themselves as the eight major agents in the process of localization of Japanese video game in Hong Kong. I insist any discussion on migration of cultural products should be based on a comprehensive understanding of the migration process, which could be understood by studying and connecting the involvements of different agents throughout the process. This chapter does not intend to side with Homogenization or Creolization in the debate, as neither of them could fully explain the phenomenon. While it is natural to assume any cross-territorial culture will be localized in some extent, one should not neglect the certain framework put on the culture by the culture exporters to avoid fruitless and wasteful discussion. The author concludes by suggesting any study on cultural migration should not focus only on certain agents, such as

专题研究

consumers and producers. Instead, the scope should be expanded by carefully studying each agent in the process and the interactions between them. Combining the study on the history of local social development, one should be able to have better understanding on the topic.

Keywords: Homogenization, Creolization, Video Game, Japanese popular culture, Cultural Migration

中国香港地区与日本的改编[1]歌曲

——音乐原真性之反思

邱恺欣

刘欣雅　译

摘要：本论文是以人类学的角度，通过比较日本和中国香港地区改编歌曲的传统，借以探讨流行音乐的原真性的概念。不论在日本还是中国香港地区，配上本地语言歌词的改编歌曲已有长久历史，然而两地对改编歌曲的反应及社会地位却大相径庭。在日本，改编被视为"パクリ"（抄袭或模仿），带有负面的含义。反观中国香港地区，改编外国歌曲，尤其是日本的歌曲，几乎与粤语歌曲本身出现的时候就存在。因此改编在中国香港地区音乐界可以说是惯用的手法。本文认为，两地对改编歌曲在态度上的差异，与它们的音乐传统有莫大关系。20 世纪 80 年代日本国内崛起的新民族主义，和日本对音乐原真性的诠释，让改编歌曲在日本受到严厉的批判。在这样的影响下，他们认为所谓的日本音乐应该是纯粹的，改编歌曲因而不被视为"原真"的日本音乐。相比之下，粤语流行曲源自粤剧，采用外来旋律并不是新鲜事。简而言之，改编歌曲在日本和中国香港地区在地位上和社会反应上的差异，为了解两地对音乐原真性的定义及它与音乐传统的关系，提供了重要的契机。相比起分别研究日本流行曲和粤语流行曲，这样的对比研究让我们对两者有更深入的认识。

关键词：改编；改编歌曲；粤语流行曲；日语流行曲（J-Pop）；音乐原真性；音乐制作

一、导言

"原真性"（Authenticity）是许多学者和音乐评论家近数十年热烈讨论的话题。当中法兰克福学派认为，流行音乐等文化工业的演化发展，为流行

---

[1]　翻唱／改编歌曲于本文是指采用外来歌曲并配上新的歌词。

音乐的标准化（standardization）和虚假个人化（pseudo individualization）奠下了基石（Strinati 2004：59）。流行曲的核心构造渐渐标准化（standardization），其标准化的过程却并不一致，故呈现的结果也各具特色（Strinati 2004：59）。这种主张的中心思想是推定音乐有其原真定义：一个音乐作品是否"本质的（essentialised）、真实的（real）、现实的（actual）、精髓的（essence）"（Taylor 1997：21；Moore 2002：209）。假设音乐的原真性是存在的，则表示音乐可二分为原真和非原真音乐。根据 Wilton（2002:708），原真音乐在西洋音乐界多与传统音乐／民谣／摇滚音乐挂钩，而流行音乐则"不幸地"被指为非原真音乐。

许多学者为原真和非原真音乐的区别下定义。Moore 指出（2002：211），Grossberg（1992）主张两者的区别"巩固了从猫王埃尔维斯·普雷斯利（Elvis Presley）的时代起的流行音乐历史；音乐的历史有如钟摆，从一端——原真音乐，摆荡到另一端——非原真音乐"。有些学者对此持反对态度。例如 Roy Shuker（1994：8）认为以原真性区别摇滚（原真）和流行（非原真）音乐是没意义和带误导性的；原真性虽然有重要的意识形态功能，却不应直接套用到各式各样的音乐类型。但 Moore（2002：209）反驳，就此把音乐原真性的讨论作结，并非成熟的处理方法。Moore（2002：210）以摇滚音乐和当代民谣作例子，指出之前有关音乐原真性的论述的最大弊病在于，人们总是从"什么被原真化了？"切入；或更具体地说："什么是成为原真音乐的条件？"Moore（2002：210）引述 Sarah Rubidge（1996）："原真性是……并不是一个表演的特性（property **of**），而是一些我们赋予（ascribe **to**）一个表演的东西。"（原文强调），他继而写道：

原真性其实是在文化，因而是历史的位置下所形成的一种解读。它是被赋予的，而非从属的。……一个表演是否原真得看"我们"是谁。……因此，与其问"**什么**（音乐作品或活动）被原真化了？"，我在这篇文章里，反而要问"**是谁**"。（Moore 2002：210, 原文强调）

所谓"谁"，对 Moore（2002：220）来说包括"表演者自身，表演者的观众，或其他（不在场的）被原真化的物件"。这概念对应三种原真意义："第一人称原真性"、"第二人称原真性"以及"第三人称原真性"（Moore 2002：211—218）。第一人称原真性是指表达的原真性，取决于表演者是否成功向听众传达"他或她的言辞表达是真诚"的印象（Moore 2002：214）；第三人称原真性是指执行之原真性，取决于表演者是否成功向听众传达他或她正"准确地表达内嵌于表演传统内的其他的潜藏想法"（Moore 2002：218）；第二人称原真性是"经验的原真性"，是指表演者是否成功传达"聆听者自身的人生经历被验证"的印象（Moore 2002：220）。笔者虽然分享了 Moore 对音乐原真性的关系的阐述，但在此必须指出笔者并不赞同 Moore 对音乐原真性的定义。Moore 似乎主张音乐的原真性取决于主观位置，而笔者在本文则强调音乐的原真性是应特定的音乐传统而生。本文稍后将会指出，尽管改编歌曲在中国香港地区和日本都很常见，但只有中国香港地区的改编作品被视作原真的粤语流行曲；日本的改编作品则不被视作原真的日本流行曲（J-Pop）。两地不同的反应，反映了粤语流行曲和日本流行曲的原真定义颇具差异。笔者将进而指出日本和中国香港地区的音乐原真意义，是由两地社会各自的音乐传统所界定。笔者从 Franz Boas 身上学习到"眼睛是'传统'的器官"（the seeing eye is the organ of tradition）（Sahlins 引述 1985：145），意思是人类以他们的传统文化来接收或理解这世界，因而会不自觉地重视某些世俗的差异并忽视其他。在下文，笔者将会指出日本人致力保持其音乐传统与其他音乐的明显区别，把日本的音乐定义为纯粹而不受其他音乐元素影响；而中国香港地区的粤语流行曲受粤剧影响甚深，融合外来的音乐是其音乐制作的惯常模式。笔者要在此强调，上述传统的运作模式并不是唯一的可能性，但它是具象征性而霸道的。因此，日语流行曲不一定是纯粹不掺杂的；粤语流行曲也非得掺和了其他音乐元素不可。

不同的音乐传统造就不同的音乐原真概念，音乐界内并没有对音乐原真性的统一定义。因此，音乐的原真性是由文化构成的，亦因此与当地的历史和社会千丝万缕。事实上许多学者主张流行音乐的原真性没有一个稳定的架构（Grazian 2003; Moore 2002; Rubidge 1996; Sloop & Herman 1998）。换句话说，对音乐原真性的诠释是可随时代变迁而"更新"的素材（Peterson 1997：220）。

当然笔者并不是主张文化决定论，笔者不认为日本和中国的音乐传统断定了当地社会的音乐的制作模式。本文的主张是音乐原真性的定义来自特定的音乐传统。是故，我们需要的正是把不同的音乐传统作为具有象征意义的文化规格来比较。

本文从人类学的角度，对比改编歌曲在日本和中国香港地区的情况，探讨流行音乐的原真性的概念。不论在日本还是中国香港地区，配上本地

专题研究

079

语言歌词的改编歌曲已有长久历史，但两地对改编歌曲的反响及社会地位却大相径庭。在日本，改编被视为"パクリ"（抄袭或模仿）（Yoneoka 2008：24），在当地社会中带有贬义。其中最大原因是莫过于日本新民族主义在20世纪80年代崛起。当时，大部分改编歌曲皆来自美国，而这些改编自美国的翻唱，在文化人的眼里正是盲目顺从西方帝国主义的行为，因而加深了人们对改编歌的道德考虑（Yoneoka 2008：24）。但是单单因为新民族主义也不至于在当时造成那般严厉的道德批判。事实上，日本对日本音乐的原真性持独特的理解，使他们深信一种"纯粹"的日语流行曲存在着，改编歌曲因而不被视为"原真"的日本音乐。笔者认为日本这种对音乐原真性的诠释，可追溯至19世纪初日本的音乐传统。

中国香港地区的改编歌曲情况却是截然不同。粤语唱片业自诞生以来，一直都有改编外国歌曲，尤以日本歌曲为甚。由此改编歌在业内一直都是惯常做法，亦解释了为何中国香港地区的改编歌虽源自外国歌曲的旋律，却仍被视作本土的粤语流行曲。这些以粤语流行曲身份出现的日本歌曲广受中国香港地区乐迷欢迎，跟粤语流行曲享有同等的地位。在80年代，张国荣、谭咏麟和梅艳芳等传奇歌手翻唱了不少日本的改编歌，收录于他们的专辑内。如日本那种对改编歌的道德批判却几乎不曾在中国香港地区出现。笔者将在以下章节阐明，粤语流行曲文化的开放性，是源自它的根源——粤剧。

总括而言，改编歌曲在日本与中国香港地区的地位差距以及两地社会对其的反应和看法，为我们探讨两地音乐的原真定义及与当地音乐传统的关系，提供了重要的契机。比起分别研究日本流行曲和粤语流行曲，对比研究让我们对两者有更深入的认识。

二、日本的改编流行歌曲简史

说到日本的改编歌曲的源头，可追索至二村定一在1928年翻唱 *My Blue Heaven*（McGoldrick 2010：1），但改编歌曲的兴起却在第二次世界大战结束以后。第二次世界大战后早期的改编作品包括1951年江利智惠美翻唱帕蒂·佩姬（Patti Page）的《田纳西圆舞曲》（*Tennessee Waltz*）（1950）；1954年雪村泉翻唱《忧郁的金丝雀》（*Blue Canary*）；还有1956年Peggy叶山翻唱多丽丝·戴（Doris Day）的 *Que Sera Sera*（Stevens 2008：149；Yoneoka 2008：27）。

糅合了战后早期西方音乐带来的影响，日本在 20 世纪 60 年代发展出一个新的音乐类别——"乐队音乐"（Group Sounds）。驻日美军把美式和英式的电子摇滚乐带进日本的主流音乐（Stevens 2008：43）。很多日本乐队因此而组成，他们大多复制投机者大乐队（The Ventures）或披头士乐队（The Beatles）的风格并以电子摇滚乐为主。当时的著名乐队包括老虎乐队（The Tigers）、诱惑者乐队（The Tempers）和 The Blue Comets 等（Stevens 2008：43）。这些乐队主要改编西方歌手的受欢迎作品。例如，盛极一时的蜘蛛乐队在 1966 年发行了一张专辑，收录了披头士乐队及其他著名欧美歌手的改编歌曲。著名歌手及演员坂本九于 1960 年也翻唱了 Beach Boys 的 *Good Timin'*（Stevens 2008：148）。

踏入 20 世纪 70 年代，摇滚乐队音乐已逐渐被"新音乐"（New Music）（Stevens 2008：47）所取代，新音乐着重乐手与音乐互动的崭新感觉（Stevens 2008：47）。尽管称为"新音乐"歌手，他们还是继续翻唱西洋歌曲（Yoneoka 2008：27）。例如 1971 年坂本澄子翻唱了西蒙和加芬克尔（Simon and Garfunkel）的《忧郁河上的桥》（*A Bridge Over Troubled Water*），同年伊东由佳里翻唱了艾尔顿·约翰（Elton John）的 *Your Song*；布施明在翌年翻唱了 Gilbert O'Sullivan 的 *Alone Again, Naturally*。除了以上"新音乐"时代歌手，陈美龄、乡广美、樱田淳子、甲斐乐队、浅野优子、糖果合唱团等著名歌手也在 20 世纪 70 年代初翻唱了不少西洋名曲。虽然 20 世纪 70 年代后期的改编歌曲数量较少，却出现了好几首有趣的作品。当中最有趣且具代表性的可能是西城秀树在 1979 年配上日本语歌词翻唱的 *Young Man*（或作 YMCA）（Stevens 2008：149）。他多次在电视节目中表演美国乐团村民（The Village People）的这首歌曲，配上原曲的舞步和穿着美式拉拉队制服的伴舞群（Stevens 2008：149）。村民乐团的另一首大热作品 *In the Navy*（1979），则在同期被粉色小姐（Pink Lady）配上日语歌词改编成 *Pink Typhoon*（Yoneoka 2008：28）。

由此可见，改编在 20 世纪六七十年代非常普遍。但 20 世纪 80 年代中期，情况却出现了极大的反弹，日语改编歌曲被指责为"パクリ"（Yoneoka 2008：28）。日本语中，パクリ可解释为抄袭，用于改编歌曲则指不诚实地复制或抄袭他人的音乐作品。当时抄袭的定义十分广泛，指控也非常严厉，就算已获得歌曲的版权也被指抄袭。某些道德主义者甚至主张日本音乐人不应该翻唱外国作品，认为此举会为危害社会秩序。按当

专题研究

时的情况，把由抄袭歌曲衍生的焦虑形容为道德批判也是不无道理。如
Thompson（1998：8）所言，道德批判的影响不在于经济效益或教育程度等
的世俗范畴，却对社会秩序或其部分的理想形态造成威胁。

这种道德批判的导火线是，20世纪80年代日本经济急速发展的氛围下
酝酿而成的新民族主义（neo-nationalism）。经过20年的急速经济增长，日本
人——尤其是商人——开始反思自己的成功和长久以来对美国的依赖。1989
年，当时的运输大臣兼环境厅长官石原慎太郎联同索尼公司的创办人之一
兼社长盛田昭夫，合著了《日本可以说"不"》，提出不少极具民族主义色
彩的论调（Ishihara & Kanise 1989）。书中批评美国的营销手法，并主张日
本必须从经济、文化以至外交政策采取更独立的态度（Ishihara & Kanise
1989）。此书迅即得到大量支持和注意，促成了新派的民族主义和反美国帝
国主义。简单言之，此民族运动的主旨在于鼓励日本人和日本政府，不要
对着美国光说好。受战后美军进驻日本之影响，当时日本长期受美国流行
文化所熏陶（McGoldrick 2010：13），日本歌手翻唱美国流行曲被视为是对
美国帝国主义文化的顺从（Yoneoka 2008：28）。正因如此，改编歌曲，尤
其是翻唱美国的歌曲，在80年代的日本受到严厉的指责与抗拒。

针对知识版权的剽窃及对西方文化的顺从，日本歌谣曲伦理委员会于
1978年集出版了泥棒歌谣曲（偷回来的流行曲）（Yoneoka 2008：28）。作
者列出20世纪七八十年代日本歌手翻唱的外国歌曲的原曲，斥责那些翻唱
歌手"剽窃"西洋经典作品，同时力促创作真正属于日本的流行曲。概括
而言，此书指责パクリ是一种文化罪行（Yoneoka 2008：28）。直至近年，
关于改编歌曲的道德批判仍然持续。2006年，一个名为"Justice for All"的
网站成立，截至2008年，刊登了72起日本歌手的パクリ事例，对这些歌
手进行"审判"（Yoneoka 2008：28）。

有指J-pop（日语流行曲），是应当时对改编歌曲的道德批判而生
（Yoneoka 2008：28），这个专有名称则大概在20世纪80年代末期成形
（Ugaya 2005：7）。一种属于日本的崭新音乐类型，呼应了当时的道德批判与
盛田和石原推动的新民族主义，应运而生。但这不代表改编歌曲从此在日本
消失，陈美龄、松田圣子、西城秀树等资深的翻唱歌手，于20世纪90年
代仍然继续在日本推出改编西洋流行曲的作品（Yoneoka 2008：27）。

改编歌曲在21世纪仍是司空见惯的事情，但不同于以往，歌手现在倾
向于翻唱20世纪六七十年代的经典金曲多于新曲，Yoneoka（2008：28）

称他们为"复兴翻唱歌手"（revival cover artists）。平井坚是其中一个代表，他在 2002 年改编了西洋经典《爷爷的古老大钟》（*My Grandfather's Clock*）（Henry Clay Work 1876）。这首原先只为取悦小众的童谣改编曲，却意外成为当年最受欢迎的歌曲之一。翌年，平井坚推出了《平井坚的酒吧》概念专辑，翻唱了自己挑选的英语歌曲，取得莫大成功。他乘势于 2009 年发行《平井坚的酒吧 II》，以爵士曲风改编他喜爱的英语名曲，包括 *Desperado*（Eagles 1973），*The Rose*（Bette Midler 1979），*What a Wonderful World*（Louis Armstrong, 1968）和 *When You Wish Upon a Star*（*Pinocchio* 的主题曲 1940）。另一个怀旧翻唱歌手的例子是菅止戈男，他翻唱了 *Only You*（The Platters 1955），*Just Like Starting Over*（John Lennon 1980）还有 *Every Time You Go Away*（Hall and Oates 1985）等经典名曲。

以上讨论的日本翻唱歌曲简史可总结为两点。第一，不论有否获得原曲版权，翻唱歌曲在日本都被视为抄袭，显示对翻唱歌曲的指责不单基于法律，更是基于道德。第二，对翻唱歌曲，尤其是来自美国的流行曲的道德批判，主要原因是 20 世纪 80 年代出现的新民族主义。如上文描述，日本民族主义于 20 世纪 80 年代复兴，并在本土燃起对西方流行文化的仇绪。因第二次世界大战纷争而埋藏已久的反美情绪，在 20 世纪 80 年代后期造成对翻唱歌曲的极大反冲。

因此，新民族主义和反美情绪的出现使翻唱歌曲在日本被视作次等，且不被视为 J-pop 日语流行曲。虽然这些翻唱作品曾经红极一时，大众于 20 世纪 80 年代对其印象却较为负面。日本社会对翻唱歌曲的道德批判，显示了日本人对音乐的原真性具独特的诠释。他们认为日本音乐得自成一格并只能是日本人所写的，以此作为日本流行曲和"其他"音乐的分水岭。如此差异可追溯 20 世纪初，受国内的版权争议启迪的日本音乐传统。

（一）20 世纪初日本的版权争议

在日本，"版权"概念初见于明治时期（1896—1912）。福泽谕吉是其中一位首先把西方的版权概念带进日本的知识分子（Ganea 2005：500）。他的著作和翻译作品在没有授权的情况下，被大量复制，使他愤然促请日本政府保护作者的权益并起诉侵权者。1875 年，他翻译了西方对"版模权"（printing plate right）的诠释，正式向政府提出申诉，他的翻译在往后 20 年一直为日本社会所用（Ganea 2005：503）。与此同时，多个欧洲国家注意到日本的文化生活借着免费使用从欧洲输入的作品，发展日益蓬勃。他们要求日本政府

专题研究

承认"国际版权"以保障自己的权益。因在德川幕府时期❶，日本和欧洲国家签下了一系列的不平等条约，给予欧洲列强要求日本的法律及经济体系作现代化的权力（Ganea 2005：503），故这些国家的要求大多如愿以偿。

水野链太郎是在日本国内推动普及国际版权法的中坚分子。作为高级官员，他在 19 世纪 90 年代后期被派遣到欧美深入研究国际版权（Ganea 2005：503）。归国后，他不但向国民介绍西方的国际版权法，还跟官方的立场唱反调。他可能是第一个促成承认"国际版权法"的日本人，并认为版权应该不问国籍（Ganea 2005：503）。他 1899 年草拟的版权法案，在日后被制定为《著作权法》（Ganea 2005：503）。版权法案在当时虽然备受批评，却是日本在 1971 年推出新法案之前，迈近西方版权观念的一大步。因此，水野链太郎在日本可算是推广版权法、尤其是国际版权法的代表人物。

但说起版权法的发展，我们不得不提 Wilhelm Plage。他在 1888 年生于德国，1927 年于汉堡大学修毕法律博士学位（Ohie 1999：i）。他的博士论文引述日本内战的例子，探讨家庭关系。1929 年，他独自前往日本，在东京一所高中任教德语。两年后，他在东京设立了办公室，成为一些音乐作品欧洲版权持有人在日本的代理人（Ganea 2005：505; Ohie 1999：4）。他要求广播媒体以及日本的交响乐团，在播放他所代理的欧洲乐曲时，须缴付版税。他在 1932 年成功要求日本国营广播公司日本放送协会（NHK）支付每月 600 日元的版税（Ohie 1999：32）。

他以无情的手法恐吓演唱会主办者，并让警方突击搜查一些未被授权的表演，引起了业界的不满。他与广播音乐业界的代表因此展开了激烈的对抗（Ohie 1999：34）。当时很多日本演奏家和音乐团体都放弃使用 Plage 代理的音乐。日本放送协会与 Plage 之间增加版税的谈判破裂后，也拒绝使用他所代理的欧洲音乐（Ohie 1999：34）。社会把 Plage 与本地文化业者之间的冲突生动地形容为"Plage 旋风"（Whirlwind of Plage）（Ganea 2005：505）。

Plage 把他的业务伸延到日本作家的版权，加剧了这一阵旋风并引来大众批评。应公众要求，日本政府于 1939 年颁布了中介业务法（Ganea 2005：505; Ohie 1999：129）。根据新的法案，他必须持有关牌照才可以在日本继续他的版权业务，但他的申请却被拒绝。自此他不能在日本继续担

第陆卷

---

❶ 德川幕府时期是指日本 1603—1867 年，以将军家族为首的封建制度统治。这个时期的特征包括市区区域的发展，针对西方的排外政策以及文化的发展。

任中间人的角色（Ohie 1999：146）。

第二次世界大战后日本的急速经济发展，让日本再次成为外国收取版税的目标。同时，为跻身现代国家的行列，日本也必须遵守国际的版权法。为取代至 20 世纪 60 年代已变得不合时宜的旧著作权法，新的著作权法于 1971 年 1 月 1 日正式生效（Ganea 2005：508）。

（二）从版权到音乐传统以至音乐的原真性

从以上可见日本在处理版权问题已有长久的历史。19 世纪初日本与欧洲国家之间版权纠纷，还有著名的"Plage 旋风"，唤醒了日本对版权问题的关注。虽然 Plage 的版权运动在 20 世纪 40 年代遭遇强烈的抵制，却大大提高了日本民众对版权的关注。有关争端带来的影响不止如此，笔者认为版权争议在日本为日本音乐传统的原真性下了新的定义，把日本音乐和"其他"音乐区分开来。这种差异在过往并不明显，不然也不会有这么多未被授权的改编作品出现，它是从 1910—1919 年起版权问题开始在日本本土引起争议才逐渐显露出来。它成了日本音乐与其他音乐的分水岭，界定了日本音乐的原真性，也排除了其他音乐对其影响。只有曲词俱日本人所创作，而且必须是别具一格的歌曲，才会被承认为"原真"的日本音乐。改编歌曲的旋律并非源自日本，不论有否正式授权、是否合法，它们暗示着对外来文化的顺从，所以一概不被视为"原真"的日本音乐。这种对日本音乐的新诠释可能成为 80 年代中，日本社会，特别是音乐业界，对改编歌曲作道德批判的源头。

以下的部分，笔者将会谈论中国香港地区的听众对改编歌曲的态度，他们并没有如日本人般批判改编歌曲。而实际上，外语歌，尤其是日语歌曲，在中国香港地区可谓司空见惯。

（三）中国香港地区的改编流行歌曲简史

说改编歌曲是中国香港地区音乐中不可或缺的一部分，也并非夸言（Lee 1991：63; Ogawa 2001：123）。20 世纪 70 年代末，改编外国大热流行歌曲，尤其是日本的流行歌曲，在中国香港地区非常普遍。很多唱片公司都希望通过改编大热作品大赚一笔。改编逐渐普遍的其中一大原因，是因为当时中国香港地区缺乏本地作曲人提供歌曲。当时主要以黄霑、顾嘉辉、许冠杰等名作曲作词家支撑香港的流行曲市场（Wong, Yau & Hui forthcoming）。他们虽提供高质量作品，但产量却不足以满足日益增长的市场需求以及于 20 世纪 70 年代一个接一个出道的歌手。其一解决办法，是采用

外国流行曲的旋律，配上粤语歌词。对比其他外国歌曲，日本流行曲的版税较低，而且中国香港地区的唱片公司与日本的音乐业界合作已久，因此每当需要歌曲的时候便会优先考虑日本的歌曲。

日本翻唱曲于中国香港地区的流行程度从香港电台（RTHK）的十大中文金曲榜可见一斑。金曲榜自1979年设立以来，一直是中国香港地区主要流行音乐榜之一。1980—1989年，477首十大中文金曲榜首歌曲中，139首是翻唱歌曲，当中翻唱自日本流行曲的歌曲占52%，共72首（Wong, Yau & Hui forthcoming）。

活跃于七八十年代的著名粤语歌手徐小凤是最先翻唱日本流行曲的歌手之一。1978—1981年间，徐小凤推出了5张粤语专辑。50首歌曲中，25首是翻唱自日本著名歌手，其中包括山口百惠、五轮真弓、南沙织、渡边真知子、岸田智史及久保田早纪等（Wong, Yau & Hui forthcoming）（见表3.1）。

表3.1　歌手徐小凤翻唱的日语歌曲列表

粤语改编歌曲	日语原曲	原唱者
《喜气洋洋》	《恋爱朋友》	五轮真弓
《偶像》	《Playback Part II》	山口百惠
《行踪不要问》	《异邦人》	久保田早纪
《海鸥飞翔》	《海鸥飞翔之日》	渡边真知子
《漫漫前路》	《记忆中的阵雨》	Fukinotō
《淡淡哀伤淡淡愁》	《请爱我》	南沙织
《真金哪怕火》	《假黄金》	山口百惠
《风雨同路》	《幸运的第一颗星》	浅田美代子
《爱和梦》	《比叡山的季节风》	岸田智史
《月色眼内浮》	《请别说再见》	五轮真弓
《踏上成功路》	《冬之色》	山口百惠
《无奈》	《参拜鹈户神宫》	Junk
《深秋立楼头》	《哀泣的妖精》	南沙织
《快乐是我乡》	《孤挺花》	岸田智史
《歌声暖我心》	《摇篮曲》	山口百惠
《夜风中》	《残之火》	五轮真弓
《旧事随梦去》	《若做得太多……》	森田公一与Top Gallants
《黄沙万里》	《合键》	五轮真弓

来源：Wong Yau & Hui forthcoming。

徐小凤在 70 年代签约 CBS 新力旗下的香港子公司，其母公司也是山口百惠及五轮真弓所属的唱片公司。或是借同公司之便，徐小凤翻唱了不少她们的作品。

改编歌曲的成功，替日本原唱者到中国香港地区发展奠定稳固的基础，包括往后正式踏足香港乐坛的五轮真弓。1981 年，当 CBS 新力的香港子公司为五轮真弓的专辑《残之火》宣传时，不单把她包装成"来自日本的著名创作歌手及键盘手"，更以"你应该听过徐小凤的歌曲，那日语的原曲你有听过吗？"为宣传标语。

以徐小凤的歌曲的日本原唱者作招徕的策略，使五轮真弓在中国香港地区逐渐为人所熟识。1982 年，五轮真弓更获选为第六届最佳外国女歌手。她在中国香港地区发行的其中三张专辑也得获得了金唱片和白金唱片的佳绩。乘着如此佳绩，五轮真弓于 1982 及 1983 年在香港红磡体育馆举办了两场演唱会，均广受中国香港地区歌迷喜爱（Wong, Yau & Hui forthcoming）。

五轮真弓的成功，吸引更多日本歌手来中国香港地区举办演唱会。1982—1986 年，短短 4 年之间已经有 13 位日本歌手到过中国香港地区演唱（Wong, Yau, & Hui, forthcoming）。日本歌手在中国香港地区频频办演唱会，并广受欢迎，在中国香港地区乐坛前所未见。当时的本地电台、杂志和电视台也争相报道日本流行音乐和偶像的动向（Wong, Yau & Hui forthcoming）。当中国香港地区的歌迷有机会接触来自日本的"真正"原曲，翻唱日本流行曲的热潮也同时逐渐降温。

80 年代中期，张国荣、谭咏麟和梅艳芳急速冒起并且跻身红星之列，同时改编日本歌曲的潮流再度回归。三位歌手垄断了随后 10 年的香港歌坛，中止了日本偶像的称霸。

谭咏麟和张国荣虽然是粤语歌曲的天王巨星，他们的多首首本名曲却是改编自日语流行曲。表 3.2 和表 3.3 将列出从 1979—1986 年张国荣和谭咏麟的粤语专辑的数据。1979—1983 年间，包括改编自欧美和日本流行曲在内，他们专辑内的改编歌曲并不算多。但是自 1984 年起，改编歌曲的数量逐渐增加，并以日本的改编流行曲的数量为甚，占他们专辑的歌曲数量几乎一半。当中最畅销的粤语专辑包括《一片痴》（1983）、《Monica》（1984）、《雾之恋》（1984）、《为你钟情》（1985）、《当年情》（1986）及《第一滴泪》（1986），全部都包含日本的改编流行曲。

专题研究

表3.2　1979—1986年歌手张国荣发行的粤语专辑

年份	专辑名称	歌曲总数	改编歌曲总数	改编自日语歌曲的数量
1979	《情人箭》	11	4	1
1983	《风继续吹》	12	5	2
1983	《一片痴》	9	2	2
1984	《Monica》	12	4	4
1985	《为你钟情》	10	5	5
1985	《全赖有你》	12	6	5
1986	《Allure me?》	8	3	3
1986	《Stand up》	10	6	3
1986	《当年情》	10	6	6

来源：Wong Yau & Hui forthcoming。

表3.3　1979—1986年歌手谭咏麟发行的粤语专辑

年份	专辑名称	歌曲总数	改编歌曲总数	改编自日语歌曲的数量
1979	《反斗星》	12	10	0
1980	《爱你到发狂》	12	11	2
1981	《忘不了你》	11	5	1
1982	《爱人女神》	11	7	3
1983	《迟来的春天》	11	6	1
1984	《雾之恋》	11	2	2
1984	《爱的根源》	10	6	5
1985	《爱情陷阱》	11	5	4
1986	《暴风女神》	11	8	6
1986	《第一滴泪》	12	6	6

来源：Wong Yau & Hui forthcoming。

　　说到翻唱日本流行曲，当然不得不提梅艳芳。表3.4的数据显示，自1982年出道起，梅艳芳翻唱了大量日本歌曲。例如她在1983年推出的《赤色梅艳芳》专辑，就有7首歌曲是改编自日语流行曲，当中3首是山口百惠的歌曲。其后的《坏女孩》（1985）和《似火探戈》（1987）也有近半是改编自日语流行曲。跟谭咏麟和张国荣一样，梅艳芳在80年代后期的专辑有更多的改编歌曲。（见表3.4）

表3.4　1982—1987歌手梅艳芳发行的粤语专辑

年份	专辑名称	歌曲总数	改编歌曲总数	改编自日语歌曲的数量
1982	《心债》	6	4	4
1983	《赤色梅艳芳》	12	7	7
1984	《飞跃舞台》	12	4	3
1985	《似水流年》	11	3	2
1985	《坏女孩》	11	8	5
1986	《妖女》	10	6	5
1987	《似火探戈》	12	7	6
1987	《烈焰红唇》	12	3	3

来源：作者搜集资料。

　　因此，80年代后期可以说是香港歌手改编日语歌曲的全盛时期。多首结合粤语歌词及来自日本的乐曲的流行曲，在中国香港地区成了大热作品。更重要的是，这些改编作品在中国香港地区的音乐颁奖典礼被归纳为"粤语流行曲"，并广为香港乐迷接受。谭咏麟1980—1986年夺得了15个香港电台十大中文金曲的奖项，其中7首歌曲是改编自日语歌曲（Wong, Yau & Hui forthcoming）。同期，张国荣获得的10个十大中文金曲奖项中，也有6首是日语改编歌曲。梅艳芳则在1982—1989年间获颁了8个十大中文金曲的奖项，当中5首是日语改编歌曲。对于从小听谭、张和梅三人的歌的三四十岁香港人来说，这些改编歌曲都是认真、不可多得和原真的作品，而且毫无疑问是粤语流行曲。

　　直至"四大天王"❶雄霸歌坛的年代，日语改编歌曲的热潮继续盛放。在20世纪90年代，张学友、黎明、刘德华和郭富城四位歌手被称为"四大天王"，取代了谭咏麟、张国荣、梅艳芳在歌坛的地位。刘德华于1995年推出的《情未鸟》专辑中包含3首日语改编歌曲，翌年的《在乎你》专辑也同样有3首改编作品。1991年，张学友的《爱你多一些》精选辑包含4首日语改编歌曲，占全专辑的1/3；而1993年的《等你等到我心痛》专辑的14首歌曲里，5首是改编自日语流行曲。黎明1992年推出的《但愿不只是朋友》专辑（共11首歌）和1995年的《梦、追踪》专辑（共10首歌），分别有3首和4首日语改编歌曲。

———————————

❶　"四大天王"原指是佛教的四名护法神，在香港则指在20世纪90年代雄霸香港乐坛的四位男歌手。

专题研究

与日本的改编歌曲相比，中国香港地区改编日本流行曲的情况可归纳成三点。

第一，香港歌手倾向翻唱日本的流行曲多于欧美流行曲。换句话说，日本歌手倾向翻唱西洋音乐，而香港歌手倾向翻唱日本音乐。

第二，改编日语歌曲的热潮并没有燃点起香港人第二次世界大战后的仇日情绪。就当时情况所见，听日本的翻唱歌曲并没有被批评为接纳日本军国主义。当时政府的政策淡化了香港人的民族意识。正如 Allen Chun（1996：58）指出，第二次世界大战后政府以推动经济增长来避免引起民族冲突的相关话题，造就了"传媒主导"的流行文化，当中淡化政治身份意识的功夫电影和荒诞喜剧占重要位置（Chun 1996：58）。

第三，香港人不会批评粤语改编歌曲为抄袭的作品。香港听众一般接受翻唱歌曲，就算不甚具创意，也至少是认真的音乐作品。90 年代中期曾有团体发起推动中国香港地区原创歌曲的运动，可是成效有限，运动也在数年后不了了之。我们将会在以下部分就此运动再深入讨论。香港听众对于音乐的原真性有其独特的理解，他们没有如日本人那样在乎西方对音乐原真性的诠释。只要是香港歌手所唱的粤语歌曲，都会被视为"粤语流行曲"，旋律是否由本地作曲人所创作亦无关紧要。

笔者认为若要更深入了解粤语流行曲的本质，得从粤剧的特性切入。我们会在下一章深入讨论粤剧的特征。粤剧歌曲以融合各式各样的音乐元素而闻名，只要是合适的素材，不论源自哪里也可以放进粤剧里。正如许多学者所主张（C. Wong 2000; J. Wong 2003），如果现代粤语流行曲是从粤剧演化而来的，那粤语流行歌手改编外国的受欢迎歌曲也是合理的，以此模式制造的粤语翻唱歌曲也自然是粤语流行曲。

1. 粤剧

粤剧源自中国南部的广东文化，是中国戏曲的主要剧种之一。与西方歌剧的主要差异在于，粤剧并没有供舞台表演使用的完整的剧本（Yu 1999：270）。长久以来，粤剧演出主要根据过往的经验，却不存在铁则，只要乐手认为适合，随时可以加入新的元素。早期的粤剧表演也没有唱本，仅有的大纲并不包含动作指示、说白或歌词。演员需利用想象力在舞台上临场发挥，被称为"提纲戏"（Yu 1999：271）。早期的临场发挥是有一定规律的，表现了演员和乐手之间的默契（Yu 1999：271）。久而久之，这些对白和动作逐渐成了粤剧的特征。

粤剧的潮流也造就了粤曲的崛起，粤曲是由粤剧演化而来的歌唱娱乐。换句话说，粤剧是一种戏剧，而粤曲是一种音乐。由于一出粤剧一般长达数小时，粤剧乐师多抽出当中的小章节作独立演出。这些粤曲曲目逐渐为香港人所识，并演化成一种新的消闲娱乐——唱粤曲，日后比粤剧更受欢迎。20世纪40年代到50年代初，中式酒楼的粤曲表演广受主流的草根阶层喜爱。

粤剧基本由"梆黄"和"小曲"构成（C. Wong 2000：33）。"梆黄"是唱粤剧的两种主要声腔的统称，而作为间奏的"小曲"，不单连接作为主体的"梆黄"，也为整个剧目带来一些新鲜感（C. Wong 2000：33）。

有趣的是，因其适中的长度和间奏功能，小曲反而慢慢成为粤剧中常备的一环（C. Wong 2000：33, 35）。如上文提及，即兴发挥是粤剧的一大特色，小曲则把此特色发挥得淋漓尽致。长久以来，不论是源自哪里的旋律，只要合适，都一律可为小曲所用（Yu 199：271）。从50年代起，很多西洋经典流行曲被重新配上粤语歌词，改编成小曲，当中包括 *Over the Rainbow*（Judy Garland, 1939），*Can't Buy Me Love*（Beatles, 1964）以及 *I Saw Her Standing There*（Beatles, 1963）等（C. Wong 2000：34）。粤剧乐师发现不少上海的"时代曲"适合当时所用，遂把它们改编成小曲。例如，新马师曾的《今生缘尽待来生》就结合了周璇的《四季歌》（1939）（Yu 1999：265）；他的《万恶淫为首》也是改编自周璇的《拷红》（1940）（Yu 1999：265）。以至近年，尹光的《铁窗红泪》可以说是改编上海时代曲的代表作，它先以诗词对话为开端，接着融合了两首时代曲——《夜上海》（1946）和《秋水伊人》（1937），再以诗词对话作结尾（Yu 1999：265）。

有趣的是，在粤剧界内，采用外语歌曲，不论是西洋或者是上海歌曲，一律不视为翻唱，只要把新的歌词配上旧有的旋律，便算是粤剧创作的一种。（C. Wong 2000：35）

2. 发展人（Develop-man）与粤语歌曲的发展

把外来元素加进本地歌曲的做法与 Sahlins（2000：171—172）提出的"发展人"（Develop-man）概念不谋而合。"发展人"是新美拉尼西亚词汇，对应西方语言的"发展"（development），意思是"人的发展"。该词汇于新几内亚人的意思如下：

传统力量与价值的扩展，尤其是透过同源人类之间的仪式交流。或正如一位 Kewa 领袖对人类学者说："你知道对我们来说'发展'是什么吗？

（在 Kewa 语中，*ada ma rekato* 意指"举起"或是"唤醒村庄"）筑起举行仪式的长屋（*neada*），筑起民居（*tapada*），宰杀猪只（*gawemena*）。"这就是我们所做过的事情。

"发展人"意指利用外来的物料和资源发展当地的文化传统，例如扩展传统力量与价值等。

类似的发展过程也在中国香港地区出现。有如新几内亚人，第二次世界大战后的香港乐师把外国的音乐元素，尤其是旋律，糅合进本地的音乐中。粤语歌曲并没有因而被西洋或日语歌曲淹没，中国香港地区的音乐家反而把外语音乐加以利用，以发展粤语流行曲。诚如 Sahlins 所言，采用外来歌曲并没有改变香港人，让他们变得像欧美或日本人，却使他们更像香港人。换而言之，粤语翻唱歌曲就是粤语流行曲。

因此，我们不难理解为何五六十年代中，很多早期的粤语歌曲都是改编自西洋名曲。比方说，50 年代新马师曾、邓寄尘、李宝莹以及郑君绵合唱的《飞哥跌落坑渠》正是改编自 *Three Coins in the Fountain*（Frank Sinatra, 1954）。尽管歌曲内容名副其实是描述一个掉进沟渠的男人，颇为粗俗，在草根和蓝领阶层却是脍炙人口的名作。1965 年，新加坡歌手上官流云行推出的两首粤语改编作品——《行快啲啦喂》和《一心想玉人》，改编自披头士乐队的 *Can't Buy Me Love*（1964）及 *I Saw Her Standing There*（1963），成为 60 年代香港家喻户晓的歌曲（C. Wong 2000：70）。同样的，萧芳芳在 1967 年把 Johnny Kidd and the Pirates 的 *Shakin All Over*（1960）翻唱成《夜总会之歌》，是电影《玉面女杀星》的主题曲。这首歌在工厂打工的女孩之间大受欢迎，她们对歌词里的"郁亲手就听打"（碰我就讨打）朗朗上口，甚至以此称呼这首歌。《夜总会之歌》也是帮助萧芳芳赢过她影坛最大的竞争对手陈宝珠的其中一首歌曲。及后，*Shakin All Over* 在 1987 年被麦洁文再次翻唱，并重新命名为《眼看手勿动》。

20 世纪五六十年代的早期也有改编自上海时代曲的粤语歌曲。邓碧云的《卖菜歌》翻唱自周璇的《女人》；陈宝珠与吕奇合唱的《忘不了你》则翻唱自周璇的《永远的微笑》（Yang 2009：4）。

翻唱的潮流到了 80 年代还仍然持续，如上文提及，徐小凤是其中一个最先翻唱日本歌曲的歌手。她的粤语改编作品如《夜风中》和《黄沙万里》在往后的 30 年成为不灭的经典。其他的歌手也紧随翻唱日语歌曲的热潮，其中最为人乐道的可算是谭咏麟、张国荣和梅艳芳。在此笔者可以断言，翻唱外语歌曲在香港社会是"平常的（音乐）制作模式"（Sahlins,1999：411）。

3. 中国香港地区的对内文化政策及对音乐原真性的诠释

1988 年，中国香港地区的著名媒体工作者俞琤，在离开香港商业电台 6 年后，重返电台并任职行政总裁。她在 1988 年 2 月 1 日宣布，自该年农历新年起，商业二台（通称 CR2）不会再播放任何非中文歌曲（Chu 2001：26; J. Wong 2003：163）。同时，她推出逢周一播出的《百分百创作》广播节目，以推广本地原创歌曲（Chu 2001：26）。

本地乐坛把这些改变统称为中文歌运动，在两方面而言，它可算是香港音乐业界的一大里程碑。第一，发起者尝试以此运动，把西洋和日本歌曲从本地音乐界抹去。在第二次世界大战后时期和 80 年代的香港文化中，欧美和日本音乐分别构成非常重要的一环，因此外语歌曲可谓本地音乐不可分割的一部分。俞琤此举，等同改变了香港音乐界的根本。第二，此运动是由商业电台而非政府电台所推动。在外国，类似的本土化运动通常由公营电台策划，私营电台对民族主义的政策一般较为抗拒，但于中国香港地区却恰恰相反（Chu 2001：29-30）。当然，背后有很多原因驱使俞琤去推行这些政策，但商业考虑显然是主要原因。她回归商业电台前，接受了《号外》杂志的访问，表示回到商业电台后的首要任务是让电台获利，她打算透过设立一个公平公正（totally unbiased）的音乐流行榜来达至目的（Chu 2001：26）。开始推行中文音乐运动后，商业二台的收听率的确立刻提高了三成（Chu 2001：26）。俞琤在 1988 年推出的叱咤乐坛流行榜的公平公正理念，为商业电台吸引了新的收入来源。与此同时，很多媒体工作者却认为俞琤所推动的运动，只不过是几句口号和为图利而进行的宣传活动（Chu 2001：236; J. Wong 2003），随时代变迁很快就会退热。

实际上，运动推行满一年以后，商业电台改变了政策，容许在某些情况下播放外语歌曲（Chu 2004：144）。1993 年，商业电台改为推动"豁达音乐运动"。有别于早前的运动，电台在某些时候会播放乐队和外语歌曲（Chu 2004：144）。由此可见，中文音乐运动并不成功。

中文音乐运动在 90 年代变本加厉，1995 年，俞琤发起"原创音乐运动"，宣布商业电台从此不会播放改编歌曲，以改变乐坛"不健康"的习惯（J. Wong 2003：164）。不单是外语歌曲，就连粤语改编歌曲也被商业电台禁播。这革命般的运动在香港音乐史上可谓前所未见。它尝试重新定义

专题研究

粤语流行曲，等同 Sahlins 所谓的"西方资产阶级的自我意识"，是指"一种先验的自负意识，认为原真性等于自我形塑，如依赖其他东西就会丧失"（Sahlins 1999：411）。

根据这种"以自我为中心对原真性的定义"（Sahlins 1999：411），粤语流行曲的旋律和歌词非香港人原创不行，也一定得由香港歌手演唱。改编外语歌虽然是长久以来的习惯，却被指责为不健康的手法。

尽管她的初衷是推广本地原创的粤语歌，她的行动却无疑严重打击了中国香港地区的音乐界（J. Wong 2003：164）。本地著名的作词及音乐人向雪怀，甚至把这个运动形容为香港音乐界的"文化革命"（Chu 2004：33）。一方面，唱片公司需减少对外语歌曲的依赖；另一方面，他们需要寻找更多本地作曲人去填补这个缺口。可是外来旋律是制作粤语流行曲长久而来的主要素材，而且本地的作曲人也应付不了业界的需求。为了延续原创音乐运动，唱片公司不得不聘请一些外行人作曲，甚至采用了一些低质素的旋律（J. Wong 2003：164）。经几年的挣扎，原创音乐运动最终于1999 年 1 月 1 日画上句号（Chu 2001：285）。自此商业电台再次播放改编歌曲。

这场音乐运动失败的原因有很多，它也显示了香港听众并不接受俞琤所提出的那套来自西方的新粤语流行曲的定义。如以上谈及，俞琤理想的粤语流行曲的旋律和歌词非香港人原创不可，而且一定得由香港歌手演唱。本地唱片销售业绩的大幅下滑，却揭示了粤语流行曲的受欢迎程度和成功与歌曲是否本地原创并无挂钩。本地作词及音乐人向雪怀，于一个访问中提到：

……以前我们听歌……我们听到那首歌（觉得）喜欢，所以去买……（继而）喜欢整张碟。就算张学友 9 首（歌）是 Cover 也好……9 首歌都很好听。没所谓……对我而言，我喜欢买（那）个 Product 而已，即是任何人用钱买（那）歌 Product，但在今年而言……听来听去都不好听的，得一两首……那你会去买盗版，因为那只碟你是不会 Keep 的，听完丢掉算了……

（转引自朱 2004：40）

向雪怀表示一首粤语流行曲是否出自本地音乐人之手对他来说并不重要。对此，著名音乐制作人欧丁玉与向雪怀持相似立场：

……我哋做音乐嘅人咁睇重呢只歌是不是原创定系改编番嚟，佢就觉得呢只歌好听咪买啰，佢唔会谂住呢只歌因为原创，改编佢就唔买，相信

宜家嘅听众都系，佢唔会觉得呢样嘢系一啲佢哋考虑去买碟嘅因素……❶

（转引自朱 2001：251）

对本地听众来说，粤语流行曲就是香港本土歌手以粤语演唱的歌曲，不论它的旋律是否来自欧美或日本，只要是好听、感人便可。以上以详细篇幅描述香港音乐界的对内文化政策，是为了证明俞琤的音乐运动的失败，暗示了香港社会对音乐原真性的诠释孕育自粤剧文化。粤语歌曲的原真定义与日本的不一样，跟是否采用外来的音乐元素并无关系，而外国的音乐元素反而是粤语流行曲的基石。文化借用并没有使粤语流行曲的特性丧失。

俞琤的音乐运动的失败也引证了 Sahlins（1999：412）所提出的文化阻力：本地音乐抗拒更改粤语流行曲的定义。理由十分简单，采用外来旋律，不论来自欧美还是日本，于中国香港地区的文化生产乃是正常不过的。粤语流行曲没有必要排除外来的旋律。之后 20 年，改编歌曲在中国香港地区仍然无处不在，"四大天王"和随后冒起的本地偶像歌手陆续推出改编自日本流行曲的作品，本地电台也继续播放不同类型的改编和外语歌曲。

三、总结

本文的主张十分简单：音乐的原真性是在特定的音乐传统下被定义的，因此不同的文化造就了不一样的原真音乐，与当地社会关系密切。音乐的原真性并没有统一的注释。本文中，笔者验证了改编自美国流行曲的日本歌曲不属于日本流行曲（J-Pop）；改编自日本流行曲的粤语歌曲却属于原真的粤语流行曲。换句话说，粤语流行曲的定义，跟是否采用外来的音乐元素并无关系，而外国的音乐元素可谓粤语流行曲的基石，如我们讨论过的"发展人"文化演化过程。反观日本，因 20 世纪国内的版权争议，日语流行曲（J-Pop）最显著的特征是把外来的音乐元素——尤其是美国的音乐元素排除在外。日语流行曲（J-Pop）与粤语流行曲的音乐的原真定义并不一样。

本文亦进而引证了日本和中国香港地区对音乐原真性的诠释的差异，与两地各自的音乐传统有莫大的关系。笔者认为改编歌曲在日本所受的严厉批判，源自其音乐传统着重于与其他音乐的区别。这种区别从而影响了当地对音乐原真性的诠释：只有曲词皆是日本人所创作，且由日本人主唱

专题研究

---

❶ 这段话的意思为：……只有我们做音乐的人才这么看重这首歌是原创的还是改编自他国的。听众就只考虑这首歌是否好听，是否要买，他不会因为是改编的他就不买，相信现在的听众都是这样，他们不会觉得这件事（是否改编）是他们考虑买碟的因素……

的歌曲才算是"原真"的日本流行曲。改编歌曲的旋律并非源自日本,它们暗示着对外来文化的顺从,所以一概不被视为"原真"的日本音乐。

另一方面,中国香港地区的流行音乐来自完全不同的音乐传统。笔者认为粤语改编歌曲被接纳为真正的粤语流行曲,与粤剧常以外来旋律配上中文歌词演出不无关系。与 Sahlins 提出的"发展人"过程互相呼应,外国的音乐元素与中国香港地区音乐合并,继而扩展本地的音乐传统。总结来说,笔者认为不同的音乐传统造就了不同的音乐的原真定义。

类似的分析可以延伸到中国台湾地区、韩国以至一众东南亚国家。尤其在中国台湾地区及韩国,它们的流行曲发展史跟中国香港地区和日本有显著的共通点:中国台湾地区主要翻唱日本流行曲,而韩国则翻唱美国流行曲。研究的结果应会十分有趣,可是相信得在以后的论文再详谈了。

注:本文中的田野数据曾被用于下列文章不同背景的论述中:Yau, Hoi-yan (2012) 'Cover Versions in Hong Kong and Japan: Reflections on Music Authenticity', *The Journal of Comparative Asian Development* 11 (2): 320-348.

参考文献

Chu, Y.-W.(2001). *Yinyue ganyan: Xianggang zhongwenge yundong yanjiu* [The guts to speak about: A study of the Chinese song movement in Hong Kong]. Hong Kong: Infolink Publishing Ltd.(In Chinese)

Chu, Y.-W.(2004). *Yinyue ganyan zhi er: Xianggang yuanchuangge yuandong yanjiu* [The guts to speak about music II: A study of the Original Song Movement in Hong Kong]. Hong Kong: Bestever Consultants Ltd.(In Chinese)

Chun, A.(1996). Discourses of identity in the changing spaces of public culture in Taiwan, Hong Kong and Singapore. *Theory, Culture & Society*, 13, 51–75.

Ganea, P.(2005). Copyright law. In: W. Rohl(Ed.), *History of law in Japan since 1868*(pp. 500–522). Leiden & Boston: Brill.

Grazian, D.(2003). Blue Chicago: The search for authenticity in urban blues clubs. Chicago: University of Chicago Press.

Grossberg, L.(1992). *We gotta get out of this place: Popular conservatism and postmodern culture*. New York: Routledge.

Ishihara, S., & Kanise, S.(1989). Ideas: Teaching Japan to say no. *Time*

Magazine, 20 November.

Lee, P. S. N.（1991）. The absorption and indigenization of foreign media cultures: A study on a cultural meeting point of the East and West: Hong Kong. *Asian Journal of Communication*, 1（2）, 52–72.

McGoldrick, G.（2010）. From Annie Laurie to Lady Madonna: A century of cover songs in Japan. *Volume ! La revue des musiques populaires*, 7（1）, 136–164.

Moore, A.（2002）. Authenticity as authentication. *Popular Music*, 21（2）, 209–223.

Ogawa,（2001）. Japanese popular music in Hong Kong: Analysis of global/local cultural relations. In: H. Befu & S. Guidard-Anguis（Eds.）, *Globalizing Japan: Ethnography of the Japanese presence in Asia, Europe and America*（pp. 121–130）. London & New York: Routledge.

Ohie, S.（1999）. *Nippon chosakuken monogatari: Purāge hakushi no tekihatsuroku* [The story of copyright in Japan: The disclosure of Dr. Plage], 2nd ed. Tokyo: Seizansha.（In Japanese）

Peterson, R.（1997）. *Creating country music: Fabricating authenticity*. Chicago: University of Chicago Press.

Rubidge, S.（1996）. Does authenticity matter? The case for and against authenticity in the performing arts. In: P. Campbell（Ed.）, *Analysing performance: A critical reader*（pp. 219–233）. Manchester & New York: Manchester University Press.

Sahlins, M.（1985）. *Islands of history*. Chicago & London: University of Chicago Press.

Sahlins, M.（1999）. Two or three things that I know about culture. *Journal of the Royal Anthropological Institute*, 5（3）, 399–421.

Sahlins, M.（2000）. "Sentimental pessimism" and ethnographic experience; or, why culture is not a disappearing "object". In: L. Daston（Ed.）, *Biographies of scientific objects*（pp. 158–293）. Chicago: University of Chicago Press.

Shuker, R.（1994）. *Understanding popular music*. London & New York: Routledge.

专题研究

Sloop, J. M., & Herman, A.（1998）. Negativland, out-law judgments and the politics of cyberspace. In: T. Swiss, J. Sloop & A. Herman（Eds.）, *Mapping the Beat: popular music and contemporary theory*（pp. 291-312）. New York: Basil Blackwell.

Stevens, C.（2008）. *Japanese popular music: Culture, authenticity, and power*. London & New York: Routledge.

Strinati, D.（2004[1995]）. *An introduction to theories of popular Culture*. London & New York: Routledge.

Taylor, T.（1997）. *Global pop: World music, world markets*. New York: Routledge.

Thompson, K.（1998）. *Moral panics: Key ideas*. London & New York: Routledge.

Ugaya, H.（2005）. *J poppu toha nani ka: kyōdai ka suru onkaku sangyō* [What is J-Pop: A massively expanding music industry]. Tokyo: Iwanami Shoten.（In Japanese）

Wilton, P.（2002）. Pop music. In: A. Latham（Ed.）, *The Oxford companion to music*. Oxford: Oxford University Press.

Wong, C.-W.（2000）*Zaoqi Xanggang yueyu liuxingqu, 1950–1974*[The early Cantonese popular music in Hong Kong, 1950–1974]. Hong Kong: Joint Publishing（H.K.）Co., Ltd.（In Chinese）

Wong, H. W., Yau, H. Y., & Hui, C. H.（forthcoming）. *Japanese music in Hong Kong*. Hong Kong: Hong Kong University Press.

Wong, J.-S.（2003）. The rise and decline of Cantopop: A study of Hong Kong popular music（1949–1997）. Ph.D. dissertation, The University of Hong Kong, Hong Kong.

Yang, H. H.-L.（2009）. *Yueyu liuxingqu daolun*. Hong Kong: Hong Kong SAR Education Department.（In Chinese）

Yoneoka, J.（2008）. Cultural reinterpretation of popular music: The case of Japanese/American cover songs. *Kyushu Communication Studies*, 6, 23–41.

Yu, S.-W.（1999）. Xianggang de Zhongguo yinyue [The Chinese music in Hong Kong]. In: S.-B. Chu（Ed.）, *Xianggang yinyue fazhan gailun* [A brief introduction to music development in Hong Kong]（pp. 261–378）. Hong Kong:

Joint Publishing（Hong Kong）Co. Ltd.（In Chinese）

Further Reading

Baker, H. T.（2007）. *Faking it: The quest for authenticity in popular music*. New York: W. W. Norton.

Brook, T.（1998）. The confusions of pleasure: Commerce and culture in Ming China. Berkeley: University of California Press.

Fairbank, J. K., & Goldman, M.（2006）. *China: A new history*, 2nd enlarged ed. Cambridge, MA & London: The Belknap Press of Harvard University Press.

McIntyre, B. T., Cheng, C. W. S., & Zhang, W.（2002）. Cantopop: The voice of Hong Kong. *Journal of Asian Pacific Communication*, 12（2）, 217–243.

Wong, C.-W.（2006[1990]）. *Yueyu liuxingqu sishinian* [The forty years of Cantonese popular music]. Hong Kong: Joint Publishing（H.K）Co., Ltd.（In Chinese）

专题研究

Cover Versions in Hong Kong and Japan:Reflections on Music Authenticity

Yau, Hoi-yan

Abstract: This paper is an anthropological attempt to shed some lights on the notion of authenticity of popular music through a comparison and contrast of the practice of recording cover versions in the music industry in Japan and Hong Kong. Both Japan and Hong Kong have a long history of covering foreign music with localized lyrics. However, cover versions enjoy completely different social statuses and likewise receive different responses in the two places. In Japan, cover version has been the brunt of severe criticism as an act of pakuri (plagiarism or copycatting) and thus carries negative connotations. In Hong Kong, the tradition of using foreign, especially Japanese, melodies to record cover versions is as old as the Cantopop recording industry itself. Thus, cover recording is an accepted practice within the industry. I argue that such different status of cover version in Japan and Hong Kong has much to do with local musical traditions. As I shall show, the severe criticism on cover version in Japan has much to do with the neo-nationalism in the 1980s and most importantly with a notion of music authenticity which believes there is a pure Japanese music and the cover versions therefore are not regarded as "authentic" Japanese pop music. By contrast, the cultural openness displayed by Cantopop, as I shall show, has its historical root in the Cantonese opera music tradition where adaptation of foreign melodies has been a normal mode of music production. In short, the contrast between the status of the cover versions and local response to the covers in Japan and Hong Kong provide a unique opportunity to look into the differences of Japan and Hong Kong with regard to the definition of music authenticity and its relationship with music tradition. In the event, we can have a better understanding about the J-pop and Cantopop than they are studied individually.

Keywords: Cover version; Cantopop; J-Pop; music authenticity; music (re)production

第
陆
卷

在港日本企业的文化移植

——基于本地前线员工的视点

朱艺

摘要： 随着市场的全球化，企业陆续穿梭国界，进军海外市场。本文通过人类学的研究方法探讨日本服装企业"亚衣"（匿名）如何试图在中国香港地区移植其经营理念从而建立企业王国，在这个移植过程中，本地员工对此有何反应，企业与员工之间的互动塑造了什么样的企业文化。亚衣的经营理念在企业内部被称为"基因"，为了进一步理解这个概念，本文着重分析了重要"基因"之一的亚衣式顾客服务。为了顺利遗传和传播亚衣"基因"，亚衣将员工顾客服务的水准作为晋升的重要指标，以便促进员工主动遗传、传播"基因"。为了方便企业评价人士瞬间衡量"基因"在店铺的传播程度，也为了实现统一的企业品牌形象，企业要求评价人士注重员工的笑容、礼貌等形式方面。通过在港亚衣店铺的田野调查，笔者发现这个做法便利了员工"伪装"他们的业务表现，因为，员工可以瞬间"做出"他们期待的顾客服务态度。员工是否主动伪装顾客服务表现因店长对此诠释而异。为了具体描述这个现象，本文以亚衣香港的一家店铺为例，说明员工如何随着店长的轮换而改变自身顾客服务态度的。此店铺的两任店长对顾客服务的要求不同，第一任店长非常重视，第二任则不然。第一任店长在职期间，员工积极改善自己服务顾客的态度，不惜代价表现自己遗传到"基因"，从而得到晋升机会。当本土员工发现第二任店长不重视顾客服务时，他们将精力花在了其他方面，尽力符合店长的其他要求，因为，尽管员工的顾客服务水准低，结合店长的能力和员工自身较长的经验，还是可以得到晋升的。这个现象说明，企业并不一定能够如愿以偿，因为员工对经营理念的不同诠释形成了企业文化的多样化，企业与员工两者的互动也创造了新的企业文化，而这个文化在同一个市场也会因店铺、员工而异。

关键词： 企业文化；日本企业；文化移植；顾客服务；企业建设

专题研究

一、前言

走进亚衣日本在东京的大型店铺，马上就可以听到员工们用朝气活泼的声音欢迎顾客的到来。逛店铺的时候不用担心会有员工过来向客人推销产品，而且走道宽敞，推着婴儿车也不怕妨碍其他顾客。在舒服的灯光下，眼前展现着目不暇接、五颜六色的廉价而质量高的产品。记得有人曾经说过，亚衣就像是服装店铺的超市一般，顾客拿着篮子，衣服装得满满的，这种现象在服装业中是罕见的。店铺员工数量并不多，也不会像在百货商店那样招呼周到，然而，他们开朗的声音可以让顾客马上找到他们的身影，微笑亲切的员工让顾客感受到温暖……这是企业的理想图，企业认为他们的产品以及店铺特点和服务质量是走向成功的"基因"，并且亚衣坚信"基因"是企业文化的主要支柱，认为有必要移植到每一个店铺的角落进而树立与众不同的亚衣形象。

本文将主要探讨下面三个问题。第一，亚衣如何创造了"基因"，为什么将此作为企业文化？第二，亚衣如何将这种企业文化移植到国外？第三，本土员工是怎么理解这种文化移植的，对此做出什么反应？本文将考察亚衣是如何用企业文化中的一大支柱——顾客服务，来巩固其企业地位和形象的。本文的分析将采取人类学的研究方法，资料主要来源于笔者在中国香港地区几家亚衣店铺进行的长达一年多的参与观察（participant observation）。

为了帮助理解本文论点的理论框架，本文将简单回顾一下企业文化研究的出现，日本企业研究中的民族志以及海外日本企业文化的研究，从而探讨这些研究的不足之处。

（一）企业文化研究的出现

企业文化包含了价值观、信条等系统，所以每一个组织都有他们各自的独特文化，也是区分组织内部人和局外人的主要指标。为了深入了解企业组织的文化，首先需要正确了解文化的含义。文化不应该有时间的限制，也不是一成不变的东西。琼·科马罗夫（Jean Comaroff）在 19 世纪英国传教士如何通过用他们独特的方式试图将其文化带入土著民族中的研究中指出，文化是通过消费而概念化的，这里没有时代的限制，所以，不应该有所谓的后现代化（post-modern）或是后工业化（post-industrial）的讲法。❶

---

❶ Comaroff, Jean, "The empire's old clothes: fashioning the colonial subject", in Howes, David.（eds.）, *Cross-cultural Consumption: Global Markets, local Realities*, New York: Routledge, 1996:20.

虽然，不少先行研究试图使用文化这个字眼来解释企业的运营，但是在企业研究中，文化对员工乃至企业运营的影响是在 1931 年开始的霍森研究（Hawthorne Studies）中的最后一个阶段（被称为 "the interviewing programme"），由人类学家威廉·劳埃德（William Lloyd）带领的研究中被"发现"的。这项研究本来目的是为了证明科学式管理效率，但结果却事与愿违，研究证明了所谓的科学式管理并不一定那么科学。

霍森研究是从 1924 年到 1933 年在西方电器企业的工厂实行的，研究成果可参照弗里茨·罗斯利斯伯格（Fritz Roethlisberger）和威廉·迪克逊（William Dickson）在 1939 年发行的《管理层与劳动者》（*Management and the Worker*）。霍森研究总共有四个阶段，在第一个阶段中，研究者们的假说被实验结果推翻之后，开始了由乔治·埃尔顿·梅奥（George Elton Mayo）等人带领的第二个阶段。在这个阶段中，发现员工作为被研究的对象，受到特殊待遇使他们具有优越感，对工厂的员工的生产效率影响非常大，反而，之前被重视的休息时间或是劳动时间等因素并不重要。在第三个研究（针对超过两万名的员工进行面对面的采访）中，员工之间的人际关系对于他们的工作表现有相当的影响，最后阶段则是由劳埃德带领的团队。在这一个阶段中，研究者与被研究者之间形成了一定的默契，从而在他们的研究成果中可以看到很多关于员工个人的故事。在这个阶段中，调查者们发现企业中有非正式的组织，这与正式组织有着不同影响。研究中，工厂员工并不是围绕经济利益的"经济人"❶（economic man），因为，他们对组织压力的这种"感情"因素抑制了自己的工作量。

霍森研究将管理学的潮流从工程管理带到了社会科学，学者们的注意力也转向组织中的成员，这个研究被认为是人际关系论派。对于这个观点，不仅有批评，也有实际例子反证，例如唐纳德·罗伊（Donald Roy）通过自己在工厂的田野调查表明，员工谈论的都是经济方面的，正是因为他们是"经济人"才故意不超过规定的工作量。❷也有研究证明他们不仅仅抑制工作量，有时候也会热衷于过度增加生产量，对于员工来说，这个竞争就像是

---

❶ "经济人"是持有经济诱因和生产率之间成正比观点的人群，见森本三男：《第三版现代经营组织论》，东京：学文社 2011 年版，第 20 页。

❷ Roy, Donald, "Quota Restriction and Goldbricking in a Machine Shop", in *American Journal of Sociology*, 57:427-442, 1952:430.

游戏一般。❶

虽然，一些学者强调人类学的方法论对研究组织的重要意义❷，然而，研究近代组织的人类学家还是逐渐减少。艾略特·察柏尔（Eliot Chapple）坦言，如果人类学家可以少些关心未开化社会的话，他们将会发现产业社会的状况非常适合调查人际关系。❸由于错综复杂的因素相互影响，产业社会中的企业文化研究逐渐减少。❹

如今，有不少研究者都使用不同的方法试图探讨企业文化，其中具有影响力的学派仍然是管理学派。他们普遍赞成田野调查的手法对企业文化的研究具有重要的意义，这一点霍森研究已经证明了。然而，与长期花时间在企业内部的田野调查比较，他们似乎更倾向于采纳大量问卷、统计学、集中采访等看似"理性"并且非常有"效率"的方法。并且，他们着力进行数百家企业的调查，从而导出最有效率、最好的方法。然而，霍森研究已经证明，每一家企业有不同的发展背景，就算他们的母企业是同一家企业，不同海外市场也有可能出现截然不同的结果。所以，学者们在研究海外的企业文化时，如果没有意识到企业的发展背景与当地人们的互动这个因素的话，他们所"看"到的现象也许是歪曲了的现实。

谈到企业文化研究的发展，不得不提到日本第二次世界大战后经济的抬头，因为，当时西方国家不理解亚洲的一个后发展国家如何能在短时间内达到这么高的经济效率，他们认为这其中必定有日本独特的经营模式。以下篇幅追溯企业文化研究的热潮。

（二）日本企业民族志的兴起

组织学中"文化"的研究随着 20 世纪 70 年代到 80 年代日本战后经济的抬头开始备受关注。因为当时西方国家的经济，特别是美国经济非常不景气。许多管理学家们在研究日本高速成长的"秘诀"时，发现日本企

---

❶ Burawoy, Michael, *Manufacturing Consent: Changes in the Labor Process under Monopoly Capital*, Chicago, IL: University of Chicago Press, 1979.

❷ Schwartzman, Helen, *Ethnography in Organizations*, Nebury Park, Cal.: Sage, 1993:5.

❸ Chapple, Eliot, "Applied Anthropology in Industry", in A.L. Kroeber ed., *Anthropology Today*, Chicago, IL: University of Chicago Press, 1953.

❹ 具体背景可参考佐藤郁哉：《组织エスノグラフィーの源流：ホーソン研究から組織エスノグラフィー再評価の動向まで》，转载于金井壽宏、佐藤郁哉、ギデオン·クンダ、ジョン·ヴァン‐マーネン编著：《组织エスノグラフィー》，东京：有斐閣，2011 年，第 83—86 页。

第
陆
卷

104

业的管理和意识形态被日本独特的文化所影响。❶他们提出，日本独特的文化与西方的截然不同，从而导致"另类"管理模式的出现，正是这种文化因素促使了日本企业的蓬勃发展。从那以后，"日本式管理"这个概念便开始出现，学者们纷纷推崇赞扬此类管理模式，并且号召欧美国家也来模仿。❷他们所提出的日本企业的特征主要有三点：（1）企业对待员工的态度带有家族家长的性质（paternalistic）；（2）员工对企业忠诚；（3）员工之间和睦相处。不但美国，日本政府及学者也开始追随这个研究潮流，并且列出日本与西方的不同之处。在众多学者中，詹姆士·阿贝古蔺（James Abbegglen）在 1973 年 出 版 的 *Management and Worker: The Japanese Solution* 中提出的日本企业特征得到日本官员的"公认"。当时担任日本劳动省❸劳政局长的松永正男在 1972 年出版的《OECD 对日本劳动报告书》的序中提到，日本企业的"三种神器"是："生涯雇佣"（终身雇佣）、"年功赁金"（论资排辈、按照工龄发工资）和"企业别劳动组合"（企业各自的工会）。❹

然而，在回顾管理学角度分析的日企研究中不难发现，不少研究是根据观察企业"表面"或是"对外"现象而得出结论的，所以，他们的研究结果和推论通常是随着组织生产率或是经济效益而变化。在日本经济高度发展前，有不少国内学者提出过企业中并不理想的管理模式，例如，小野丰明在 1960 年的著作中认为禀议制度在日本企业中起着核心作用，并将其定义为企业在执行决策之前需要经过上级机构的盖章从而肯定对政策的支持，但小野评价此制度缺乏明确的责任分化体制，职能分化不明确，因而

❶ Moeran, Brian, "Business Anthropology, Family Ideology and Japan", in *Chinese Journal of Applied Anthropology*, 1（2）:1-22, 2013, p.13.

❷ 代表著作如下：Abegglen, James, *The Japanese Factory: Aspects of its Social Organization*, New York: Free Press, 1956; Christopher, Robert C., *The Japanese Mind: The Goliath Explained*，New York: Linden Press, 1983; Curtis, Gerald, *Election Campaigning, Japanese Style*, New York: Columbia University Press, 1969; Drucker, Peter F., *What We Can Learn from Japanese Management*, Harvard Business Review（Mar-Apr）：110-122, 1971; Ouchi, William G., *Theory Z: How American Business can Meet the Japanese Challenge*, Reading: Addison-Wesley, 1981; Reischauer, Edwin, *The Japanese*, Cambridge: Belknap Press of Harvard University Press, 1977; Vogel, Ezra, *Japan as Number One*, Cambridge, MA: Harvard University Press, 1979.

❸ 现在已经将厚生省与劳动省合并，称之为厚生劳动省。

❹ 高桥伸夫：《虚妄の成果主义日本型年功制复活のススメ》，东京：筑摩书房 2010 年版，第 99 页。

日本企业的近代化过程中禀议制度必将被淘汰。[1]迈克尔·吉野（Michael Yoshino）在1968年的著作中也曾提出过相似的论点。[2]

在渲染日本企业文化的研究雨后春笋般涌现时，小池和男和青木昌彦则代表了另一股潮流。他们质疑纯文化角度的研究对理解日本企业的贡献，通过经济学的角度探讨日本企业内部的管理制度，提出日企内部的管理制度是为了增加利益、提高生产率而设计的。小池主要研究了日本的劳资关系和企业内部培训的制度，青木则通过比较日美两国工厂的管理制度来研究日本的特质。虽然小池和青木扩大了分析日企的角度，但是他们仍致力于提出日本企业的"特别"之处。小池提出，日本企业的培训制度可以广泛使用在不同国家的企业中，从而提高生产率。小池则忽视了员工对企业运营的影响。

当学者们利用日本文化来解释日本企业的时候，企业的民族志研究也开始兴起。[3]他们大多数都认为以文化作为绝对指标来分析日本企业是不恰当的，同时，他们还通过田野资料来证明被大众接受的"日本式经营"的另一方面。比如，马克·福如恩（Mark Fruin）在他1983年有关日本酱油制造企业的研究中提出，20世纪20年代到30年代，当时日本企业的员工并没有现在被外界认为得那么忠诚、勤奋，人才流动也比较频繁。为了培养、保住优秀的人才，才出现了所谓的"关怀政策"，这是当时社会背景所迫。所以，在研究企业时需要认清整个社会变化的历史。[4]珀尔·野口（Paul Noguchi）通过研究日本铁道集团来实证所谓的"工业家庭主义"（industrial familialism）是虚妄的，因为，与员工长时间相处的野口并没有发现站台员

❶ 小野丰明：《日本的经营と禀议制度》，东京：ダイヤモンド社1960年版。

❷ Yoshino, Michael Y., *Japan's Managerial System: Tradition and Innovation*, Cambridge, Mass: M.I.T. Press, 1986.

❸ 参照下列文献：Clark, Rodney, *The Japanese Company*, Cambridge, MA: Yale University Press, 1979; Fruin, Mark W., *Kikkoman: Company, Clan, and Community*, Cambridge: Harvard University Press, 1983; Noguchi, Paul H., *Delayed Departures, Overdue Arrivals: Industrial Familiarism and the Japanese National Railway*, Hawaii: University of Hawaii Press, 1990; Kondo, Dorinne K., *Crafting Selves:Power, Gender and Discourses of Identity in a Japanese Workplace*, Chicago: The University of Chicago Press, 1990; Wong, Heung Wah, *Japanese Bosses, Chinese Workers: Power and Control in a Hong Kong Megastore*, Richmond: Curzon Press, 1999; Matsunaga 2000, Graham, Fiona, *Inside the Japanese Company*, London: New York: RoutledgeCurzon, 2003; Sedgwick, Mitchell W., *Globalisation and Japanese Organisational Culture: An ethnography of a Japanese corporation in France*, London: Routledge, 2007.

❹ Fruin, Mark W., *Kikkoman: Company, Clan, and Community,* Cambridge: Harvard University Press. 1983.

工曾享受过这种特殊待遇。❶多利亚·近藤（Dorinne Kondo）和菲奥纳·格兰厄姆（Fiona Graham）在她们的研究中反驳了学者提出的日本员工有同种（homogeneity）的特性，强调了每一个人有不同背景和特征。❷

虽然随着经济的全球化，越来越多的日本企业在海外扩展，但是基于田野调查的海外日企的研究还是凤毛麟角。日本企业研究专家王向华在1999年研究了一家在港的日资零售业，发现企业用民族来区分员工，使用双重标准来管理日本员工与本土员工，制造了日本人高人一等的氛围。❸他提出，日本员工对"企业"的概念始终强烈，这决定了日本员工的行为举止。当今的经济局势与20世纪90年代已经是今非昔比了。对同是一家在港的日本企业亚衣来说，企业内部已经没有那么明显的制定日本人和本土人之间民族性的区别，并且，如笔者提到的日本大学生冈田，日本员工对"企业"的看法也逐渐在变化。米切尔·塞奇威克（Mitchell Sedgwick）曾深入观察在法国的日本工厂的技术工，展现了日本员工与本土高层之间错综复杂的人际网络。❹然而，塞奇威克的研究着眼于企业的高层，并没有收集到很多任务厂基层员工的资料，本文则试图弥补这个不足，着眼于店铺员工，来探讨企业制度在前线的效应。

综上所述，至今为止绝大多数日本企业民族志研究都是将田野研究放在了日本国内，虽然这些研究对了解日本文化与人际网络有着非常重要的作用，但是随着经济的全球化，不少日本企业进入海外市场，也有部分巨型制造业为了节省开支，准备将企业本部都迁到国外。不仅仅是企业在变化，日本国民对企业的看法也已经有所改变。在这个情况下，日本企业应该如何塑造自己形象，吸引优秀人才，并且能留住他们将成为一个不可忽视的问题。

---

❶ Noguchi, Paul H., *Delayed Departures, Overdue Arrivals: Industrial Familiarism and the Japanese National Railway*, Hawaii: University of Hawaii Press, 1990.

❷ Kondo, Dorinne K., *Crafting Selves:Power, Gender and Discourses of Identity in a Japanese Workplace*, Chicago: The University of Chicago Press, 1990; Graham, Fiona, *Inside the Japanese Company*, London; New York: RoutledgeCurzon, 2003.

❸ Wong, Heung Wah, *Japanese Bosses, Chinese Workers: Power and Control in a Hong Kong Megastore*, Richmond: Curzon Press, 1999.

❹ Sedgwick, Mitchell W., *Globalisation and Japanese Organisational Culture: An ethnography of a Japanese corporation in France*, London: Routledge, 2007.

专题研究

（三）对海外日本企业文化的研究

大多数对海外日企的研究学者采用的分析方式主要是采用问卷或是单独采访，而很少有人利用进行长期参与观察的手段。他们的这种研究方法很难让人们了解文化的精髓，因为文化不是固定的，而是一个程序。●因此研究企业文化移植的过程需要长期用心观察员工和企业的变化，提供有力的、非常详细的讲解和例子。●并且，不基于参与观察的研究往往不能抓住企业文化的核心，研究成果容易被经济现象所影响。例如，在日本经济高度发展期，研究者们大力赞扬日本特殊的管理模式，而当现行的日本经济萎靡不振时又受到负面的评价。有不少研究还将经济萧条的原因归结于管理模式。其实，日本企业的核心从来没有改变过，只是基于这个核心价值，外表上发生了变化。●这些研究的论点大致分为两类。

第一，一些学者认为由于日本的管理模式基于独特的日本文化，只适用于日本国内。菲尔·弗里茨（Phil Frits）和约翰·麦克杜菲（John MacDuffie）研究北美的日本车辆制造厂提出，日本式的生产模式的确可以控制一定的开支，提高效率，然而，工厂需要提供员工稳定的工作保证，通过在职培训计划、岗位转换等方式培养技术水准高的员工，所以，尽管企业试图把一部分制度本土化，但还是需要时间才能培养出能进行此生产的系统。●舍恩·比才尔（Schon Beechler）和约翰·庄阳（John Zhuang Yang）基于权变理论（contingency theory）探讨了在美国的日本子企业内部的人力资源管理。●他们在分析企业和人力资源战略的关系以及日本企业本身的组织特征和国家环境的关系时，发现日本引进美国的管理模式是一个复杂的过程，并且受到组织内部和外部的影响。当有一些部门可以直接引

● Du Gay, Pau, Hall, Stuart, Janes, Linda, et al., *Doing Cultural Studies: the Story of the Sony Walkman*, London: Sage Publications in association with the Open University, 1997.

● Geertz, Clifford, *The Interpretation of Cultures*, New York: Basic, 1973:5.

● 高桥伸夫：《虚妄の成果主义》，东京：ちくま文库 2010 年版。

● Pil, Frits K. and MacDuffie, John P., "What Makes Transplants Thrive: Managing The Transfer of 'Best Practice' At Japanese Auto Plants in North America", in *Journal of World Business*, 34（4）, 1999:372-391.

● Beechler, Schon and Zhuang, Yang John, "The Transfer of Japanese-Style Management to American Subsidiaries: Contingencies, Constraints, and Competencies", in *Journal of International Business Studies*, 25（3）（3rd Qtr., 1994）:467-491.

入日本企业的管理时，而纽约的服务行业则需要完全实施本地化。❶白木三秀提出，日本式管理模式阻碍本地化的一大原因，包括不透明的升职条件，较低的薪资等，都可能导致本地人才供应不足。❷为了改善运营，一些企业需要将部分权力下放给本地分企业，做出一些相应的改革。

上述研究未能脱离日本式管理模式这个框架，并把日本与西方国家分为两个不同的管理模式，这种理论基础妨碍了研究者抓住企业真正的不同之处。由于他们的研究方式主要是基于大量的问卷和采访，以局外人的身份分析企业，所以，缺乏详细的有力证据来证实他们的观点。而且他们的研究以几十家甚至几百家企业为对象，简化了每一个企业在特定的经济社会背景发展起来的历史和从而形成的企业文化。

第二，另外一些学者认为，因为日企的人力资源制度具有强烈的民族主义中心色彩，因此阻碍了吸引优秀的本地人才，导致了较高的人才流失率。罗谢尔·科普（Rochelle Kopp）通过研究日本、欧洲和美国的国际性企业来说明民族主义为中心的人力资源制度与相关问题的出现有一定联系。❸科普发现日本国内的本部制定的倾向民族主义中心的人力资源政策对海外的分社有决定性作用，这种民族主义为中心的思想成了各种企业雇佣本地员工的障碍，日本企业内部人员也严重感受到企业未能吸引优秀的本地人才。科普建议，因为以民族主义为中心的制度主要根据母国出身的员工数量而定，所以企业应该积极发觉、雇佣和培养本地人才，才能够克服由民族主义引起的各种问题，从而在国际经济舞台上立足。❹科普是通过问卷的方式得出这个结论的，然而，日本企业的员工真的跟他一样认为种种问题的原因只是纯粹来自民族主义中心这个政策吗？一些日本企业为什么宁愿用高额派遣费来派遣如此多的日本员工呢？科普没有解释这个问题，而只是将问题简单化，缺乏充足的、贴切实际的证据。

随着中国市场的开放，也有不少学者讨论了日本企业在中国的运营，

❶ Beechler, Schon and Zhuang, Yang John, "The Transfer of Japanese-Style Management to American Subsidiaries: Contingencies, Constraints, and Competencies", in *Journal of International Business Studies*, 25（3）（3rd Qtr., 1994）:488.

❷ 白木三秀：《チャイナ・シフトの人的资源管理》，东京：白桃书房 2005 年版。

❸ Kopp, Rochelle, "International human resource policies and practices in Japanese, European and United States multinationals", in *Human Resource Management*, 33（4），1994:581-599.

❹ Kopp, Rochelle, "International human resource policies and practices in Japanese, European and United States multinationals", in *Human Resource Management*, 33（4），1994:594.

专题研究

不少研究将焦点放在了制造业、商社、电器企业。❶九门崇（2005）在日本贸易振兴机构的报告中指出，在中国的日本制造业很少录用本地人才，考虑到全球人才的运用，或参照西方的人事制度进行改革。❷白木三秀认为，因为日本企业的技术一般比较复杂，需要开发者或是有资深经验的日本人员工才能够培训并指导本地员工，所以高额派遣是一笔不可避免的开支。❸约亨·勒杰维（Legewie Jochen）分析了在中国运营的日本多国籍子企业是如何依赖于日本人的外派人员，这种做法又如何阻碍企业成为真正的跨国企业。❹他归结了两个弊端：第一，本地员工无法参与决策过程；第二，信息传递主要是由上至下，而从下往上的传递受到了限制。❺

上述研究是基于大量的问卷调查和采访得出的结论，并没有去深入探讨每一家企业的特征，而只是将一切原因归咎于日本"独特"的文化或是民族主义。其实如果进行长期的参与观察就会发现每一家企业都有它独特的特点和发展历史。将所有的企业简化为一个千篇一律的日本企业实在是一种牵强附会。

在少数以人类学方法研究日本企业组织的研究中，王向华和岸保行的研究可以作为理解当地社会和民众对企业的文化移植的反应的典型。王在日本零售业的八佰伴进行了为期两年的田野调查，探讨当时八佰伴从超市转变为百货店业态的经营模式是如何反映了中国香港地区社会的人口流动、阶层结构的转变以及香港消费文化的。八佰伴由于紧跟中国香港地区的社会经济转变，让香港人在八佰伴的消费中得到新的身份认同，企业也由此取得了成功。❻王在研究同一家日本企业的研究中探讨企业如何运用种族意

---

❶ 相关文献有，关满博、范建亭编：《现地化する中国進出日本企業》，东京：新评论 2003 年版；古田秋太郎：《中国における日系企業の経営現地化》东京：税務経理協会，2004；Legewie, J. Production Strategies of Japanese firms: building up a regional production network. Jochen, Legewie and Hendrik Meyer-Ohle（eds.）Corporate strategies for Southeast Asia after the crisis, Basingstoke: Palgrave, 2000, pp.74-99.

❷ 九门崇："企業のケーススタディ"，ジェトロ《中国進出企業の人材活用と人事戦略》，东京：日本贸易振兴机构，2005 年，第 123—193 页。

❸ 白木三秀：《チャイナ·シフトの人的資源管理》，东京：白桃书房 2005 年版，第 92—93 页。

❹ Legewie, Jochen, *Cotnrol and coordination of Japanese Subsidiaries in China–Problems of an Expatriate-Based Management Syste, The International Journal of Human Resource Management,* 13（6），2002: 901-919.

❺ Legewie, Jochen, *Cotnrol and coordination of Japanese Subsidiaries in China–Problems of an Expatriate-Based Management Syste, The International Journal of Human Resource Management,* 13（6），2002:912.

❻ 王向华：《八佰伴的崛起与香港社会变迁》，载《日本文化在香港》，香港：香港大学出版社 2006 年版，第 151—173 页。

识和种族身份而操控企业员工的行为。❶王（2009）把企业这种制度称为二元制度，指出这种制度是企业为了"殖民化"本地人的途径。❷王发现，本地员工在潜意识中其实接受了日本员工在企业中占据的优势地位，然而，一般来说他们并不反抗这种不平等，只是一些具有事业野心的员工会通过与日本人建立良好的关系，讲好日语，时时刻刻帮日本人，或是干脆学日本人的行为举止，使自己也成为一个"日本人"。❸

　　岸保行通过长期参与观察从文化和社会的角度分析了在中国台湾地区的一家日本电器制造厂。❹他主要把焦点放在了中国台湾地区的管理层，探讨他们对于组织的影响。岸保行接触到的大多数台湾管理层在企业工作的时间比较长，都是些资深的管理人员。岸保行指出，这些管理人员为了在日本组织中生存，在文化方面付出的努力比较多。例如，大部分管理人员的日语能力较高、有耐心、崇尚团队精神、有关爱，在企业内也接受了长期的在职培训，对企业的运营非常熟悉。岸保行把他们称之为"文化中介者"，把他们比作日本外派人员和本地员工之间的桥梁。岸保行的研究展示了企业的文化控制与作为中介者的台湾管理层的关系，揭示了本地员工对组织的影响。但是，岸保行的研究并没有涉及前线员工对于组织控制的反应。资深员工对于组织的"忠诚"是可以理解的，但离职率较高的前线员工又应该做何解释呢？他们会甘愿被企业控制吗？

　　王向华的研究指出了正是民族这个因素才区分了本地员工和日本管理层，然而，他的分析并没有强调员工对于企业文化的看法会怎样影响他们的行为举止，员工有无"利用"这个文化达到他们个人的利益。岸保行的研究让我们意识到本土员工作为文化媒介的重要作用，但他的研究未能提供员工如何诠释企业文化，并如何将其私用。

❶　王向华：《日本跨国企业经营本地化失败原因之人类学探究——香港八佰伴个案研究》，载《日语学习与研究》，2007年第5期，第82—89页。

❷　Wong, Heung Wah D., "*Colonization"in a Japanese Company in Hong Kong: The Nature of the Managerial Control of Yaohan Hong Kong*，东洋文化，89（Mar 2009）:271-298.

❸　王向华：《八佰伴的崛起与香港社会变迁》，载《日本文化在香港》，香港：香港大学出版社2006年版，第87—88页。

❹　岸保行：《社員力は"文化能力"台湾人幹部が語る日系企業の人材育成》东京：风响社2009年版。

二、田野调查概况

要真正了解一个组织的文化核心，研究者不仅需要进行田野调查，而且需要进行长期的调查，因为，"文化是描述人类行为的手段"❶，深层次的田野调查可以让研究者理解超乎企业官方的理念、制度，看到企业整体的文化。通过民族志，研究者理解到"特别"的组织现象，进一步探讨理论。❷

在很多情况下，从外部看到的并不一定就是发生在企业的真实，因为员工的行为和企业的理念可能会掩盖真实，让外面的人看不到内部。在田野调查中，研究者不难发现，员工虽然对顾客笑容满面，但在休息室却会与同事指责顾客有多横蛮；一些管理层表面上表示同意店长提出的意见，可在回家路上，却会在部下面前埋怨店长。如果一个研究者只是以局外人的身份接近企业内部人员，未必能窥测到他们在前线的一点一滴，员工也不可能敞开心扉，向你表达心声。研究者在进行田野调查时，有必要分辨员工是在顺水推舟，还是真正有那种想法，这种细微的点滴只有通过与企业内部人的长期交往建立了一定的信任关系后才能发现。这种长期的相处会让研究者发现员工们是如何随着环境以及自身的利益来改变自己的行为举止，企业又是如何来对付这种情况的。

本论文使用的资料基于笔者在中国香港地区一家日企零售业进行的1年3个月的田野调查。笔者以"实习生"的身份不计报酬，先后在这家企业的三家店铺工作。第一家时间较长，总共工作了1年，期间曾有幸帮忙协助一家新店的开张准备，最后3个月转到另一家店铺。工作安排基本上与正式员工一样，每天工作8个小时，一个星期5天，每个月有10天假期。虽然做田野调查期间不仅要集中精力时时刻刻观察员工行动，还需要每天记录当天的所见所闻，非常繁忙，但最难的还是首先得找到一家愿意接受博士生田野调查的日本企业。开始寻找田野地点时，不少日本企业的职员并不清楚参与观察的性质，部分管理层甚至担心调查者是否会借此机会窃

❶ Barth, Fredrik, *Ethnic Groups and Boundaries: the Social Organization of Culture Difference*, Prospect Heights, Ill.: Waveland Press, inc, 1969.

❷ 持类似论点的著作有：Barley, Stephen R. Semiotics and the study of occupational and organizational cultures. Administrative Science Quarterly. 28:393-413, 1983; Schein, Edger H. Organizational Culture. *American Psychologist*. 45（2）:109-119, 1990; Van, Maanenm, J. eds. *Qualitative Studies of Organizations*. Thousand Oaks, CA: Sage, 1988.

取企业的内部情报。博士课程第一年，笔者常常参加各种日本的大学校友会（俗称 OB 会），希望通过这种机会认识一些校友，从而找到合适的企业做调查。经过几个月的努力，终于在 2010 年夏天，笔者有幸通过校友会会长认识了他以前工作单位的晚辈，现在是一家人才派遣企业的老总。那位老总正好与亚衣有业务关系，在笔者的恳求下，老总非常热情地帮笔者联系到了亚衣的人力资源经理。不久笔者与亚衣管理层进行了直接面谈，最终得到许可进入企业的店铺工作。

企业首先安排笔者在香港九龙东边的一家店铺工作，在本部接受了一天的集中培训之后，2010 年 8 月初，笔者在店铺开始了长达一年的田野调查，之后也有短时间在其他两家分店工作。通过田野调查，笔者发现自己"想象中"的亚衣与在田野中"看到"的截然不同。有乃是"不入虎穴，焉得虎子"。

本文将从亚衣如何从一个小型企业发展到全国知名品牌，并且走向海外扩展的路线来分析企业的核心价值。这里主要以中国香港地区为例，概括在港现况以及基本人力资源结构之后，着眼探讨企业实行的"合理化"培训制度如何导致人力资源缺乏的恶性循环。最后，笔者将总结参与观察的手法对企业研究的贡献。

三、亚衣概况

（一）业绩

亚衣的成长在日本被认为是一个奇迹，这与日本国内服装业的衰退有直接影响。根据日本政府统计，居民在服装产品的最终消费支出在 10 年之间从 2001 年的 12 兆日元降到了 2011 年的 9 兆日元，占据的百分比从 4.3% 降到了 3.43%。根据日本瑞穗银行的调查，2012 年商品可供量增加了 2.5 倍，而零售价值则降了 2/3。❶

在这个背景之下，一部分日本服装企业开始走向高级路线，开创不同品牌。也有一些服装业从 1990 年开始，打破以往的模式，企业自己来负责从设计到零售的各个环节。亚衣也采纳了这个模式。这种商业模式被称之为 specialty store retailer of a private label apparel，简称为 SPA。这种模式被

❶ みずほ銀行 Mizuho Corporate Bank. 2012　Mizuho Short Industry Focus: 日本のアパレル企業の海外進出とグローバルブランドへの進化 nihon apareru kigyō no kaigaishinshutsu to gurōbaru burando heno shinka. [Overseas expansion and global branding by Japanese apparel companies]. みずほ銀行. PDF file, pp.1-2.

专题研究

认为是可以在保持利益的情况下相对减少损失，对建立自己的品牌有一定利益。❶虽然日本国内服装行业在尽力挽回不景气的局面，然而，伴随着从1990 年中期开始不少国际性品牌打入日本市场，服装业的竞争愈演愈烈。第一家进入日本的是美国的 GAP，该企业于 1995 年在东京的银座开设了第一家店铺。紧接着西班牙的 ZARA 在 1998 年进入东京涩谷。2006 年英国的零售服装商 TOPSHOP 在东京原宿开设了店铺，两年之后世界服装巨头的 H&M 也试图共享一丝商机。之后陆续有不少世界性大企业进入日本，从此，日本服装企业不仅要与国内"同胞"争抢一小块肉，还要与世界的服装品牌"决一雌雄"。

在竞争激烈的服装市场中，亚衣占据什么样的位置呢？根据 2012 年美国国民零售联盟（National Retail Federation）的统计，亚衣母企业在日本排名第十，在国内服装市场中排名第一，并且，在世界服装制造零售业中，亚衣母企业也占据第五位。前五名是，Inditex（旗下有 ZARA，西班牙），Hennes & Mauritz（瑞典），The Gap（美国）和 Limited Brands（美国）。亚衣不仅仅是第一家挤入世界五大服装制造业的亚洲企业，也是 2012 年亚洲最大的服装企业。根据亚衣 2012 年度报告，企业净销售额达到 9286 亿日元，净收入为 716 亿日元。亚衣母企业截止到 2012 年底，总共有三大主要业务：亚衣日本、亚衣海外及其他服装品牌。亚衣在日本总共开设了 800多家店铺，销售额达到企业一半以上的规模。海外市场也很乐观，总共有290 多家店铺分布在 10 个地区或国家。相对于日本国内亚衣的发展而言，企业在海外市场的发展显而易见，成长速度已经超过了国内的水准。其他服装品牌包括日本国内为主要基地的品牌和通过收购而得的国际品牌。

野心勃勃的亚衣创始人坂井并不满足于现状，宣称亚衣母企业的目标是在 2020 年之前要达到销售额 5 兆日元，从而成为世界第一的服装企业。虽然不少国内媒体甚至亚衣员工质疑这个远大理想，但创始人坂井并不因此而退缩或是更改目标值。亚衣企业 2013 年 10 月 10 日的发表是，销售总额达到了 1.143 兆日元，世界排名从第 5 位上升到第 4 位。虽然这个数字与雄伟的目标还有很长的距离，但是亚衣强调会继续坚持这个目标。

1984 年亚衣在广岛开设第一家店铺的时候，也许谁都没有料到一个从

❶ 木下明浩：《第 4 章衣料品流通－コモディティからブランドへの転换》转载于石原武政・矢作敏行编著《日本の流通 100 年》，东京：有斐阁 2004 年版，第 133—174，163—164 页。

中小城市开始的小小家族企业能够在这么短的时间内蜕变为一家国际性服装企业。亚衣的第一个历史转折点是 2001 年在东京举行的大规模摇粒绒活动。在此活动中，亚衣不仅让消费者购买到便宜、实用、品质优良的摇粒绒服装，也增加了品牌力，从此企业的营业额迅速上升。在企业的发展过程中，亚衣为了让品质更上一层楼，进行了一系列品质监管的改善，坚持合理有效的管理制度。2001 年亚衣开始向海外扩展市场，选择的是英国。然而与企业在国内市场直线成长相反，亚衣在海外却不断亏本。进入英国的第二年，企业只好关闭了大部分店铺。同时进入中国本土的扩展也是一路跌跌爬爬。没想到成功会突然降临，2005 年亚衣进入中国香港地区后，企业第一次获得了海外市场的盈利，并且数目可观。这时亚衣又收购了一些日本以及国际品牌，使得店铺数量剧增。从 2010 年开始，企业陆续在海外市场开设大型旗舰店，引进奢华的装置展现其竞争力，从而逐渐树立了其国际品牌的形象。

亚衣运用中小城市"包围"大城市战略终于成了一家国际知名品牌企业。在亚衣发展过程中，企业的战略一直在随着环境的变化在变化。除了外界的变化以外，企业创始人的理念跟企业的战略及理念有着密切的关系，奠基了亚衣的"基因"部分。

（二）经营理念和亚衣"基因"

亚衣成功的背后当然少不了创始人以及员工们的辛勤劳动，其中，作为第一代创办人兼首席执行官，坂井个人的经营理念对企业的核心价值意义非同一般。这一节主要叙述亚衣企业如何通过在海外不同的经验开始树立基因的概念，以及这个基因主要包括的内容。

坂井出生于日本本州岛西部，那一年，坂井父亲开始经营一家小型西装店，同时还涉足一些不同的行业，如建筑业，虽然建筑业比西装店利益可观。坂井从小受到父亲的严格教育，父亲一直希望他有一天能出人头地。然而，坂井读大学的时候并没有他父亲那样远大的理想，坂井在他自己的回忆录中提到，自己跟现代的日本年轻人没有太大区别，既没有什么将来的打算，也没有特别想做的事情。与一些出身贫寒的企业家不同，坂井的家庭经济条件较好，读大学期间，他父亲曾拿出一大笔钱让他环游世界。坂井回忆说，那次的周游经验使他大开眼界，对他之后的经营思想影响很大。

坂井大学毕业后本想在一家日本商社工作，但他的愿望没能实现。坂井的父亲给他介绍了一家日本大型零售业，但是，坂井进去后不久就发现当时被认为是先进的企业制度和系统，其实已经远远落后于西方国家。工

专题研究

作不到一年，坂井就辞职去了东京。跟当时交往的女朋友一起，就是现在的夫人同居。在东京坂井边读英文补习班边打工。他当时只是一心想出国，并没有考虑其他事情。在这段时间，坂井的父亲多次劝坂井回家乡在自己的服装店工作，坂井最后听从了父亲的劝说。坂井在服装店工作时发现效率非常低，他提出要进行改善，遭到了不少资深员工的反对，最后竟然只剩下一个员工愿意留在店铺中。虽然坂井的改革导致了员工的辞职，但他父亲并没有因此去责备他。

坂井在自传中回忆说，有一天，他的父亲将服装店所有的资料都交给了他，他知道这意味着他得继承家业了。他当时只想着不能让企业在自己的手上倒闭，所以每天都是从早忙到晚。坂井从接手家业的那一刻开始，就有了强烈的"商人"意识。"居安思危"的意识促使他不断尝试一些新事业，并尽力改善业务。坂井深信员工不能只追求安定，只有不断地挑战和发展才会有未来，他自称亚衣是一家冒险企业（venture company）。

这个当初的理念一直影响着亚衣的运营，也是企业的第一个特点。坂井曾访问了以美国为主的很多西方国家，研究他们高效率、高利益的管理制度，并将其学以致用。坂井认为比起西装来，销售休闲服库存周转率更高。他提出用自助式（自选式）销售的模式来降低人事费，这一点是他从美国一所大学的消费合作社（co-op）得到启发的。这也成了后来亚衣的一大宗旨。为了更有效地利用自助式模式，企业规定了店铺中的各种基准，如货品要齐全，商品要整洁，颜色排序要统一，等等。通过这个标准化，亚衣可以让不同客人享受同样的亚衣服务。

亚衣的第二个特点是企业的业态。亚衣刚刚发展起来的时候，主要是出售耐克、阿迪达斯等国际品牌的休闲服装，后来，坂井拜访了以服装制造零售业（SPA）模式经营的香港佐丹奴创始人，坚信制造零售业是一个可以达到高效率、高利益的经营模式。坂井开始走访中国的工厂，建立企业的专用生产线，为了保证质量，企业还专派资深工匠监管品质。这个业态让企业对高品质要求的理念得以实现。第三个特点是，对店长的权力下放。坂井坚信只有通过店长才能把企业的理念传递到前线员工，因此他把招聘、培训、升职和降职等人事权都下放到店长，并且安排区经理（Supervisor）协助店长。同时，企业增加了店长的级别，赋予高级店长更多权力，鼓励前线员工对本部建议商品策略、顾客服务等。

贯彻"居安思危"的理念，采取制造零售业的业态，企业靠店长的权力维持以自主模式为主的卖场，正是凭借着这样的理念和制度，亚衣才走向了世界舞台。虽然企业扩展的道路并非一路畅通，英国和中国内地连续失利，但亚衣还是坚持不懈，终于在进入中国香港地区时获得了前所未有的成功。坂井比较中国香港地区的运营与英国和中国内地运营时，认为亚衣所坚持的理念是在港成功的原因之一，并且总结出过度的本土化是造成英国和中国内地失败的一大原因。亚衣再次分析了理念核心，列出了主要因素，将其称之为亚衣"基因"。为了引导在世界各地的成功，企业在2008年发表企业要开始走向"Global One"，即世界各地的店铺要成为一体（One）。这意味着亚衣"基因"传播历程的开始。"基因"（DNA）一词意味着自然的、遗传下来的、不可以改变的，亚衣则通过企业的发展来不断定义和重新定义其"基因"，使之更加完美。虽然，"基因"是从先祖自然遗传下来的，然而，企业希望有更多人可以继承这个"基因"，与企业形成一体，并且在全世界传递和移植亚衣"基因"。亚衣将这些核心"基因"转变为正式制度的形式，通过评价的方法，例行"检查"。

亚衣的"基因"核心之一是创造顾客的想法，这是引用作家、大学教授彼得·费迪南·杜拉克（Peter Ferdinand Drucker）的著作中所提到的理念。杜拉克在著作中提出，企业不应该将利益始终摆在第一位，开发商品制定战略时应该从顾客的角度出发，因为商业的目的就是创造顾客。[1]据说坂井从杜拉克的思想中得到启发，受益匪浅。亚衣"基因"包括硬件的实践技能和软件的高水准顾客服务。实践技能主要指店铺的各种基准，内容涉及的幅度广，比较零散，包括补货、价摆放、价格牌等方面，这些都是为了创造整洁舒适的购物环境而制定的。亚衣更强调顾客服务的重要性，特别制定了一套"亚衣式"顾客服务检查表，声称只要做到其中每一项目，顾客的满足度就会提高，也有利于创造舒适的购物环境，并且，将这个检查表翻译成中文，引进到香港地区。亚衣不仅鼓励员工要做到高水准的服务，并且将其作为升职的一个重要部分。为了把"基因"传递到每一个角落，企业下放了不少决定权给店长，希望他们可以协助企业达到目标。

这一节简单考察了亚衣创始人的理念对企业理念的意义，亚衣通过在港的成功改变其经营战略，开始重视亚衣"基因"的传递，并且期待店长可以把基因传递到前线。亚衣与大多数日本企业一样，认为日本人在国内

❶ Drucker, Peter F., *The Practice of Management*, New York: Harper, 1954:37.

专题研究

提供的服务受到很多海外游客和顾客的欢迎，周到体贴的日式服务是日本人值得骄傲的，所以，亚衣相信凭借周到的服务作为一大支柱可以提高企业在国际舞台上的竞争优势。不少日本业界人士认为用服务打造"日本式"品牌是非常重要的。❶下一节将回顾一下亚衣在中国香港地区市场的扩展历程以及传播亚衣基因的来龙去脉。

四、亚衣"基因"在香港

截止到2013年9月，亚衣在中国香港地区总共开设了19家店铺，每一年新店铺控制在2—4家，大部分店铺属于企业规定的标准店铺或是更小规模。这个趋势与中国香港地区本土昂贵的零售租金有关。与西方大型服装业不同，企业避开主要的商业地带，选择一些本土顾客与大陆游客交汇的沿线地区。

亚衣在2005年开始进入中国香港地区市场，香港市场的中国籍负责人张鹏回忆，9月开第一家店铺时，顾客排了很长的队，这大大出乎日本总部董事们的意料，他们谁都没有想到店铺会受到香港顾客这么热烈的欢迎。亚衣创始人坂井在自己的回忆录中对张鹏充分展现亚衣经营理念之精髓从而贡献于理想的销售额极为欣赏。坂井深信，英国和中国内地运营失败的原因在于当地负责人的过度本土化和未能坚持亚衣的经营理念，而中国香港地区的成功则展示了亚衣理念的重要性。张鹏在日本读完大学以及硕士课程之后便进入亚衣工作，半年之后当上了店长。一直参与中国内地运营，中国香港地区是他第一个负责的境外市场。由于出色的表现，他被任命为大中华圈总负责人，截止到2012年底，管理中国大陆、中国香港地区、中国台湾地区三地的业务运营。

在中国香港地区运营的头几年，子企业主要的任务是开张更多店铺增加销售额，店长和店铺运营负责人也是忙于开店，所以，那时候亚衣并没有一套相对来说比较本土化的制度。2007年进入亚衣的兼职工曾经说过："以前那时候工作很舒服，没有那么多规矩，整天都是上货，叠衣服。"2008年亚衣总部派经验丰富的日本人水野担当店铺运营部的负责人。张鹏虽说是中国香港地区的负责人，但由于责任繁多，除了重大决定之外，中国香港地区每一天的运营都交给子企业去管理，所以，店铺运营方面，水野的影响力较

❶ Sakaguchi, Masaaki（坂口昌章）, Seichō senryaku naki apareru kigyō ha tōta sareru [Apparel companies without development strategy will lose market] 繊維トレンド Sen'i torendo [Trend in fiber], 2010, Nov & Dec:26-30.

大。水野刚到香港的时候，发现香港子企业对店铺放任自流，似乎已经成为另外一个王国。于是他开始强调企业标准的规则、制度的重要性，反复说在英国、中国的失败是来自于过度的本土化。水野自负在港首要任务就是要传递亚衣基因，从而达到高销售额。笔者在申请去亚衣做研究的时候，水野曾强调："我们企业的制度不太完善，可能你会看到很多漏洞，不过，我们已经尝试弥补缺陷，传递亚衣基因，加快国际化和制度化。"创始人坂井提出的"Global One"，作为"典范实务"（Best Practice）措施引入香港，其中有不少就是关于"亚衣式"顾客服务的内容。由于亚衣在海外经验之短，再加上各个地区间的交流不足，这些典范主要都是来自亚衣日本的例子。由于全球化的制度需要不断完善，所以，有时候一个制度引进没有多久又出现另一个新制度。

为了让员工真正"吸收"和"接纳"亚衣基因，企业将这些基因的内涵加进了晋升制度中，这意味着员工具有越多亚衣基因的因素，晋级的机会就会越多。下面笔者将简述晋升的程序，探讨晋升中"亚衣式"顾客服务扮演的角色，从而阐明企业制度对"基因"的重视。

五、制度控制下的"基因"

（一）亚衣的职业规划（参照图 4.1）

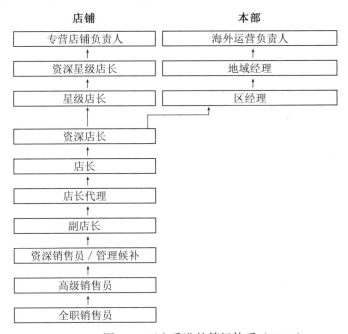

图 4.1　亚衣香港的等级体系（2011）

　　亚衣重点鼓励员工的内部晋升多于从外界的直接招聘，大部分员工需要从组织的最基层开始他们的职业生涯。本节主要考察店铺员工的职业规划，分析的对象是从基层销售员[1]到营业部经理。店铺从低到高的职位有：基层销售员，高级销售员，资深销售员／管理候补，副店长，店长代理，店长和资深店长。资深店长有资格晋升为星级店长或是隶属于本部的区经理。店铺中星级店长的上司将是资深星级店长，店铺工作的最高级别员工则是专营店铺的负责人（Franchise owner）。在本部，区经理的上级是地域经理，再上一级则是营业部经理。由于中国香港地区整个市场的范围与日本国内亚衣的一个地区差不多，区经理的上级则是营业部经理的水野。截至 2013 年年中，香港本土出身的员工中最高级别为区经理，营业部经理是日本人水野，香港区负责人则是中国内地出身的张鹏，在店铺工作的本地人最高级别为星级店长，资深星级店长则为日本人。

　　店铺员工的人事权主要由店长掌握，除了管理候补是由本部统一录取之外，店长有权招聘基层销售员和兼职工。本部安排可以招聘的人数之后，具体录取什么样的人才均取决于店长个人的判断。晋升主要有三个步骤：上级的同意及推荐、笔试和面试。员工在被选为晋升对象之前，他们的技能需要得到上级的同意，晋升的标准主要是上述中提到的"亚衣基因"，具体内容是业务检查表和顾客服务检查表。检查表达到要求的分数之后，参加相应的等级笔试，最后接受人事部和营业部高层的面试。本节将着重分析业务检查表中关于顾客服务的内容和顾客服务检查表以及评价人员的性质来探讨企业制定的意图。

　　（二）晋升条件中的顾客服务

　　业务检查表有七项内容，其中一项则是顾客服务，每一项内容都显示员工可以参考企业手册的第几页，两者是互补的。每一个项目是 2—3 分，总分为满分，每一个等级要求的分数不同。通过分析顾客服务的项目，笔者发现，企业要求将培养员工的责任下放给了每个全职员工，例如，基层销售员要协助兼职员工，高级销售员有需要时应该帮助基层销售员，等等。培养的内容则是顾客服务检查表中所有内容，在任何等级的业务检查表中，顾客服务这一项占的分数为第一或第二，表明企业对顾客服务非常重视。

　　顾客服务检查表的项目分成九大类：打招呼、卖场禁止行为、顾客应

---

[1]　由于亚衣店铺中使用的是"全职销售员"，为了避免混乱，本文将使用"基层销售员"。

对、留意顾客、收银台、试衣间、缝纫、清洁、电话。每一类的每一个项目 2—4 分的分数，例如，没有微笑打招呼的员工得不到 3 分，等等。九大类中卖场禁止行为占的比率最大，为 24%，紧接着是留意顾客，占了 20%，第三重要的是占 15% 的试衣间应对。

检查表的项目有以下特征。第一，亚衣将具有日本文化特征的服务加进检查表。例如，员工需要表现亲切（hospitality），需要微笑面对顾客，言语谨慎，特别重视礼貌，因为这些都认为是日本文化的意识形态，也是为了避免公共场所的冲突。❶为了做到统一的服务，亚衣有一套服务用语，分别是："欢迎光临"，"清楚"，"请稍等"，"不好意思让您久等了"，"谢谢"，"欢迎再次光临"。这些都是从日语翻译过来的，在世界不同地区说法略有不同❷，目的都是为了创造舒适的环境。日本文化对外表的羞耻或窘迫的情况非常敏感❸，为了尽量不使顾客感到尴尬，亚衣制定了一系列禁止的行为。例如，不能使用不恰当的言语，不能从顾客面前穿过，等等。

第二，"亚衣式"顾客服务检查表强调员工"表现"出来的态度。企业认为，为了体现企业对顾客满足度的重视，员工不应该只是背诵理念，而是要熟能生巧，身体力行，在这个过程中企业并不强调员工用脑子"思考"这些理念，只是要求员工照本宣科。这一点表明，企业重视的只是员工做出来给顾客看的"表演"，并不在乎员工是否从内心真正感受到服务的重要性。对本土顾客的需求也不去深入探讨，只要"亚衣基因"得到了复制就可以了。

第三，由于一些项目的语言定义暧昧，很大程度上取决于检查人的判断，以至于会导致对员工的评价主观及不均匀。检查表中有不少地方写到"笑容"、"礼貌"、"不恰当言语"等词语，这些也许在日本文化中可以意会，但对日本式服务陌生的香港员工来说，每个人的理解和解释不一定相同。尽管企业列出了几个不恰当言语的例子，但未能覆盖所有情况。所以，员工很难达到按照统一的要求服务顾客。

员工的"亚衣式"顾客服务实践主要通过他们在检查表中得到的分数

---

❶ Reisinger, Yvette and Turner, Lindsay. A cultural analysis of Japanese tourists: challenges for tourism marketers. European Journal of Marketing, 33（11/12）:1203-1227, 1999:1221.

❷ 例如，在中国内地的店铺没有第二个"清楚"，据企业高层讲，原因是"在中国没有这个习惯"，然而，香港地区员工也曾经多次抱怨在香港也没有这个习惯。

❸ Lebra Sugiyama Takie. Shame and Guilt: A Psychocultural View of the Japanese Self. Ethos,.11（3），1983:194.

专题研究

来衡量。从高到低（A 到 D 级）有 4 个等级。A 级是 85 分以上，B 级是 65—84 分，C 级是 45—64 分，D 级则是 44 分以下。一般来说没有明确规定晋升需要的"亚衣式"顾客服务分数，但一般认为 B 级以上才是比较理想的评价。评价主要有三个流程：（1）员工每日的自我评价；（2）"亚衣式"顾客服务组进行日常检查，写下每一个员工的表现；（3）店长综合这两方面的评价，向区经理和营业部经理报告。这样做据说是为了尽量保证公平。除了通过店长和其他管理层加强顾客服务基因的传递之外，企业在"亚衣式"顾客服务方面还有"另外一招"，那就是所谓的"神秘顾客"。在笔者刚开始田野调查的时候还没有这个制度，当时只是在中国内地才刚刚开始。第二年初，中国内地负责人以及亚衣总部认为这个制度对改善本土员工的顾客服务有极大的作用，所以将神秘顾客这一做法也引进了中国香港地区，因为，香港的员工被认为是顾客服务做得不太到位的一个地方。

　　其实，这中间有一个小插曲。2005 年亚衣进入中国香港地区的头几年，亚衣总部对中国香港地区的评价非常好，认为本土员工必定有很好的顾客服务，不然也不会有那么多客人愿意买亚衣的衣服。然而，在 2010 年进行头一次内部检查之后，总部员工才发现，原来中国香港地区的亚衣员工对顾客的态度比想象中要差很多，再加上当时店铺的基准也没能跟上标准。所以，总部期待神秘顾客这一做法在中国香港地区也能行之有效。笔者做田野调查期间，神秘顾客受雇于中国内地的人才企业，派来的神秘顾客使用多种语言，包括普通话、广东话和英语。为了保证公平，神秘顾客使用的检查表与员工手上的一模一样。相对于企业内部的检查人员，神秘顾客的检查次数少，一般来说，一个月到中国香港地区来一次，一天内要到所有店铺，所以在一家店铺中的时间比较短。在检查中，神秘顾客可以不经过店铺人员的允许进行拍摄，检查完毕之后，有权力拍摄表现良好和需要改进的员工。虽然，神秘顾客检查次数少，时间短，但他们的发言权非常大，因为他们所看到的现象和提交的报告表会直接寄到香港本部和日本本部的干部手中，所以，神秘顾客的访问对店铺以及店铺员工的压力很大，即使是店长也不能推翻神秘顾客的评价。

　　顾客服务检查表以及频繁的"亚衣式"顾客服务检查是为了让前线员工达到企业的要求，从而真正实践国际统一的亚衣"基因"。"亚衣式"顾客服务已经成为员工不得不遵守的制度，繁杂的检查表、严格的检查人员、突击检查等让员工随时保持高度的服务热诚。企业认为通过这样的做法应该是可以让难得有笑容的香港员工能对笑对客人。然而，我的田野调查表明，事实并非如此。企业把顾客服务纳入晋升制度的做法，导致了员工视其为一种得利的手段，并非是为了达到企业期望的"亚衣基因"的实践。

六、本土员工眼中的"基因"

亚衣将企业的"基因"作为特有的顾客服务的形式带到中国香港地区的时候，企业期望员工可以做到统一水准的顾客服务，从而树立企业的形象从而吸引更多顾客，然而，本土员工为了达到自己的利益，把"亚衣式"顾客服务，当成是提高自己身份的一个手段，因而只是在有晋升机会的时候才"表现"自己的"基因"百分比。笔者发现，有晋升机会的员工对企业的服务宗旨会表现得更加积极主动，反之，他们则我行我素。除了员工个人的职业规划影响到他们的行为以外，店长的人事权对他们是否实践企业特有的顾客服务也有一定的决定性影响。为了探讨员工与不同店长工作期间内的不同行为举止，笔者将利用坑口店铺中两个店长（Jenny 和 Lisa）在任期间的观察结果。本章节主要使用 2010 年 8 月到第二年 8 月的田野资料。

（一）坑口店

坑口位于香港新界东西贡区西南部，隶属于将军澳，是 1982 年开始发展的新市镇，此地区是填海而建成的。将军澳从 1988 年开始有居民居住以来，截至 2011 年人口已达到 43 万（政府统计处）。西贡区的月收入中位数为 26870 港币，在香港 18 个地区中，继湾仔区和中西区位于第三（政府统计处）。15 个屋苑中有 3 个公共屋苑，虽然收入水准较高，但居住于单栋房子与居住在公共房屋人口的收入相差很大。前者人均月收约为 40000 港币，而后者则只有约 12640 港币。

亚衣坑口店位于东港城商场里，东港城直通地铁坑口站，在将军澳中是规模最大的商场，面积有 3.7 万平方米，截至 2010 年，场内入住了 120 多家店铺，其中有 50 多家服装品牌店，虽然商场内没有香奈儿、迪奥等国际性品牌店铺，但也有不少中高档店铺。东港城周围的两家商场则主打中档和廉价的品牌。

商场上方是东港城私人屋苑（私营住宅），东港城商场与其他三个私人屋苑通过室内人行道连在一起，这些屋苑下面就是商场。除了商业设施之外，屋苑周围还有幼儿园、小学、中学等教育设施，交通方便，周围还有

通宵公交车前往其他区域。由于坑口不属于游客的零售商圈，所以，店铺主要是以本土客人和附近居民为主。❶这个选址是亚衣在中国香港地区的特别战略，不同于 ZARA 和 H&M 等其他外资服装零售业。亚衣之所以选择贴近住宅区的商业圈而没有选择地价昂贵的尖沙咀或中环等旅游商业圈，主要是出于亚衣服装要提供价廉物美的服饰于广大群众这个企业理念。

亚衣在东港城的店铺设在国际服装品牌旁边位于角落的位置，坑口店在全香港销售额排名中间，卖场也比较小。坑口店有两个出入口，其中女装区的入口旁边是走向另外一家商场的路径，经常人来人往，另一个入口对面是本地的服装零售店铺。由于邻近的商场地层有市场，所以经常可以看到附近居民拿着装满菜的塑料袋在亚衣店闲逛。

坑口店有五个商品区（A 至 E 区）、4 个收银台、管理室和员工休息室、1 间仓库、6 个试衣间和 1 间缝纫室。A 区摆放着女装热卖的商品，B 区是女士内衣，D 区为男女裤装，E 区摆放着男士内衣和儿童服装。不同于亚衣在日本的店铺，大部分香港亚衣店都没有设立店铺专用洗手间。店铺员工因季节而定，大概是 40 到 50 人，其中 70% 为兼职员工。❷

下面这一章节通过考察员工在两个不同店长（Jenny 和 Lisa）任职期间的晋升体验，分析员工对顾客服务的看法以及在前线实践的不同之处。晋升的员工的例子包括兼职员工以及全职员工 ❸，其他例子则主要是从基层全职售货员到高级售货员，高级售货员到资深售货员。由于 2011 年 6 月起有不少员工晋升，为了避免混淆，章节中所提到的员工的职位是当时的说法。

Jenny 从 2010 年 8 月到 2011 年 2 月担任店长，2011 年 3 月起换成了 Lisa。坑口店是 Jenny 和 Lisa 在晋升为店长之后的第一家店铺。两个人都是香港本地人，已婚，都是在 2007 年进入亚衣的。两个人对企业制度的态度各不同，Jenny 对顾客服务的实践看得比较重，Lisa 则更加重视实践技能，两个人的不同态度不仅形成了各自不同的工作方式，也在一定程度上影响了下属的行为举止。

---

❶ 笔者在坑口店工作的 1 年中服务过不到 10 名游客或是访港客。

❷ 从 2011 年 3 月开始本土本部有指示要求将兼职员工的比例减少，增加全职销售员。

❸ 从 2010 年 8 月笔者开始田野调查开始到 2011 年 3 月期间，店铺不可以直接雇佣全职售货员，只能录取兼职工，当时有不少员工是从兼职工"升职"为全职工的。虽然，这些确切来说不是升职，但是，由于从兼职员工到全职员工的条件与全职员工中的比较相似，在章节中将此类职位转变也当作升职的一部分。

（二）Jenny在任期（参照表4.1）

表4.1　Jenny在任期员工升职情况（2010年8月—2011年2月）

名字	升职等级	出生年份	性别	教育程度	进入年份	工作经验	加入时的职位
Sabrina	全职售货员→高级售货员	n.a.	女	高中	2007	服装，餐厅	全职员工
Mary	兼职员工→全职售货员	n.a.	女	高中	2009	日资服装店	兼职员工
Helen	全职售货员→调铺	1990	女	高中	2009	工厂管理，服装	兼职员工

Jenny 留着一头黑色长发，时时刻刻保持着笑容，记得笔者第一次见到她的时候，不由得自己也笑了起来。Jenny出生于1977年，已婚，没有孩子，丈夫在一家本地的保险企业上班。Jenny夫妻希望将来会有孩子，她说只要发现有了孩子，她就会辞掉工作，在家相夫教子。

Jenny 高中毕业后，先后在两家销售休闲服装的本地企业工作，职位分别是全职售货员和资深售货员。据 Jenny 介绍，她决定辞去第一家服装企业是因为早班时间太早，店铺离家很远，每天最晚也要清晨4点多就起床，她没有办法再继续这份工作了，就"跳槽"到亚衣。Jenny 进入亚衣时，亚衣还可以招聘跳槽的人，他们的级别可以从比基层等级高两级的资深售货员开始，后来这个制度被取消了，一律从基层开始招聘。Jenny 开始被派到铜锣湾一家新开的店铺，这家店铺的顾客消费水准比较高，客源主要是中国内地的观光游客和富有的香港本地人。

在铜锣湾工作的 3 年间，Jenny 看到不少新同事的加入，同时也有很多资深员工离去，Jenny 进店时的同事留下来的已经寥寥无几，在这样的情况下，拥有店长技能的员工已经很有限。当时，区经理的一大任务是协助店长尽量让资深的员工留下来，因为要找一个愿意长期留在企业的员工并不容易。区经理找到 Jenny，跟她面谈了很多次，希望她能够长期留下来。Jenny 回顾当时的情形说："我知道企业非常着急找一个能够当店长的人选，毕竟留下来的人不多。只不过，我是太了解店长的压力了，非常辛苦，要求也很高，而我不确定自己是否能够应付。"在区经理多次的说服下，Jenny 最后接受了晋升推荐，顺利过关。

在亚衣，店长需要具备卖场中实践性以及服务性的技能，在这两者之间，Jenny 显然偏向顾客服务，这主要有几个方面的原因。第一，坑口店向

专题研究

125

来顾客服务的评价比较低，一直都是店长需要改善的问题。第二，提高顾客服务水准的难度比提高实践性技能还要难，Jenny认为顾客服务不单单只是靠经验，也需要有强烈的意识和热情才可以做得更好，然而，实践技能是可以随着工龄的增长而增加的。Jenny说："我之前工作的那一家服装企业根本就不会录取那些不会笑的员工，但是，亚衣辞职率太高了，没有办法，只好招聘他们。"Jenny亲自监管员工的顾客服务水准的同时，把主要的实践性工作交给了下属，当然最后决定权还是握在自己手中。

通过与Jenny的朝夕相处，已经有不少员工清楚知道她对亚衣制度的看法，他们对此的反应主要分为两类。第一，有"必要"的时候立刻实践企业要求的顾客服务水准。全职售货员Sabrina在店铺被认为顾客服务水准比较低，兼职售货员Mary的态度也属于比较恶劣的。当她们知道自己有希望晋升以后，立即改变了从前的工作态度，尽力遵守企业的规定。她们之所以这么做说明晋升对她们非同一般，也显示了员工并不是不知道企业的服务顾客宗旨，只是平时不想遵守而已。第二，以"亚衣式"顾客服务为自己的强项，每天实践顾客服务来掩盖自己经验不足的短缺。这一类人主要是那些基层员工。Helen就是一个很好的例子。她就是通过自己顾客服务优良这一点，得到本部运营部负责人的赞赏，从而获得了去帮开新店的机会。在亚衣的非正式规定中，能参加开新店意味着将来晋升的机会很大，同时在新店工作可以增加自身技能的深度。当然也有极少一部分员工并不被店长对制度的看法所左右，而只是充分利用自身的强项。

1.Sabrina

截至2011年年中，在坑口店的全职员工中算Sabrina的工龄最长，技能最多，她在店铺2007年开张时就一直在那儿。Sabrina高中毕业后，做过服装店铺的员工，还做过餐厅服务员。她非常喜爱旅游，留着亮眼的乌黑长发，个子不高，爱聊天。她常在店铺谈到她到中国台湾旅游的故事，也非常喜爱去日本和韩国旅游，工作的时候也总是期待着下一个假期。亚衣在香港服装业中，假期算是比较多的一个企业，请假也没有那么难，当初Sabrina选中亚衣，就是因为可以实现她每年旅游一次的愿望。

作为工龄长、技术能力强的本土员工，Sabrina在坑口店被视为"万能工"，在店铺中有着特殊的地位。当笔者第一天在店铺接受培训的时候，培训人员带笔者去缝纫室，在那里看到了缝纫熟练的Sabrina。培训人员希望Sabrina示范怎么叠衬衫，并且说："Sabrina什么都懂，你可以学一学她是怎么样叠衬衫的，这是最难叠的产品。"笔者看到 Sabrina 简单轻快地叠完衬衫，并没有感觉衬衫如何难叠，然而，培训完回到卖场之后才发现，叠衬衫确实没有看到的那么简单容易。

Sabrina 非常喜欢聊天，但是她对陌生人比较害羞，通常只是跟比较熟悉的人谈天，笔者也是经过一段时间才跟她接近的。熟悉之后，Sabrina 频繁讨论企业宣传的顾客服务与现实的矛盾。她说："其实如果顾客服务真的对销售额有效率的话，我们都会遵守，但是，现实是没有客人关心我们有没有笑容，有没有打招呼，只要回应他们的要求就会满足的。我就是不明白企业制定这么严格的顾客服务宗旨有什么用。"Sabrina 认为笑容打招呼不需要每时每刻都做，其实，Sabrina 对着陌生人还真是笑不出来。除了害羞之外，Sabrina 还比较单纯，认为不需要讨好上司，做好自己的工作才是最重要的，所以，看到上司巡店时也不会特意上前跟他们打招呼，除非他们要谈公事。但是，即使是这样性格的 Sabrina，也会因为自身的利益而做出极大的转变。

有一天，店长和 Sabrina 谈论晋升到高级售货员申请的进展情况，店长说区经理不让推荐 Sabrina，主要是因为 Sabrina 的"亚衣式"顾客服务表现不够好。Sabrina 觉得非常纳闷，因为，论技能她当时在所有全职员工中是最有资格的，她也相信技能才是可以贡献店铺的销售额和实际运营的，而不是笑容打招呼这些"表面功夫"。副店长认为她非常可惜："说实在的，你看到区经理时连笑都不笑，你叫别人怎么觉得你好呢？你要知道他们的发言权是很大的，下次你要主动打招呼，笑一下吧。我劝你，如果一直这样下去的话，你永远都不会有晋升的机会了。"通过这些谈话，Sabrina 开始转变了，从此她一看到区经理就马上走过去打招呼，虽然笑容比较勉强。表面上 Sabrina 表现比较积极了，但她私下却说："如果我在街上看到他（区经理）的话，立马掉头就走。"这种转变立即起了效果。Sabrina 在第二次拿到晋升机会的时候顺利成功通过。这是她在亚衣工作的第三年，其实算是比较慢的晋升了。

Sabrina 说经过了一次挫折和成功，她终于开始明白企业需要的人才并不是只懂技能的，也需要"亚衣式"顾客服务的实践，对于 Sabrina 来说这种实践只是摆出来给别人"看"的东西，有人看的时候表现一下就可以了。所以，通常没有上司巡店的时候，Sabrina 还是跟往常一样，我行我素。

Sabrina 的例子不仅说明区经理对员工的升职有非常重要的影响，也说

专题研究

明她把顾客服务当作了升职的一枚棋子，而并没有想过将这个所谓的"基因"吸收进去，从而真正成为亚衣的一分子。

2.Mary

在所有坑口店铺的员工中，Mary 的顾客服务与众不同。Mary 20 出头，个子不太高，留着一头卷发。进入亚衣之前，Mary 曾经在一家名为铃屋❶的日资服装零售店的工作，铃屋仿照了香港的零售店铺，给每一个员工设定了业绩目标。Mary 觉得这个制度造成的人际关系令她精神上紧张疲劳。在寻找下一个工作时，她发现她家附近有一家亚衣店铺，走进去看看感觉不错，就去应征了。Mary 从兼职员工开始了亚衣的职业生涯。Mary 与同事谈工作的时候非常认真，也有一定的零售业基础，然而，她在亚衣的服务态度在同事眼中评价比较低。下面三个例子将展示这点。

第一次是笔者刚刚到坑口店铺工作不久的时候。当时笔者对店铺运营了解浅，做事较慢，广东话说得也不好。所以，整天在店铺里高度紧张，生怕自己不能满足顾客的要求。有一天客流量比较少，笔者在女装区叠衣服，有一名女性顾客，年龄大约在 30 岁左右，拿着商品走过来，用广东话问道："我前几天买了这条紧身裤，没有看清楚长度，以为是 9 分的，买回去以后发现是 7 分的，现在想换，还没有穿过的。"顾客拿着的紧身裤是属于内衣类的，企业规定是不能退换的。笔者首先道歉自己说不好广东话，顾客说没有关系，笔者之后解释企业规定内衣类产品原则上是不能退换的，除非是质量有问题。虽然顾客明白笔者的解释，然而她坚持要换。笔者记得在店铺培训中，培训人员告诉过笔者如果客人坚持要换货，就去找管理层或是资深员工帮忙。

但要找一个管理层却没有笔者想象得那么简单，正好看到 Mary，想起她以前在服装行业的工作经验，想必她会有"妙招"。Mary 答应帮忙，于是跟着笔者来到了顾客面前，她听完顾客的解释后，大声说："这是 9 分，你自己没有看清楚。你不是可以从包装上看得到吗？"顾客听完这一番话以后，表现极为惊讶，似乎没有想到这名员工会有这种态度，顾客也没对 Mary 说什么，似乎是放弃换货这个想法了。Mary 回过头看着笔者，一副非常骄傲的样子，好像是赢得了一场战斗一般。Mary 走了以后，客人看着笔者，小声地说："谢谢你的服务和回答。虽然你广东话说得不太好，但你很

---

❶ 主要贩卖女装的零售企业，成立于 1909 年，1972 年进入香港，2011 年 8 月在港全线结业。

有礼貌。跟你比起来，刚刚那个员工真的太过分了！"接着，顾客向我点点头，匆匆离开了店铺。

第二次是发生在几个月以后。那天晚上店里比较忙，很多顾客在商场吃完饭以后，来到店铺闲逛，试衣间前已经有不少顾客在排队。为了节省时间，一些顾客在试衣间外面的卖场里将产品套在自己身上的衣服外面试衣服。其中有一名看起来像是东南亚的顾客坐在地面上试衣服，Mary 正好在那位顾客旁边整理衣服，她对那名顾客流露出明显不快的眼神。那个顾客想换一个码数继续试，当他用英文问 Mary 是否有更大的码数时，Mary 突然用非常大的声音说，"Only here！"虽然笔者离 Mary 工作的地方有一定距离，然而笔者还是很清楚地听到了她的怒吼。其他员工看着 Mary，都露出惊讶的表情。Mary 一副没有表情的脸，另外一些顾客似乎也受到惊吓，匆匆走开。

第三次是笔者在进入店铺 2 个月以后，被安排跟 Mary 一起在试衣间工作的时候。在店铺工作的时间一长，笔者就逐渐觉得 Mary 的顾客服务非常"特别"，不少同事跟笔者有同样的看法，大家都不愿意跟她一起在试衣间或是在收银台工作。因为，这些工作岗位特别需要员工之间的默契，不忙的时候还会是聊天的伙伴。那次跟 Mary 一起在试衣间的工作真是令人"难以忘怀"。试衣间应繁忙程度而定，一般只安排 1 到 2 个员工。如果是两个员工，通常一个人站在入口旁边的柜台负责放置顾客不试穿的商品❶，另一个人则带客人进试衣间，做清洁。那一天正好很忙，有不少顾客陆续进入试衣间，笔者和 Mary 都顾不上讲话，忙于服务顾客。当笔者带下一个顾客进入试衣间的时候，发现有一名顾客说话的声音非常小，每一个单词发音也不是特别确切清楚。那名顾客在笔者服务其他顾客的时候，似乎想要得到 Mary 的帮助。显然是 Mary 没有听清楚那位顾客讲话，她不耐烦地多次用粗低的声音问道"啊？""什么？！"。这些语气词不仅让顾客不知所措，也都是企业禁止使用的语言。

上述事例只是冰山一角。作为店长的 Jenny 也有数次目睹或是从其他同事那里听到 Mary 的表现，所以她一直不想让 Mary 成为全职员工。后来两

---

❶ 虽然在日本是实施自助式服务，由于香港亚衣店铺的损失率高，再加上试衣间的使用率高，企业规定顾客只可以带入 3 件的商品进入试衣间（数量规定每一个店铺可以不同，例如，九龙湾一家大型的店铺可以带入 5 件商品进入试衣间），所以，员工需要常驻在试衣间。

专题研究

名员工调去帮忙开新店，店铺多出了两个空缺。Mary 在实践技能方面还是有基础的，毕竟她已经在亚衣工作了 9 个月，只不过她的身份是兼职。对重视顾客服务的 Jenny 来说，提高 Mary 自身的顾客服务水准是紧要的课题。Jenny 与 Mary 面谈的时候提出，如果在未来 1 个月时间内 Mary 可以证明自己有进步的话，空出来的职位可以考虑由 Mary 来填补。虽然 Jenny 还是不愿意让一个在顾客服务上有恶评的员工升为全职员工。

面谈之后的 Mary 好像换了一个人一样，她开始对着顾客、同事面带笑容，虽然有时笑声过大。她将这个特长运用在跟顾客打招呼上面，生怕店长没有听见。在试衣间工作的时候，即使没有顾客，她也会特地从试衣间出来，大声招呼其他顾客。不少员工发现了她的改变，有些人感到奇怪。他们总觉得她的笑容缺乏真实感，更不相信人的本质可以在短时间内变得这么快。

虽然 Mary 的改变也许仅限于表面，但店长认为 Mary 已经有希望得到全职工作的愿望并为之付出了努力，最后还是让她升为了全职员工。其实，像 Mary 这样的例子在亚衣并不少见，在 Jenny 之前的店长也非常重视顾客服务，当时有两名兼职工发现店长对此重视，通过"努力表现"，1 个月之后也如愿以偿。

我们从 Mary 的例子可以看出，店长对员工的顾客服务态度有决定性作用。Mary 并没有良好的顾客服务基础可以作为强项，也没有意识到 Jenny 对这个因素非常重视，从而直接影响到自己的晋升。Mary 相信自己学习亚衣的实践技能才是重要的，然而，通过与店长的面谈认识到顾客服务才是最重要的，所以她只好做出来给同事们"看"。

3.Helen

Helen 出生于 1990 年，是土生土长的中国香港人，家中有父母和姐姐。Helen 与在亚衣工作的所谓"90 后"不太一样，她有一副甜美的笑容，对工作也非常认真。单看 Helen 的外表，很像日本人，听她说流利的普通话，又以为她是中国台湾人，原来 Helen 在中国内地的工厂工作过。她读高中时与一名男生交往，高中毕业后，男朋友向她求婚，并且希望 Helen 可以跟他一起去内地帮忙打理父亲的企业。当时，Helen 家人对她男朋友的家境比较满意，认为是非常难得的机会，同意了他的要求。Helen 在没有答应结婚的情况下，与男朋友一同前往内地。由于 Helen 能干好学的性格，男朋友父亲让她管理工厂员工，Helen 经常与员工通宵工作。

但 Helen 的男朋友对工厂并不感兴趣，整天游手好闲，拈花惹草。家里人看着自己儿子带来的女朋友这么能干，期盼他们可以早一点结婚，然而，Helen 实在是没有办法忍受男朋友不务正业的态度，提出分手。Helen 不顾家人的反对，坚持自己的决定，回到了香港。Helen 回忆当时说："我父母，姐姐全部人都不同意我的做法，认为我好傻，在那边有房有车，没有什么不好，但是我并不在意这些身外物。"

回到香港以后，Helen 在一家本地服装零售店工作，员工每个月都需要有达标的销售额，超出目标才有奖金，所以，收入纯粹是靠自己的业绩。Helen 觉得这样的工作环境，会使员工之间的人际关系变得非常复杂，她感觉在精神方面非常疲劳。她曾经给笔者讲过一个故事，感慨万分。"我在服装店铺工作的时候，业绩还不错，其实，我不太喜欢讨好客人，好像要骗他们买贵的东西。那时候店铺一件牛仔裤就要上千港币，我都会跟客人说觉得不划算，不用买，只不过有一些客人就是要买这些贵的东西。我记得有一次一个顾客，是个日本男生，他懂一点中文。他已经是常客了，所以，他一进店铺我就知道他是哪一个员工负责的客人。只不过，那一天他到店铺的时候负责的人上洗手间不在，所以，他就想要我给他推荐一些公务包，他挑了一个就去收银台了。他付账的时候，我看到那个员工回来，就把那个客人的销售给了那个员工。我不想别人认为我要跟她抢客人，但是，有些人就是不理解我的心意，毕竟也会有员工主动反过来抢我的客人。这样的事情经常发生，我觉得非常累。"

Helen 选择亚衣的原因除了想摆脱个人需要达标、人际关系难处的工作环境以外，主要是店铺离家较近，还可以成为全职员工，假期和薪资都不错，所以最后决定进亚衣。Helen 在兼职员工的时候就已经得到了管理人员的赏识，她在顾客服务方面的表现得到很高的评价。虽然坑口店铺部分员工也像 Helen 一般，微笑面对客人，朝气地打招呼，但是他们通常只会在有管理人员检查的时候才表现一下。Helen 则与众不同，不管是否有人检查，她都会如常地服务顾客，并且能够做到亚衣的要求。一次当笔者与 Helen 近距离在内衣区工作的时候，一个客人在看内裤，询问 Helen 大小。Helen 除了回答客人的问题之外，也加上额外的信息，例如，每一个款式的大小有少许不同，自己购买之后觉得哪一个款式比较舒服，等等。Helen 始终保持笑容，笔者在旁也能感受到顾客对 Helen 服务的满意。Helen 理所当然地顺利"升"为全职员工。

根据笔者与运营部负责人水野的交谈得知，Helen 高水准的顾客服务也得到了香港本部的认同。2010 年 10 月的一天，水野为了选拔派去新店的员工，与区经理一同来到了坑口店。他在巡店的时候观察非常仔细，不放过任何小细节。在巡店结束之后，笔者与水野坐在店铺旁边的咖啡屋交谈，水野强调这一次巡店是为了从每一个店铺调动最优秀的，特别是在顾客服务水准很高的员工去新开的店铺。这次新开的店铺是当时香港最大规模的，投放了较多的财力、精力，水野希望做到万无一失，特别要证明亚衣基因在港的顺利传递。在交谈途中，笔者无意中发现水野的笔记本开着，上面用日语写着"Helen，最好"的字样，对于笔者的提问，水野微笑着谈了他对 Helen 的欣赏和期待：

今天我在巡店时看到的员工中，觉得 Helen 的表现最好。听说她不舍得离开坑口店，但是，这次的店铺对香港市场的意义非凡。不仅店铺规模是香港最大的，而且将要成为所有香港店铺的典范，所以，员工的工作水准要非常高。近年在香港开的店铺数目非常少，为了保证开店成功，需要聚集所有优秀的员工。上次看到 Helen 已经是好久以前的事情了，但是，这次看到她的工作表现，还是觉得她是非常好的。在香港，有一些员工你怎么教他，顾客服务都难以改进。但是，有些员工，像 Helen，本身就具有非常好的素质，我相信她会有更大的进步空间。

在水野巡店后不多久，Helen 离开了坑口店，开始了新店的工作。其实，Helen 的表现在亚衣整体来说并不一定突出，因为，一些店铺有不少顾客服务态度良好的员工，可能是因为坑口店整体的印象不佳，反而突出了 Helen 的工作表现。Helen 调职不到 1 年，受到店长的积极推荐，晋升为高级售货员，她的晋升速度比在坑口店工作的基层售货员，例如 Sabrina 还要快。Helen 的例子说明，员工自身对"亚衣式"顾客服务的正面态度对他们的职业规划也会有正面影响，特别是对基层售货员。

上面考察了三位员工是如何在 Jenny 店长期间运用"亚衣式"顾客服务来达到自己的目的的，有的员工为了得到升职的机会，对自己的表现来了个翻天覆地的变化，也有的员工则是一开始就拿着良好的顾客服务态度作为强项。对于他们来说，顾客服务这个基因只不过是为了让他们晋升的一个手段，他们遵守这些规定并不代表"亚衣化"，只是为了升职而不得不做。他们本身对顾客服务的想法不同，再加上受到不同人物的影响，他们表现出来的反应也就各不相同。Sabrina 和 Mary 大幅度改变了自己的顾客服务态度，前者主要是做给区经理看，后者则希望有广大同事看到她的"成长"。Helen本身以顾客服务为强项，也深知店长看重这个因素，从而被本部运营部负责人看上，最后从正面实现了自身的职业规划。需要补充的是，Helen这样将顾客服务当作是自己强项的在其他店铺未必能够这么有效。在亚衣重点投资的店铺可以看到不少像Helen这样的员工，他们大部分都是新员工，没有足够的经验，顾客服务是唯一可以让他们区分自己与他人的方式。然而，随着这类员工的增多，原本强项的因素并非一定能够长期有效，Helen在坑口店这种不重视顾客服务的店铺才显得比较突出。

在Lisa任职期间，员工表现出了与Jenny任职时的不同态度。这一点除了Lisa不太重视顾客服务而注重实践技能以外，Lisa认为员工晋升才是鼓励他们传递亚衣"基因"的方法，她相信传递并不代表吸收"基因"或是对此表示认同。

（三）Lisa在任期（参照表4.2）

表 4.2　Lisa在任期员工升职情况

名字	升职等级	出生年份	性别	教育程度	进入年份	工作经验	加入时的职位
Janet	高级售货员→资深售货员	1984	女	高中	2007	化妆品店	全职员工
Oliver	全职售货员→高级售货员	1986	男	高中	2008	体育用品，服装	全职员工
Richard	全职售货员→高级售货员	1987	男	高中	2009	服装店	兼职员工

Lisa出生于1982年，从基层售货员升职到店长的亚衣员工中，Lisa属于比较年轻的"80后"。她高中毕业后曾与双胞胎的妹妹一起经营一家小型服装店，她回忆当时说，那时候玩得非常疯狂，没有想太多将来的事情，也没有向往安定的生活。在她与经营拳击手培训班的男子结婚之后，这个想法也没有改变。第一个孩子出生之后，Lisa还是将大部分时间花在外边。不过在生了第二个孩子以后，Lisa开始觉得自己的生活习惯需要改变，于是开始寻找比较稳定的工作，最后选择了亚衣。Lisa轮换店铺的频率比Jenny高，她去的店铺大多是销售业绩比较好的。她在亚衣被认为是传奇性人物，因为她晋升的速度很快。Lisa进入亚衣的时候比Jenny低两个等级，但是，她们成为店长的时间前后只差1年。Lisa心里很清楚，不少员工对此看不顺眼，认为她升职的速度太快，Lisa对这一些"谣言"并不在意，强调自

己纯粹是靠实践技能"爬"上去的，而且，她最骄傲的是制定店铺布局方面的技能。

Lisa 刚到店铺没有多久，已经有不少员工看出来她与 Jenny 的不同之处。Lisa 经常在卖场做检查，不放过任何一个小细节。Jenny 在任期间，如果有新货来不及上货的话，可以留到第二天，但 Lisa 绝对不允许这样的事情发生，就算要她自己上货她都一定要在当天上完。Lisa 性格比较内向，不会像 Jenny 那样总是面带笑容对待员工，她跟员工打成一片花了相当长的一段时间。然而，一些员工表示，Jenny 只是"笑面虎"，她的笑容不是真心的。虽然比较起来 Lisa 表情不是那么令人舒服，至少她是"真"的。Lisa除了在卖场要求高和性格内向之外，还有一个特征就是对顾客服务的要求很低。她在上任四五个月以后才开始着手提升顾客服务的实践，员工也知道 Lisa 只是在做表面功夫，所以，效果也并没有想象中那么明显。

因此，一些高级售货员像 Janet 以及基层售货员像 Oliver 就利用 Lisa的热情，在不用改变恶评的顾客服务态度的前提之下，顺利地得到了晋升。基层售货员 Richard 也从重视顾客服务的态度转移到了实践技能上。

1.Janet

Janet 出生于 1984 年，性格活泼开朗，有时候会发点脾气，但是，基本上对朋友很讲义气。Janet 比较介意自己的年龄，因为她是除了店长以外员工中年龄最大的，其他员工都非常年轻，还有不少是高中刚毕业，有时候她会觉得有代沟。她父母早年离异，她跟父亲居住，她弟弟则跟母亲在附近居住。高中毕业后，在一家本地的化妆品企业当过售货员，她本身身体状况不是太好，对空气特别敏感，再加上繁忙的工作时间，Janet 决定辞去那份工作。当时，亚衣对她有很大的吸引力，既有非常"宽容"的假期，还有较好的福利和平均水准较高的收入。2007 年 Janet 作为全职售货员进入了亚衣，这点与店长 Jenny 和 Lisa 是一样的。

Janet 在九龙一家店铺开始了亚衣的职业生涯，她跟本地和日本派来的店长都在一起工作过，当时跟她一起工作的本地店长已经晋升为区经理了。Janet 在九龙的店铺工作两年半以后，升为高级售货员，调到了坑口店。她发现，九龙店和坑口店管理人员的工作内容有少许不同。例如，九龙店的高级售货员的工作范围和内容与基层售货员没有太大区别，只不过前者比后者更熟练，然而，坑口店的高级售货员则需要分担资深售货员的职责，这主要是因为资深售货员在坑口店比较少，也正因为这个情况使得 Janet 觉得自己在坑口店学到的技能比在九龙店的多。随着工作时间的增长，Janet 对亚衣管理层工作的熟练度逐渐增强，她也希望自己能尽快得到晋升提名。然而，调铺 1 年以后，店长 Jenny 也没有推荐 Janet 作为升职对象，主要有两个原因：第一是考虑到 Janet 调铺短❶；第二是 Janet 的顾客服务水准不太理想。

笔者在休息室有时能听到 Janet 向同事抱怨店长 Jenny 对她的升职不看好，她认为，只要 Jenny 当店长，她就不会有升职的机会。Janet 没有想过要改变自己的顾客服务水准，因为她曾经看到无数同事单凭实践技能也能升职，而且，她也不认为本地顾客会欣赏什么顾客服务。随着时间的推移，笔者发现 Janet 对工作的要求似乎开始下降，其中还包括她对实践技能的要求。例如，当兼职员工看到每个月的工作安排表的时候，第一个关注的是，谁是当天的负责人。只要是 Janet 当值，他们都会非常开心，当笔者问及理由的时候，他们回答说 Janet 在卖场不会细查每一个产品的排序和整齐程度，只要表面上看起来不错就可以了。笔者也发现，Janet 前一天负责的卖场是比较混乱的，有时候员工并没有把产品叠好后放进产品袋里，只是塞进去，甚至有时候产品的码数与袋子的码数都不一致，这些因素都有可能引起顾客的投诉。

日子一天天过去，Janet 似乎没有热情将工作做好，更不用提及她的顾客服务有何提升。然而，Lisa 的到任对她的工作动机起了决定性影响。Lisa 上任没多久，曾考虑到 Janet 在企业的资历和经验，有意想把 Janet 列为重点培养对象，推荐为下一次升职对象。但是要推荐 Janet 比 Lisa 想象得要难，因为区经理已经知道 Janet 的低水准顾客服务态度，首先要说服区经理为什么 Janet 可以升职。坑口店的员工也都知道她的顾客服务的水准并不是特别高。另外神秘顾客的负面评价对她也有一定影响。2011 年 4 月一名神秘顾客来到坑口店进行调查，结果 Janet 与其他两名员工被列为"需要改进"的员工。神秘顾客的报告说，Janet 和另外一名兼职员工在收银台没有做到标准的"亚衣式"顾客服务。Janet 在客人排长队的时候没有用无线对话机呼叫同事帮忙，在服务客人的时候也只是顾着收钱，没有按照企业的标准程序一步一步服务顾客，整个收钱过程中脸上没有任何笑容。这件事情让Janet 一直耿耿于怀，因为这个报告不仅是直接寄到香港本部，最倒霉的是

---

❶ 亚衣员工普遍相信，通常在调铺半年之内是没有升职的机会的，只不过明文上没有这个规定。

这件事是在她升职笔试的前两个月发生的。

虽然，这些因素对 Janet 的晋升造成一定影响，但 Lisa 不断试图说服区经理，表示亚衣需要像 Janet 这样的技能范围广的"万能员工"，并且，Lisa 还指出，像 Janet 这样没有把大学文凭当作转行"法宝"的员工一般来说留在企业的几率比较高。经过 Lisa 数次恳求，Janet 顺利拿到了升职推荐，并且通过了笔试和面试。整个升职提名和考试过程中，Janet 的顾客服务态度竟然一点儿都没有改善。

Janet 的例子表明，不管员工的顾客服务态度好坏，店长的努力争取对员工在亚衣的职业规划影响很大，跟不同店长工作过的 Janet 深知他们对自己升职的影响力，也是 Janet 巧妙运用了这一点，得到 Lisa 的支持和理解，逃脱了需要"改头换面"的境地。

在 Lisa 店长期间，有不少员工没有自我变化也能够得到升职的机会，得到推荐的员工并不一定有标准的顾客服务水准，然而，由于 Lisa 对此不重视，所以，有不少员工利用 Lisa 的想法，集中精力提高实践技能。

2.Oliver

Oliver 出生于 1986 年，高中毕业后进入一家本地的体育运动用品店做售货员，当时的企业没有加班费，但工作并不辛苦。后来他跳槽到一家国际服装零售店工作，但是，由于员工需要每天都达标，并且店铺离家比较远，没有工作一个星期就辞去了工作。他选择亚衣的动机很简单。"当时我去了九龙的一家亚衣店，走进去逛了一圈，发现员工好像很悠闲，不忙碌，我这个人很懒惰，觉得这样的工作应该适合我。虽然进去之后发现并不如此。"Oliver 在 2008 年进入了亚衣，工作不到一年，他与另外一名女性售货员一同调到坑口店，因为当时坑口店男性员工不够。

对于 Oliver 的顾客服务态度员工给予的评价并不高，他们认为 Oliver 不仅不笑，对顾客还是板着脸的，问答的态度也并不友好。Jenny 管理坑口店的时候，Oliver 经常被她叫去，批评为什么做不到"亚衣式"顾客服务，Jenny 有时候还很挖苦地说："请你可不可以多少面带点微笑。"Jenny 强调顾客服务对于亚衣店铺员工的升职是非常重要的。可 Oliver 始终都没有改变他的表现，毕竟他没有从兼职员工升到全职售货员的 Mary 那般对升职的冲劲。他这种我行我素的态度，区经理也早看在眼里。有一次，区经理时隔好几个月参加了店铺会议，他开玩笑说到 Oliver 顾客服务的态度不好，当时在场的员工都笑起来，包括 Oliver 自己。

Lisa 调到坑口店之后，跟 Oliver 进行了面谈，在谈话中，Oliver 透露："如果现在店长还是 Jenny 的话，我肯定就走了，她真的太重视顾客服务了，整天都只是说那一件事情。"虽然 Lisa 没有 Jenny 那么重视顾客服务，然而她也并不是无视这个因素，Lisa 也曾建议 Oliver 至少要让人看到他的"努力"。在劝告 Oliver 的同时，Lisa 也担心 Oliver 的辞职，毕竟他有丰富的资历，技能范围比较广，对于店铺来说是一个难得的人才。Lisa 极力向区经理推荐 Oliver 考试，她相信现在像 Oliver 这样能干的员工不多，愿意在一家企业做的也不多。现在培养一个新的员工又花时间又花钱，倒不如让 Oliver 试一次。

2011 年 6 月，与其他员工一同，Oliver 走进了考场，过了笔试和面试，顺利升职了。当坑口店的员工知道 Oliver 的升职之后都非常惊讶，因为，Jenny 店长是万万不会推荐 Oliver 升职的，Jenny 也不会试图说服区经理采用这个推荐，所以，很多员工从此想极力争取在 Lisa 的任期期间升职。Oliver 得到升职过关的消息之后，有一个员工开玩笑问到他面试怎么可能过关，因为，Oliver 都不怎么笑，Oliver 轻松地回答说，"面试的时候我当然会笑的啊！"

Oliver 有过强烈表明自己对企业"基因"的不满因而不合作，虽然他的行为自然减少了升职的机会，然而他的例子又证明了员工在遇到 Lisa 这样愿意帮他争取机会的店长之下，本质上不接受顾客服务这个"基因"也可以在企业的等级制度中得到一席之地。

与上述 Janet 和 Oliver 相比，下面将要简述的 Richard 本身就具有比较良好的顾客服务的基础，也曾在第一个店长 Jenny 任职期间每日实践，然而，却一直没有找机会锻炼自己的实践技能，Lisa 的任职使得 Richard 将自己工作的重点远离了顾客服务。

3.Richard

Richard 出生于 1987 年，高中毕业之后，曾在世界著名服装店的 Levi's 工作过。他的家境比较贫寒，他和四个兄弟姐妹与母亲相依为命。Richard 是家中老四，下面还有一个高中的弟弟。为了家人生活，他和兄弟姐妹都在外面拼搏。笔者曾经和亚衣同事拜访过他家，他与弟弟住一个非常狭窄的房间，他睡上铺，弟弟睡下铺。那天，一起去他家的同事比较多，Richard 只好坐在地上，他笑着说："没关系，我经常这样。"看到他的房间里有不少金牌、银牌，记录着 Richard 在跑步方面的才能。Richard 坦言比

较喜欢运动，不太喜欢深思熟虑，精打细算。

　　在坑口店中，Richard 在顾客服务方面是非常显眼的，他本身个子高，声音洪亮，再加上在 Levi's 锻炼的笑容让他有相当的存在感。Richard 综合自己的工作经验，突出亚衣与高端服装店的区别在于顾客层和工作量。Levi's 的产品价格设定高于亚衣，所以，顾客的消费水准比较高，毕竟一条牛仔裤就上千港币，再加上客人数量比较少，通常是一对一的服务，最多同时招呼两个客人，员工的顾客负担量是有限的，需要上货的产品也少。相对于走高级路线的 Levi's，亚衣店就像是超级市场，为了节省人事开支，员工数量比较少，然而顾客非常多，有很多顾客常常问起产品的问题。Richard 形容这个情况感叹道："这边的客人真的非常多，不仅多，他们有好多问题要问我们。我一个人可能要同时招呼 10 个人，说真的，怎么可能可以一直保持良好的态度呢？我们也是人啊，不是机器。"这是一个非常现实的简述，因为，亚衣香港在繁忙期间店铺内"塞"满了人，有时候员工都无法动弹。Richard 有时候也会感觉有一些顾客非常烦躁，不过，他尽量保持微笑，大声高呼"欢迎光临"。

　　虽然 Richard 每一天都在苦干，锻炼自己的技能，进入亚衣的时候也并没有准备长期待下去。以前他一直想成为一名警察或是消防员，这些职业除了比较稳定之外薪水也比较高，这个想法在 Richard 进入企业之后也没有改变过。然而报考屡遭失败，再加上年龄已超，Richard 便改变了自己的职业规划，认为开自己的店铺比较实在，为了达到这个目标，期盼可以在亚衣学到更多知识，从而升职，为今后的事业作准备。但是，这个机会迟迟没有到来。Richard 分析这个原因的时候提到，企业对员工的升职从店长 Janet 对员工的"关心度"就可以看出。Janet 只会教育下一届升职候选人，再加上她本身对员工升职看得不重要，所以，员工只能通过自学或是轮岗的方式学会新知识。Richard 利用自己与店长 Janet 良好的关系，试图为自己赢得培训的机会，然而由于店长消极的态度，未能成功。Richard 说，包括店长在内的管理层只会把他长期安排在仓库或是在卖场制造氛围，很少让他接触管理的工作。Richard 抱怨说：

　　我想升职做高级销售员，我相信大概都已经掌握了升职所需要的技能，但是，我怀疑现在还不行。我在亚衣工作还不到 1 年，可能他们觉得还早，没有学到所有技能。虽然我现在逐渐有机会学新的知识，但是，学得还不够透彻，因为都没有人正式教过我。他们就会觉得我学东西学得不好，不快，有些人甚至觉得我很笨。问题是，他们都没有给我机会好好学习，这样怎么可能学到手呢？

闷闷不乐的 Richard 随着 Lisa 的到任，逐渐看到一线生机。Richard 并没有被选为第一轮升职候补人员，然而，Lisa 希望 Richard 开始着手学习新知识，在第二轮升职考试期间可以顺利过关。不同于上述 Janet 或是 Oliver，在顾客服务方面 Lisa 对 Richard 比较有信心，为了让 Richard 学习管理的工作和改善店铺的顾客服务水准，Lisa 安排 Richard 进入顾客服务检查的队伍。

Richard 在 Lisa 上任不久看出跟上任店长 Jenny 的不同，说："Jenny 是真的重视顾客服务，所以她也才会比较欣赏我，其他的事项，比如实践技能她就比较随便，没有严谨的管理。Lisa 对顾客服务真是一窍不通，也不关心，她本人对顾客或是同事的态度也不见得有那么好。只不过她对货场的要求非常严格，这是我们员工都看在眼里的，这对我们来说不只是挑战，也是很有刺激的。她对我们的要求非常高，有时候觉得她的要求根本是没有办法达到的，但是，这也是我喜欢亚衣的一个点，他们就是不停地给我们出难题，我们就可以继续挑战，超越自我。"

显然，Lisa 的到来对 Richard 起到了正面的作用，可是他对员工和顾客服务的态度却开始有了变化。第一，Richard 对比自己下级的兼职员工变得没有从前那么关心。有不少兼职员工感觉到，Richard 从前主动帮他们分担工作，也比较关心他们，然而 Lisa 来到之后，他似乎用"管理者"的身份向兼职员工分配工作，如果兼职员工们没能够在规定时间内完成的话，他不像从前那样多给他们几分钟，而是开始批评他们的能力问题。第二，Richard 对顾客打招呼，面带微笑的几率明显在减少。前任店长 Jenny 在的时候，Richard 主要的任务是带动店铺的氛围，从而给顾客非常活泼的印象；然而 Richard 开始学新知识、有新的任务之后，他似乎忘记了从前的笑容和打招呼，只会默默无闻在卖场中工作。这个"现象"似乎不局限于 Richard 一人。笔者在与同事讨论店铺中没有一个高级售货员实践顾客服务的宗旨的时候，有几个同事谈到一名高级售货员是如何在升职考试之前不断"欢迎光临"高呼等词语，笔者在进行田野调查期间，只听到过几次，而且次次都是区经理来巡店的时候。

经过几个星期的转型和努力奋斗，Richard 如愿以偿，在 2011 年 6 月顺利通过了升职考试，成为高级售货员。尽管 Richard 在第一个店长 Jenny 在任期每日实践顾客服务，然而自从 Lisa 来到店铺后，他便将亚衣顾客服务

这个"基因"当作是自己区别于他人的工具，这个想法随着 Lisa 的到任逐渐转型，最后他努力尽量让 Lisa 看到自己实践技能的提高。

上述三名员工的例子说明，在店长不重视顾客服务的情况下，员工有何反应，是如何适应这个"新环境"的。第一个例子中的 Janet 和第二个 Oliver 的处境比较相同，两者都在顾客服务方面评价比较低。虽然区经理对他们的印象并不好，但是他们在不需表现自己对"基因"认同的基础上，还是得到了自己的利益，出乎意料地升职了。只不过 Oliver 对顾客服务的抗拒程度比 Janet 稍高一点。第三个例子的 Richard 表明，对一个没有丰富实践经验的、以顾客服务为强项的员工来说，需要抓紧把握培训的机会，增加本人的实践技能，并且还可以逐渐忽视店长不关心的顾客服务这个"基因"。他们三个员工的例子不仅仅说明了店长对员工升职的决定权，也表明了他们并没有吸纳"基因"，变成亚衣中"名正言顺"的一分子。

七、结语

本文运用人类学的研究方法分析了日本服装零售巨头的亚衣如何利用企业的经营理念试图在海外市场建立自己的王国，而本地员工对亚衣理念的"引进"有何反映，这两者之间的互动如何塑造了亚衣香港的文化。基于长期的田野调查，作者发现亚衣借用"基因"所涵盖的遗传、传播的性质强调企业理念对品牌打造的重要性，并制定了相关晋升政策来衡量员工遵守此信念的程度。亚衣员工对企业"基因"理解的深度越高，越有机会进入高级管理层，从而享有更高的待遇和企业中的地位，企业也得到更多"忠诚"的成员。本文通过分析不同店铺的经营风土发现，"基因"不仅仅是企业打造品牌的主要根基，也是决定组织成员之间的人际关系，甚至他们的工作表现的因素。这个现象表明，亚衣香港作为一个组织有截然不同的店铺文化，因为，员工基于自身利益、职业规划，对"基因"有不同的诠释，这也表明了文化是一个流动的过程而不是静态的概念。

本文首先分析亚衣是如何基于多年在日本和海外的失败与成功的经营经验中"发现"并文字化企业"基因"的。在日本市场中，亚衣凭借创始者的勇敢和智慧拓展了业务，满足了当时日本顾客的需求。亚衣意识到制造零售业的潜力，投资研发廉价然而质量高的布料，坚信可以发挥日本强大的制造业背景和高度发展的手工业作为亚衣的强项，同时远离了追求时尚的路线。随着国内市场逐渐的饱和，亚衣将视线转移到了英国，接着企业进入了上海市场，然而都未能取得在日本市场的高销售额。亚衣质疑"基因"的可行性时，在第三个海外市场——中国香港地区创下了高业绩。当亚衣分析这个成功原因时，企业认为坚持日本原创"基因"乃是中国香港地区高业绩之秘诀，并非是本土化。作者并不否定"基因"确实在品牌打造的方面对企业在香港的定位起到了一定作用。例如，对员工的顾客服务进行严格的要求，统一店铺布局、商品管理、培训，通过廉价高品质的路线全面推广日本之技术，等等，都让中国香港地区的顾客感觉亚衣有它独特的特点。然而，作者认为贡献于中国香港地区的高业绩也有其他因素，比如，广告、店铺位置、香港社会等因素，亚衣将企业的店铺主要建立在不单单是满足本地顾客，也试图建立在满足中国内地顾客的身上。由于本文主要试图探讨本土眼中的"基因"，故未有详细探讨这个问题，然而这也是理解亚衣品牌打造中不可忽视的因素。

走进店铺，与员工长期共同工作的过程中发现，亚衣不仅仅将基因作为企业的精神支柱，也将此带入了企业的正式审核系统中，这意味着员工的工作表现与企业的文化紧密相连。在"基因"涵盖的种种项目中，企业特别重视员工对顾客的服务态度，运用企业在日本成功的经验，要求本地员工达到正宗日本亚衣的服务程度。企业希望通过审核系统，员工们会意识到只有继承亚衣"基因"的员工才有资格成为企业的高层，将企业文化传宗接代下去，为企业培养下一代亚衣成员。

对于企业的意图，大部分本土员工清楚意识到，"基因"是"外来"的、不属于香港本土的"异物"，他们对企业文化的接纳程度还受到店长和本人素质的影响。本文分析了两个店长期间员工的态度，发现店铺员工面对自己的晋升时使用不同方法表现了他们对企业文化的接纳：一类人在得到升职提名之后，立刻表现出自己接纳了"基因"；另一类人则得到了店长的坚决支持，协助他们"表面上"接纳了"基因"。

综上所述，企业文化是企业理念和本地员工之间的抵触和接纳的过程，在企业运用基因达到私利时，员工并不满足于被动的地位，而员工们对基因的理解、接纳与否的决定和如何对周围的员工表现自己对于基因的理解，这一系列员工与企业的互动形成了亚衣独特的企业文化。本文中提到的各种细节、人物描述都试图说明每一个人都对同一件事情会有相差，有时候差距比较大，也有时候可以有共识。他们对于企业"基因"的理解与反应不仅仅表现了他们的家庭背景，自己在企业中的职业规划，也与店长和同

事们相处模式关系紧密。

如今有不少学者批评日本企业的传统管理模式，有一些日本知识分子甚至强力推荐西方国家的审核系统（特别是美国），舍弃没有效率的日本式管理模式。然而，本文对亚衣的研究表明，执着于一个唯一的毫无本土化余地之管理模式的企业是很难被本土员工接受和喜爱的，这不单单是日企在海外的情况，也适用于在日本的日企，因为每一家企业背后的故事都有所不同，并不是因为在同一个国家就会是完全一样的现象。对于研究海外的企业文化最重要的是，我们不应该用国家文化来区分企业文化，也要谨慎探讨我们看到的现象有没有歪曲。为了防止这一些情况的出现，我们需要详细探讨该企业的发展历史，在了解当地市场的状况之后，深入现场，观察前线员工和管理层，本土市场和企业之间的对话和磨合，避免片面的研究。

然而，本文记录的范围仅仅是笔者做田野调查期间的点滴，企业文化也许在今后的亚衣香港被本地文化逐渐取代，或是有部分本地员工开始自愿、主动接纳"基因"从而成为亚衣族的一员，亚衣的将来如何，我们需要根据长期的观察而定论。

Process of acculturation in a Japanese company:
Perspectives from local front line workers in Hong Kong

Zhu Yi

Abstract: With the market globalization, companies increasingly across borders and enter overseas markets. This paper is an anthropological attempt to examine the way a Japanese fashion retailer, here called *Yayi*, implemented its management principles so as to build up its empire and the picture of interaction between its managerial control and employees' reactions. *Yayi's* management principles are called DNA and this paper particularly examines *Yayi*-style requirements towards customer service. In order to spread its DNA in the market, *Yayi* linked indicators of evaluating employees' customer service level with promotion system so as to prompt employees to voluntarily inherit its DNA. Indicators of employees' levels of customer service focus more on the superficial aspect such as smile and politeness so that people are easier to evaluate their work performance so as to unify *Yayi* brand. Based on the field work conducted at *Yayi* stores, this paper argues that these characteristics allow employees to disguise their work performance since evaluators only look at their external performance. This paper also finds that decisions of store employees on if they disguise their work performance are determined by their interpretation towards its DNA by the store managers. In order to give further discussion on this issue, this paper chooses two store managers who worked in the same *Yayi* store. While the first store manager paid large attention on the customer service practice, the second was not. When the first store manager worked at the store, store employees tried to improve their customer service practices as they inherited well DNA so as to achieve their personal interests. Employees' performance dramatically changed when they found that the second store manager cared little about the customer satisfaction level. Experienced store employees worked hard

專題研究

to get what the store manager wanted since they knew they could get promotion in the end as long as the store manager was qualified enough to make it happen. This paper concludes that acculturation process in a Japanese company changes according to the interaction between the company's managerial control and employees' interpretation towards the company's management philosophy.

Keywords: organization culture, Japanese company, acculturation, customer service, company building

跨文化移动过程中明星形象符号的继承、颠覆与再生产

——以日本女星苍井空为例

张梅

摘要： 由于学术界现有的一些概念无法完全囊括不同的产品跨越文化边界后与当地文化发生反应的复杂过程，本文通过人类学的田野调查和网络文本分析的研究方法，分析了一位在中国拥有高人气的原日本 AV 女星苍井空的具体案例，来探索明星这种具有人和物双重属性的独特的外国商品与当地的文化社会环境之间的动态互动过程。与很多跨文化产品不同，苍井空的形象经历了由中国经纪公司、中国媒体、一般受众以及狂热粉丝共同参与的再生产过程，因此已经与以前在日本时的形象形成了巨大的反差。本文认为，一方面，她过去 AV 女优时代的形象符号得到继承、延续和衍化，另一方面，又在很大程度上被颠覆，她同时被赋予了"国际人道主义精神"、"热爱中国文化"、"平易近人"、"纯净完美女神"等诸多崭新的形象符号。新旧形象符号既交叠又分裂的复杂状态构成苍井空作为一个跨文化的明星商品在当今全球化和新媒体时代下的独特性和优势所在。

关键词： 日本 AV 女优；跨文化移动；符号生产；明星；粉丝

引言

产品的跨文化传播现象一向受到研究者们的瞩目。当一种产品以各种形式跨越国界，进入拥有不同文化和社会状况的其他地区或国家时，就如同化学反应一样产生了各种有趣的变化。由于关于产品的跨文化消费的一些现有概念无法囊括不同产品跨越文化边界后所发生的复杂多变的过程，所以我们就有必要通过更多的实证研究，来探索在跨文化传播过程中所发生的各种可能性。本文将通过一位在中国拥有高人气的日本女星苍井空

专题研究

145

（日文名：蒼井そら）的具体案例，来研究外国产品与当地的文化和社会环境之间一系列的复杂互动过程。

苍井空是近年来在中国拥有超乎寻常的高人气的日本女星之一。2012年，在最新由《朝日新闻》于中国所做的调查中，苍井空在最受关注的日本人当中排名第四，排名位于日本首相野田佳彦之前❶。说起她，恐怕不得不提及她所赢得的数量庞大的中国粉丝。2010年4月11日，当她在推特❷（twitter）上注册时，众多中国男性学会了"翻墙"去看她的推特，关注者以每分钟大约37位的速度迅速增长❸，短短几小时内就从2000多人急升到4万多人。之后她在新浪开通微博后，截止到2013年11月，粉丝数量早已超过1400多万，在娱乐名人人气榜中排名第40，是在前100名榜单中少有的外国博主❹。应该说，作为一名外国明星，在中国拥有如此高的关注度是非常难得的。

更重要的是，关于她的报道不仅跃居新浪网、搜狐网乃至新华网等各大新闻网站首页的显著位置，而且不时出现在《京华时报》、《南方都市报》等各种传统纸媒上。由于此前中国观众大都是自互联网免费下载或购买盗版光盘在私密空间观看，所以日本AV女优的名字往往停留在男性间的隐私性话题层面上，很少会堂而皇之地出现在传统纸媒的报道中。但是，苍井空却成为少有的特例之一，她的每一项行动都会引起各类媒体的纷纷报道和粉丝们空前的关注。其实在苍井空进军中国之后，也有小泽玛利亚、波多野结衣等女优纷纷追随其脚步，但是鲜有成功的例子。于是，我们不禁疑问，为何偏偏是苍井空在中国受到如此瞩目呢？

还有，中国人对苍井空的态度是多元的，从网友在她微博上的评论来看，有强烈的喜欢，也有激烈的谩骂。那么，在现实社会中，人们是如何看待她的呢？她的粉丝们为何会在众多偶像中选择她从而拥护她呢？

总之，苍井空是我们了解当地的文化和社会背景是如何作用和影响跨文化产品的生产和消费的一个很好的范例。本文首先阐述关于跨文化传播

---

❶ 松原浩：《〈朝日新闻〉：苍井空因善意受中国网民喜爱》，朱晓磊译，网络资源，http://oversea. huanqiu.com/entertainment-Articles/2012-09/3158604.html，浏览日期：2012年9月29日。

❷ 推特（Twitter），一种类似新浪微博的社交媒体。

❸ 叶清漪：《苍井空老师来了，你喜欢吗？》，《南都娱乐周刊》2010年第42期，第34—38页。

❹ 这项数据会根据时期的不同而变化。这些数据的采集日期是2013年6月10日。新浪微博的风云人气榜地址：http://data.weibo.com/top/hot。

的理论，然后依次通过对她的中国经纪公司、中国媒体、一般网友、铁杆粉丝等各个单位的分析，从苍井空这一明星产品在中国的再生产、传播和消费等多个侧面来揭示她与其他跨文化产品的不同特质，剖析她是如何不断在中国的文化社会背景下被赋予崭新的多重意义和符号的。

一、产品跨文化消费的理论探索

在全球化时代，人们有更多机会去观察和体验产品跨越文化边界的现象，不少学者也尝试用不同的概念分析跨文化产品的消费和接受。

第一个概念是"文化相似性"（cultural proximity）。斯特劳哈尔（Straubhaar）认为，尽管美国和拉丁美洲当地的媒体产品之间仍有不对称的相互依赖，在国际性、本国以及本地区的电视节目都可用的情况下，拉丁美洲的观众对本国或本地区的电视节目有着更加强烈的偏好，这是由于文化接近的缘故。他还声称，节目偏好与观众的阶层也有关。越是受教育程度低下层阶级的观众，往往越喜欢本国和本地区的节目，受过良好教育的人则更享受美国风格❶。岩渊（Iwabuchi）重新审视文化相似性的概念，用于日本流行文化在许多亚洲国家和地区流行原因的研究上。他拒绝把日本流行文化在亚洲的影响不言而喻地解释为亚洲其他国家与地区和日本的文化之间的相似性，而是试图研究如何以及在什么条件下文化接近性起作用。他认为，因为台湾地区和日本的物质条件和其他社会情况的差距已经逐渐缩小，台湾地区的观众通过观看日剧感受到台湾地区即将拥有与日本相同的现代化水平。因此文化接近性不是解释为"已经是"的状态，而是一个动态的"正在成为"的过程❷。正如研究者已经指出的那样，文化相似性的概念也有它的局限性。它不能解释为什么好莱坞电影在世界范围内都如此受欢迎，也无法解释为什么面对同一个国家的产品时，当地消费者比起其他类型来更喜欢某一种类型❸。在苍井空的事例中，它在一定程度上能够解释为什么苍井空写书法会被中国人喜欢，得到共鸣，但是，却无法解释为何中国人喜欢苍井空而不是其他试图进军中国的日本女星。

❶ Straubhaar, J. D., "Beyond media imperialism: Asymmetrical interdependence and cultural proximity", in *Critical Studies in Mass Communications*, 1991, 8（1）: 39-59.

❷ Iwabuchi, K., *Recentering globalization: Popular Culture and Japanese Transnationalism Durham*, London: Duke University Press, 2002:156.

❸ 李天铎、何慧雯：《遥望东京彩虹桥：日本偶像剧在台湾的挪移想象》，载《媒介拟想》第1期，2002年3月，第16—49页。

专题研究

147

第二个比较有代表性的概念是克里奥尔化（creolization）。克里奥尔化来源于"克里奥尔"（creole）一词。克里奥尔文化是由非洲人创作出来的，以响应欧洲殖民者强加给他们欧洲的文化。克里奥尔的文化形式包括音乐、语言、食物等，其特征是欧洲文化形式里注入了非洲的世界观。克里奥尔化的概念被用来解释处于支配和从属关系的两种或多种文化相遇，对于一部分人特别有意义的不同文化的要素结合起来，其结果是一种既不同于原来的文化又具有两种文化元素的新传统产生了❶。豪斯（Howes）进一步创造"克里奥尔化范式"的概念来讨论在全球市场上商品移动的文化效应。他在描述跨文化消费时提出了"全球同质化范式"（global homogenization paradigm）和"克里奥尔化范式"（creolization paradigm）这两种范式。全球同质化范式关注的是，由于均匀质量产品取代当地产品，在产品内部的价值观念也随之广泛传播，由此带来世界文化差异逐渐减少。另一方面，克里奥尔化范式强调，外国商品被赋予新的意义和插入特定的社会关系的再文本化（recontextualization）过程。换句话说，前者强调生产者的意图，而后者关注消费者的创新❷。但是，正如后面分析中可以看出的，这两种范式都无法充分解释苍井空在中国的走红。

对于日本文化产品在亚洲不同地区的消费状况，不少学者已经进行了研究。在中国大陆，日剧不仅成为学习时尚优雅的生活方式和恋爱方式的指南，同时也成为学习失败也不气馁的积极生活态度的教科书❸。日本 AV 作品被中国台湾地区的观众们消费时，生产盗版的当地厂商会在翻译字幕时根据本地的文化习惯来翻译❹。这样，当地的人根据实际的社会环境和精神需要，来消费外国的饮食文化和影像文化。但是，在这些观看日剧和 AV 的例子中，即使字幕发生变化，人们所看到的产品也仍然是外国原来面貌的产品，影像内容本身不会发生变化。也就是说，人们消费的产品还是外国企业主要针对自己国家市场生产出来的产品。

---

❶ Miller, I., "Creolizing for Survival in the City", in *Cultural Critique*, 1994, 27（Spring）: 153-188.

❷ Howes, D., "Introduction: Commodities and Cultural Borders", in *Cross-Cultural Consumption:Global Markets, Local Realities*, London: New York Routledge, 1996: 1-18.

❸ 吴咏梅："日劇のように優雅に、韓劇のように温かく"，载谷川健司、王向华、吴咏梅编著：《越境するポピュラーカルチャー——リコウランからタッキーまで》，东京：青弓社 2009 年版，第821 页。

❹ Yau, Hoi-yau; Wong, Heung-wah, "Translating Japanese Adult Movies in Taiwan: Transcending the Production-Consumption Opposition", in *Asian Studies Review*, 2010, 34（March）:19-39.

不同于上述文化产品，苍井空的例子有很多独特性。首先，在整个跨文化传播的链条中，苍井空在中国的形象符号首先经历了其中国经纪公司有意识的加工和重塑，与她在日本出演 AV 影片时代的形象已经有了巨大差别。她在日本时的形象与她在中国重塑后的形象交叠在一起，经过媒体的广泛传播后，在中国的一般受众和粉丝中创造出各种符号意义。

其次，苍井空本身作为一个明星，也具有不同于一般文化产品的一些属性。明星通过宣传、报道和代言等各个阶段而实现商品化。在这个过程里明星既是一个文化工作者，自己可以积极参与到宣传等把自己商品化的过程中；同时又是一种财产（property），因为唱片公司、制片人、经纪人和明星自己可以通过明星的商业化来赚钱❶。

再次，有明星就有粉丝，粉丝在明星的生产方面也起着非常重要的作用。以前法兰克福学派倾向于认为消费者是消极被动的。与此相对，以费斯克为代表的学者们大力强调消费的作用，肯定粉丝的生产性与创造力。费斯克把一般的大众受众与粉丝区分开来，认为：

> 所有的大众受众都能够通过从文化工业产品中创造出与自身社会情境相关的意义及快感（pleasure）而不同程度地从事着符号生产（semiotic productivity），但粉丝们却经常将这些符号生产转化为可在粉丝社群中传播，并以此来帮助界定粉丝群的某种文本生产形式。粉丝们创造了一种拥有自己的生产及流通体系的粉丝文化。❷

粉丝被费斯克称为"过度的读者"（excessive reader），粉丝们与文化工业是收编（incorporate）与反收编（excorporate）的关系，即"文化工业试图收编粉丝们的文化趣味，而粉丝们则对文化工业产品进行反收编"❸。在本文里，我们会分析苍井空的一般受众和作为"过度的读者"的粉丝们分别是如何看待她和消费她的，以及与她的中国经纪公司之间是否存在这种收编与反收编的关系。

这样，苍井空在中国的新形象的生产和塑造是一个系统的复杂的过程，中国的经纪公司、媒体、一般受众、忠实粉丝等不同主体都参与了这一过程。下面我们就依次从这几个方面分析苍井空的形象是如何被再生产和消

❶ Dyer, R., *Heavenly Bodies: Film Stars and Society*, London: BFI Macmillan, 1986:5.

❷ 陶东风主编：《粉丝文化读本》，北京：北京大学出版社 2009 年版，第 4 页。

❸ 陶东风主编：《粉丝文化读本》，北京：北京大学出版社 2009 年版，第 17-18 页。

专题研究

费的。本文采用的研究方法是人类学的田野调查、深度访谈和网络文本分析。笔者从 2012 年 9 月开始进入她的中国经纪公司工作，担当她的翻译，进行了为期 15 个月的调查。同时，每天在网络上观察和记录关于她的新闻和粉丝们对于她的评论。

二、苍井空自身和经纪公司对于她在中国形象的再生产

苍井空来中国之前，她的形象是一个非常知名、非常性感、童颜巨乳的 AV 女优形象。在日本，熟知她的群体也大多是看过她 A 片的粉丝。以至于不少日本人对她在中国的走红极其不理解，"在日本，苍井空只属于一部分特定的群体，以看过她 A 片的男性为主。但是在中国，苍井空俨然成为'全民明星'。不管看没看过她 A 片的人都知道她"❶。她在中国受众群的扩大是因为她在中国被赋予了丰富的符号和意义。对她在中国的形象符号形成起积极的规划和主导作用的要算中国的经纪公司。所以，我们在这一部分会首先讨论中方经纪公司为她制定的包装和宣传策略。由于明星的双重属性，作为明星主体的苍井空本人也主动参与着自己形象的再生产。她在签约中国公司之前，就主动为青海地震捐款，引起了中国网友的巨大反响，从而为自己来中国发展奠定了良好基础。

（一）有国际人道主义精神的苍井空

她起初引起中国广大网友的关注是在 2010 年 4 月 11 日。那天晚上，有网友在推特上发现了苍井空的推特号，并在自己的博客上将其传播开来，由此引发了为数众多的中国网友"翻墙"浏览其推特，对于粉丝增长速度之快，苍井空自己都感到有些莫名其妙。当然，苍井空并不是唯一一个被发现推特号的 AV 女优，除她之外著名 AV 女优红音莹等人的推特号也被网友"破获"。但是与其他女优不同的是，接下来的 4 月 23 日，也就是距离推特号被发现不到两个星期，苍井空做了一件让中国网友感动的事情——在博客上为青海玉树地震发起了募款活动。

中国青海省玉树藏族自治州 7.1 级地震发生在 2010 年 4 月 14 日。9 天后也就是 4 月 23 日，苍井空在日文博客上开始发起地震募捐，决定把自己的画像作为壁纸提供给慈善机构，有人花钱买了壁纸后，钱扣除税后就会全部成为捐赠资金。她说得很诚恳："我虽然不知道能够为地震做些什么，

---

❶ 张梅：《苍井空现象学：新媒体与形象营销》，香港：上书局 2013 年版，第 99 页。

但是不开始做些什么就什么也做不成呢。"结尾拿自己国家的例子来说："日本也是一个地震多发的国家。中国发生了地震，我们也不会当作他人的事。希望每个人的小小力量能够聚成一股有力的支持。"❶通过这些话语，她恰如其分地传达了对玉树地震的关切。

中新网率先披露这一消息，在网络上引起网友热捧，之后报道不断升级，延伸到了传统纸媒上，《南方都市报》以《日本女星苍井空为青海募捐》为题进行了报道❷。这些媒体的报道中都不约而同地强调苍井空募捐的诚意，即她只用日语写了博文，并没有写在中文博客里，显然只想针对日本人来募捐，而不是有意作秀给中国人看。在这里，靠"脱"成名的AV女优形象的苍井空暂时不见了，而是代之以一个热爱公益、热爱慈善、有爱心、有社会责任感、有国际人道主义精神的高尚的苍井空。

靠着地震募捐活动中树立的良好形象和以前积累的高人气，苍井空很快在中国显示了其商业价值。2010年6月，久游公司邀请她来与芙蓉姐姐、凤姐这两位中国网络红人同台为自己的网络游戏《勇士OL》代言。她亮丽地站着舞台上近距离地与中国粉丝见面时，粉丝们沸腾了。这样，苍井空先从录像中来到了网络世界，网友可以隔空一对一交流，又更进一步来到了中国的舞台上。可以说，玉树地震募捐行为，为她在中国树立良好正面的形象迈出了很好的第一步。

后来在她签约中国公司之后也仍然延续了有爱心、热爱公益这一点，比如2013年4月份四川芦山7.0级地震发生之后，她不仅第一时间写了"四川加油，雅安平安"的书法送祝福，还非常低调地通过壹基金进行了捐款，有心的网友才能在壹基金的微博上留意到她的名字并列在一串明星的名字当中。这种低调做慈善的方式也容易引起网友的好感。

（二）喜欢中国，喜欢中国文化

在为青海玉树募捐之后的2010年秋天，苍井空在中国签约了一家经纪公司，也就是笔者做田野调查的公司。这家公司为她制定了一系列策略，最重要的策略之一就是2010年光棍节也是她生日那天在新浪开设微博。不管是在她自己的微博上，还是在其他渠道的媒体宣传中，公司都坚

❶ 蒼井そら：『ＷＥＢ募金』，http://aoisola.cocolog-nifty.com/blog/2010/04/post-f75c.html，2010年4月23日。

❷ 张东锋：《日本女星苍井空为青海募捐》，《南方都市报》2010年4月28日A32版。

持为她的形象赋予新的内涵，那就是热爱学习中国文化尤其钟爱传统文化的形象。

首先，她在微博上不断提及自己在学习汉语，在参加节目时也常常展示自己学习汉语的成果。一打开她在新浪的微博，就会发现她在个人介绍的地方赫然写着："为了更好的交流，我在努力地中文学习 ing。"写法极其地道，用了中国网民特有的表达方式"动词 +ing"。有一次在接受新浪网专访时还展示了自己随身携带的学习汉语的小本子，本子上标注了不同的颜色，她解释道"黑色写的是中文，红色是标注的日文，蓝色是单词和一些小短句"❶。在节目现场还跟主持人学了方言"做啥子哟"和顺口溜"吃葡萄不吐葡萄皮，不吃葡萄倒吐葡萄皮"等相对比较难的汉语表达方式。

其次，苍井空不遗余力地表达了自己对中国体育、传统和现代文化的喜爱之情。2011 年，她去观看新晋法网冠军李娜在北京的比赛，在微博上贴出了两张自己在比赛现场举出"V"字手势的照片，写下了"李娜加油"的字样。她去拜访某知名书法家，讨教如何写出书法，秀书法就成了她每次参加活动和与网友互动时的必备节目。富有特色的苍氏书法给她带来了"书法家"的美誉。她对中国当代艺术也表示了兴趣，在微博上传了自己去"798"艺术区的两张极具文艺气息的图片，并留言说"非常好看，非常喜欢的地方！还想来！！"就连网友问她喜欢到中国哪里去旅游时，她也不像寻常的明星那样直接回答某个城市或某个景点，而是巧妙地回答说"我想去中国的世界遗产的地方旅游"。

更让中国网民吃惊的一个举动是，她去梅兰芳大剧院拜访了梅兰芳的公子、中国当代京剧大师梅葆玖。尽管此事不可避免地引起了轩然大波，但是，苍井空仍然在微博中表达自己对中国文化的景仰之情，把与梅葆玖的见面形容为"意外见到"，说"很吃惊，很幸福"，由于她已经营造出的谦恭好学的姿态，去拜访梅葆玖似乎也就不足为怪、不难理解了。这样，苍井空靠着一贯喜爱中国文化的形象度过了危机，而且危机过后，她的形象更多地与"有文化"和"高雅"联系在了一起。

其中，苍井空的毛笔字是给她带来美誉的非常重要的一个元素。她经常在微博里写毛笔字与粉丝互动。细数一下，自开通微博以来，林林总总

---

❶ 见《苍井空学习中国文化 念绕口令秀书法现场包饺子》一文，来源：http://enjoy.eastday.com/e/20111112/u1a6200390.html，浏览日期：2012 年 12 月 2 日。

共大约 20 次提笔为网友写毛笔字，在微博上展示的书法作品多达 42 幅，可谓是高产"书法家"。在连提笔写字的机会都越来越少的今天，她每次都伺候笔墨纸砚来写书法字实在是一件难得的事情。她写的书法既包括"腊八粥"、"端午节快乐"这样的节日祝福语，也包括"高考加油吧"、"论文快点写出来"、"求职活动成功"这样的祝福语。她的书法浑厚有特点，别有风采，以致网友在微博上对她书法的第一反应就是怀疑——"真是你写的吗？"第二反应则变成夸赞——"比我写的好"、"现在会写毛笔字的人不多了"。这种独具匠心的交流方式对于提升苍井空的形象起了不可磨灭的作用。

这样，苍井空的形象随着她在中国密集的文化活动而变得丰满高雅起来，这时的她已经俨然成了"一名中国悠久历史文化的忠实粉丝，一名谦恭好学的文化交流使者"。❶

（三）推出电影和音乐作品，打造实力派形象

除公益事业和文化活动之外，公司还为她量身打造了一些电影和音乐作品，力图打造她实力派艺人的形象。她以前是以 AV 为其代表作而被日本受众和中国网友熟知。但是，既然想在中国转型，那么就必须得拿出除 AV 之外的代表性作品来。2012 年开始，她在中国先后拍摄了两部华语微电影《第二梦》和《Let Me Go》。她不仅饰演女主角，还分别演唱了主题曲。

微电影《第二梦》充满文艺色彩，故事背景定在 20 世纪 30 年代的大上海。苍井空扮演一位日籍角色，在搭档离开失落后，受一首古典歌曲的启发，来到中国寻找灵感，通过梦境穿越到 80 多年前的上海，不仅遇到了心仪的中国男士，而且获得了前辈的鼓励，终于决定大胆追寻自己的梦想。其亮点之一是苍井空在片中首次尝试了中国旗袍，为观众带来惊艳的印象。歌曲《第二梦》原唱是李香兰。李香兰，本名山口淑子，是 20 世纪三四十年代活跃在伪满洲国的著名歌手和电影演员。1945 年日本战败后，李香兰以汉奸罪名被逮捕，被发现原来是日本人后获无罪释放，被遣送回日本。她在日本先是以本名山口淑子继续演艺事业，之后从政并当选参议院议员。把苍井空与李香兰联系起来，寓意苍井空要在中国实现转型，实现自己的"第二梦"。

如果说《第二梦》展现她唱歌的一面，第二部微电影《Let Me Go》则

---

❶ 张梅：《苍井空现象学：新媒体与形象营销》，香港：上书局 2013 年版，第 28—29 页。

专题研究

153

突出展现了她的舞蹈。苍井空在里面大跳一种香艳的"香水舞"。《Let Me Go》在韩国拍摄，讲述了一个喜欢跳舞的女孩在追梦过程中碰到挫折后又在好朋友的帮助下重新向梦想出发的故事。苍老师饰演舞蹈组合的热辣舞者，非常热爱跳舞。可是她在一次比赛当中出了差错而连累队友输掉比赛，因此被开除出队。她灰心至极，一度想放弃跳舞。但是，她闺中密友出现在她面前，鼓励她重拾信心，于是重新组成新的队伍向梦想出发。从这里可以看出，微电影《第二梦》和《Let Me Go》还有一个共同点就是强调她有梦想，她在追梦，即使暂时碰到挫折和不如意，也不放弃努力，继续向着梦想前进。这样的作品对于塑造苍井空能歌善舞、努力学习的艺人形象是非常有帮助的。

除了演唱两部微电影的主题曲之外，苍井空还于2013年8月在北京举办了个人迷你音乐会，在海外Youtube网站播出。苍井空边唱边跳，连唱了5首中文歌。这些歌曲都是特意为她打造的。例如其中的《苍老师学园天国》明显就是针对网民对她的独特称呼"苍老师"而找人写词谱曲的。应该说，苍井空原本是演员，并不是歌手，唱歌不是她擅长的，更何况是用中文唱歌。在演唱会之前，她只好拼命练习唱歌和舞蹈。

公司花费如此大的力气为苍井空量身定做两部微电影和很多歌曲，都是为了让她作为演艺明星有更多的代表作，弱化她此前的AV女优的形象，转型做能歌善舞的有实力的女艺人。尽管公司做出了这么多努力，但是通过接下来的分析我们可以看到，在媒体那里并不一定完全按照公司预定的方向发展。

三、媒体对于苍井空形象的再塑和强化

苍井空自己的举动打造了她热爱公益的形象，公司则为她制定了喜欢中国和中国文化的路线，同时不断为她推出电影和音乐作品，淡化AV女优的形象，打造实力派形象。但是，媒体对她形象的塑造有些方面是跟她的经纪公司所设计的路线是一致的，但是，有些方面则是不一致的。

（一）AV女优时代的性感形象不断被媒体强调

在媒体这里，她来中国发展之前的形象仍然根深蒂固，更确切地说，这是令她充满神秘感的地方，也是最令媒体和读者感兴趣的地方。我们看一下网站上关于她的报道就不能看出，她身上摆脱不了性的符号，她"童颜巨乳"的身材仍然是媒体最热衷于报道的热点。

她经常会在微博里登自己的自拍照，因为照片上拍不到自己的胳膊。如果不是作品的宣传期，媒体也无法接近她或去采访她。所以她微博上的这些照片就成了网站发新闻的好素材。例如，她发布了一条微博说："今天早睡觉啊，晚安爱的大家"，随手发布了一张侧躺着的自拍照。结果不少网站就以《苍井空微博发素颜床照 姿势慵懒眼神迷离》为题进行了报道，说"10 月 21 日晚，苍井空在自己的微博上发布了一张素颜床照，照片中的她姿势慵懒、眼神迷离"。还配了那张微博截图。照片本身并不是暴露的照片，只露了胳膊的一部分，但在媒体报道中就变成了"姿势慵懒、眼神迷离"的"床照"。她在日本期间，有一次听说北京下雪了，发了一条微博问候网友们说"哇！听说昨晚在北京今期第一次的下雪了。已经那么冷吗?！"里面也秀了一张自己的照片。到了网站的报道里，题目变成了《苍井空性感嘟嘴黑色内衣隐现》，虽然提及了她跟粉丝关于北京天气的互动，但相比之下更加强调了"苍井空手掩丰唇露出黑色内衣肩带的样子也让宅男们大呼性感"。类似这样的例子很多。❶2013 年 7 月，苍井空在微博传了一张照片，是她去逛超市的照片，穿着一身蓝色条纹的家居服，梳着马尾辫，很清纯的样子，在一个玩具熊卖场停了下来，右手拎着一只棕色的可爱玩具熊。她登载这张照片，本意可能是向大家展示她逛超市时活泼可爱的邻家女孩的形象，但是媒体的报道却一边倒地集中到了她的胸部。报道题目有《苍井空近照曝光：穿家居服 上围缩水严重》❷等。不光大陆媒体，就连香港媒体都关注到了这张照片，认为这张照片完全不像苍井空，因为从胸部来看与性感影片中的她相去甚远。

也就是说，媒体在报道中对苍井空的照片往往向性感的方向进行重新解读，完全不顾她本身发照片的意图。有时苍井空的照片本身确实带有挑逗性，让人浮想联翩，比如睡觉前向大家说晚安的照片，或者裹着浴巾不愿意洗澡的照片。但是，这些照片并不暴露，如果放在其他女星身上，不一定会引发这样的报道。但是，只要是苍井空发出来，媒体就必然会试图

❶ 关于本段里所提到的新闻报道的主要链接是：《苍井空微博发素颜床照姿势慵懒眼神迷离（图）》http://ent.dzwww.com/rh/201210/t20121023_7575590.htm；《微博秀：苍井空性感嘟嘴黑色内衣隐现》http://et.21cn.com/gundong/etscroll/2012/11/04/13504840.shtml；《苍井空微博自毁形象被吐槽没网认不出来》http://www.ccdy.cn/yule/zixun/201211/t20121108_455543.htm 等，浏览日期：2012 年 12 月 2 日。

❷ 见《苍井空近照曝光：穿家居服上围缩水严重》一文，来源：http://ent.163.com/13/0705/14/931BHVOF00031H2L.html，浏览日期：2013 年 12 月 2 日。

把她与性联系起来。由于网络媒体之间的互相转载，同一篇报道都不断传播，出现在了多家不同的媒体上，影响范围扩大很多倍。

公司的包装意图与媒体报道的不一致乃至矛盾，集中体现在了苍井空举行迷你音乐会的时候。2013 年 8 月，公司为她在北京举办了迷你音乐会。这次音乐会花费了公司大量的人力物力，准备时间耗时好几个月。苍井空为了音乐会也一直在排练舞蹈，练习唱歌。当天迷你音乐会非常顺利地举行，苍井空的几套服装造型也很惊艳。但是，第二天媒体不是把报道的焦点放在她的音乐作品上，对她的歌没有给予太多的关注和评价，而是火力非常集中地放在了苍井空的"水桶腰"和粗胳膊上，"日本女星苍井空昨在北京举办中文新歌发表会，身穿白色旗袍，跳扇子舞十分性感。但可惜她随后换上灰色无袖紧身衣，虽然展露丰满身材，却也暴露粗手臂与发福的水桶腰"[1]。问题出在了她的一套灰色衣服上，由于是鳞片状的衣服紧紧包裹在身上，很容易造成腹部往上隆起的假象。一时间报道中根本找不到对她演唱的评语，哪怕是负面的评价。她在音乐作品方面的努力几乎被忽视掉。在随后举行的各网站的集中专访中，媒体也都抛出她粗胳膊的问题来问她。

这样，媒体仍然摆脱不了对她性感身体的想象，对她身体的关注远远超过了她的音乐作品本身。这导致公司试图弱化她过去形象，把她往实力派艺人方面打造的策略实施起来显得格外艰难。

（二）她身上丰富的文化符号与中国人的民族主义情绪

前面已经提到过，通过经纪公司的规划，苍井空通过学汉语、秀书法、表达对中国文化的喜爱等方法，塑造出了积极向上、钟爱高雅文化的形象。这种形象是受到媒体喜爱的，这从媒体对她此类事件的频繁报道中就能看出来。

首先是她穿旗袍的照片会受到媒体的热捧。苍井空在微电影《第二梦》中就穿过两件旗袍，包括蓝色改良旗袍和唱主题曲时的紫色性感的旗袍。有一次出席在成都的活动又穿起了那件蓝色旗袍，在个人迷你音乐会上也穿了一件专门定制的白色旗袍唱《夜来香》。她每次穿旗袍出席活动，媒体

---

❶ 见《苍井空跳性感扇子舞　紧身衣暴露粗壮手臂水桶腰》一文，来源：http://news.xinhuanet.com/yzyd/culture/20130726/c_116696676.htm，浏览日期：2013 年 12 月 2 日。

在报道时必然会在标题、内容和图片上都强调旗袍这一元素●。旗袍是中国风的服装，在这里成了一个文化符号。苍井空作为一个日本人穿中国式服装，就带有了喜欢中国文化的意味。

其次，她经常在微博里和出席商家或音乐节活动时写一些激励祝福网友的毛笔字，这些也是媒体所热衷于报道的对象。其中她为鼓励高考学子们而写下的"高考加油"的毛笔字更是意味深长，因为每年的高考都牵动着无数中国考生和家长的心，高考是每年这时候报道的热词之一。关于她写"高考加油吧"的报道除了照例在一些网站的娱乐频道出现之外，还在许多网站的社会频道出现，甚至登上了《羊城晚报》的"娱乐"版块和《包头晚报》的"国内"版块。在《包头晚报》上刊登了她的头像和书法照片，书法照片上还有"你一定能考上"、"力争上游"等鼓励性的话语。在同一页上，还有《高考钉子户第15次赶考》这样的高考新闻●。她用毛笔字这一传统的文化形式反映社会热点，从而超出了娱乐的新闻范畴，一跃成为社会新闻的热门。

从根本上说，媒体之所以热衷于报道苍井空身上所体现出来的旗袍、毛笔字等中国的传统文化符号，是因为这些符号的运用极大程度上迎合了中国人的民族主义情绪。对于民族主义，有的学者把它分为几种类型：第一种是对国家的忠诚和热爱，也就是国内常说的"爱国主义"；第二种是拥护国家利益和发扬传统文化的渴望，是一种对全球化的回应方式；第三种则是极端的非理性的态度或行为，往往要求人们通过对抵制或憎恨外国来表达对本国的热爱●。而本文接下来在苍井空的例子中将要着重分析的侧面是第二种类型，特别是发扬传统文化的渴望这一点上。

在当前的全球化大潮中，美国、日本等国家的生活方式和文化产品几乎渗透到中国人生活的方方面面，而中国传统文化如书法、京剧等的生产空间受到挤压，儒家等传统的价值观也受到挑战。在这种冲击下，从20世纪90年代起，一股呼吁重新回归中国传统、复活儒家文化的浪潮开始席卷

● 此处所引用的报道的链接有：《苍井空成都捞金 入乡随俗穿旗袍 娱乐圈再掀旗袍风》http://news.163.com/13/0327/14/8QVRBM1G00014JB6_all.html，《苍井空电影剧照曝光 旗袍演绎老上海风情》http://news.xinhuanet.com/photo/2012-03/23/c_122871178.htm，浏览日期：2013年10月2日。

● 鱼鱼：《苍井空微博秀书法为高考生加油》，《羊城晚报》，2010年6月6日B01版；《苍井空微博秀书法为高考生加油》，《包头晚报》，2011年6月8日A13版。

● Cong, Riyun, "Nationalism and Democratization in Contemporary China", in *Journal of Contemporary China*, 2009, 18（62）：831-848.

中国传媒、学术界乃至官方行为。2001 年起，央视（CCTV）制作了风靡一时的"百家讲坛"节目，邀请不少专家教授用通俗易懂的语言，以讲故事的方式来向普通观众讲解和阐释中国古典著作和中国历史。很多专家学者因该节目而走红全国，其中两个耳熟能详的例子就是因把《三国演义》讲解得妙趣横生而如日中天的易中天和从《论语》中阐发出当今处世哲学而名噪一时的于丹。为了复兴"国学"，中国人民大学国学院于 2005 年 5 月挂牌成立。为了弘扬中国文化，2004 年起，中国"汉办"在韩国、美国、瑞典、澳大利亚等世界各国大力兴建孔子学院，教授汉语，意图复兴中国文化，一股希望弘扬中国传统文化的浪潮席卷中国。

而在中国，网络更是"在集中、形成、生产和再生产民族主义方面发挥着关键性的作用"❶。在网络这个相对容许个体表达自己观点的地方，网友经常靠极端的观点来吸引注意力，网络在一定程度上放大了中国人的民族主义❷。但是，与动辄遭遇抵制的日本产品的命运截然相反，苍井空却通过穿旗袍、学汉语、秀书法、观赏京剧等方法处处显示自己对中国文化的喜爱，因而迎合了中国网民的民族主义情绪，从而得到了媒体的热烈报道。她在微博中提到"小学的时候上过书法教室，中学有书法课程。我很喜欢书法"。中国叫"书法"，其实在日本叫作"书道"，但日本的书道是从中国传过去的，这更能够彰显中国传统文化的源远流长。在不少中国人都已不会写毛笔字的今天，苍井空的毛笔字形成鲜明的文化符号，迎合了中国人的民族主义情绪，呼应了传统文化复兴运动的浪潮。这才是毛笔字作为中国传统文化的符号受到媒体热捧的深层次原因。

四、一般受众所接受到的苍井空的形象符号

在媒体热衷于报道苍井空的同时，我们不禁产生这样的疑问：中国的受众到底怎样看待苍井空呢？因为网上的评论通常是非常两极分化的，要么是激烈的谩骂，要么是热烈的示爱。在现实生活中，人们的态度也会如此分化，言辞也会如此激烈吗？

❶ Li, Hongmei, "Marketing Japanese Products in the Context of Chinese Nationalism", in Critical Studies in Media Communication, 2009, 26（5）：440.

❷ Wu, X., "Cyber nationalism: Nationalism as a McLuhanite message at the information age", in *Paper presented at the 88th Annual Convention of the Association for Education in Journalism and Mass Communica*tion（AEJMC），August 10_13, 2005, San Antonio, TX.

于是，在2012年10月份到12月份，笔者选取了一些来自不同职业、不同年龄、不同性别的人进行了访谈，以了解人们对她的真实想法，借此来反映当今社会人们对苍井空的印象以及对她在中国走红的看法。其中既包括学过日语从事日语相关工作的人，也包括完全不会日语的人。由于这个话题在一定程度上涉及个人隐私，有些敏感，所以要寻找愿意接受采访的对象是不容易的。笔者只能通过一些熟识的人来寻找，并一再承诺会保护个人隐私。这里，非常感谢接受采访的人能够坦白地讲出他们真实的想法。

这些人有一些共同特点。第一，拥有稳定的工作和收入，在社会上属于"中间阶层"。第二，这些人只是网上苍井空现象的围观者。也就是说，他们只是停留在听说过她，注意过她的新闻或者看过她的微博的层面上，但是并没有在网上发表评论支持或反对她。这些人即使有的对苍井空有好感，但是也很难称得上是她的铁杆粉丝。

既然微博上有1400多万人关注她，成为她的"粉丝"——也就是说100个人里就有一个中国人关注她，所以对能采访到她的忠实粉丝笔者的期望值还是很高的。笔者还曾经拜托一个朋友帮忙："你周围认识的人中有没有苍的粉丝啊，给我介绍一下。"她却不以为然地说："没听说谁是她的粉丝。大家都是看热闹的心态吧。"所以，在现实生活中，笔者并没有碰到太多她的狂热粉丝，甚至能称得上她忠实粉丝的也并不多。这方面可能是由于笔者所采的样本有限，也可能是大家在现实生活中不愿意对人亲口承认是她的粉丝。所以对她的粉丝的研究笔者将在下一章节中根据在网络上跟粉丝们的互动经过来做介绍。

这样，笔者就把受众分成了一般的围观者和狂热的粉丝。在本章里，笔者将主要整理中国一般的受众（或者叫围观者），对苍井空的看法。笔者曾跟12个人联系过采访，但是最后愿意接受采访的只有8个，而且大都是笔者所认识的人或者认识的人所介绍的。这8名中国人的基本情况见表5.1。为保护受访者隐私，称谓均为化名。❶

专题研究

---

❶ 每位采访者的详细访谈记录请参见张梅：《苍井空现象学：新媒体与形象营销》，香港：上书局2013年版。这一章节的会话引文如无特别标明，均来自该书第三章。

表5.1　8名受访者的基本资料

称谓	性别	职业	工作地点	大致月收入（元）	教育程度	受访时年龄（岁）
何先生	男	日语图书管理员	北京	4000—5000	本科	54
李先生	男	网站编辑，副高职称	北京	8000—10000	本科	43
宋先生	男	大学，副教授	北京	8000—10000	博士	38
王先生	男	日语导游	北京	5000—7000	本科	37
周先生	男	网站编辑	北京	5000—6000	本科	36
高女士	女	外企职员	深圳	5000—6000	本科	33
乔先生	男	电视节目编辑	北京	6000—7000	本科	30
苗苗	女	大学生	北京	有零星打工收入	本科	23

（一）破除禁忌的快感

采访的过程让笔者深深感觉到，这个话题对于采访对象来说是一个带有禁忌性和隐私性的话题。在听说笔者要采访时，采访对象的反应有时让笔者哭笑不得。经过一位女同学介绍后，一位男大学生非常羞赧地笑了，不好意思说话，但无论如何都不愿接受采访，可能觉得难以启齿。有的人尽管非常喜欢苍井空，但是由于拥有非常体面的身份，出于前途考虑就毫不犹豫地拒绝了笔者的采访。更有意思的是，在笔者向一个人提出想就苍井空采访他的看法时，他的第一反应是恼怒，问笔者："我有那么色吗？"这大大出乎笔者的意外。笔者急忙解释，采访他纯粹是出于学术研究的目的。

采访的场所也比较特别。既然很多人都把这个话题看作比较私人的话题，采访大多是在采访对象的家里完成的。在笔者跟已经是副高职称、在工作单位有一定资历的李先生约见面地点时，他说："这种话题也不适合在饭馆里大声讨论啊，别人肯定会觉得很奇怪。"于是邀请笔者去他家进行访谈。刚开始我们是在客厅里谈，但是在他儿子回家后，他怕儿子会听见我们在客厅里的谈话，表情慢慢不自然起来，不断瞅着儿子的房间。于是我们就移到了另一个空房间，笔者也比较识趣，速战速决地结束了剩余的访问。周先生也是有同样的想法，他也是觉得这个话题是无论如何不能在公开的地方讨论的，于是邀请我去了他比较简陋的单身公寓。只有乔先生是个例外，他不介意跟我一起去饭馆讨论这个问题，然后在我面前大大批判了苍井空在中国走红这一现象。

之所以这个话题对于采访对象来说仍然带有禁忌性和隐私性，是因为苍井空的形象仍然与性和看色情品的体验联系在一起。在采访之前，笔者设想跟采访对象多谈谈苍井空的现在，比如对她现在作品的印象，等等。因为在笔者的印象里，苍井空毕竟已经在中国努力转型，在日本也停止了AV的拍摄。但是，访谈开始之后笔者发现，性、A片这两个词成了笔者和访谈对象都无法绕过的话题，似乎不谈性、不谈A片就无法真正理解苍井空现象。所以，在访谈中总会有一部分内容涉及这个方面。笔者发现，随着时代的变迁，不同时期出生的人们在看色情品方面有着迥然不同的体验。"50后"、"60后"、"70后"、"80后"，再到"90后"，他们的体验和记忆带有鲜明的时代色彩，很不相同。越早出生的人就越是亲身体验或者耳闻目睹了惊心动魄的故事。

　　作为"50后"的何先生的回忆里，看黄色录像带的后果甚至可以严重到一个地步，那就是与蹲监狱和枪毙联系在一起。直到20世纪80年代，也就是说到了30岁他才有机会接触黄色录像带。那是他当时是在朋友家看的，朋友家有录像机。录像带是英语的，台词听不太懂，题目则让他至今都记忆犹新：《坏女孩》(*Bad Girl*)。"我才觉得原来做爱是这样做的！以前也学过生理卫生，但是很抽象！"他还有一个感觉就是很"胆战心惊"，因为"当时看黄色录像要蹲监狱的"。在他的记忆中，80年代，外面枪毙人的时候，人名后面大都画个红钩，意思是说强奸罪。当时一旦发生强奸的事情，就意味着两个人都完了：男的被枪毙，女的也一辈子活在屈辱中，无法抬起头来。如此让他印象深刻的回忆使他得出了这样的结论："我觉得她在中国这么红是因为中国没有AV。中国要是有了AV，苍井空就不会这么火了。"

　　"60后"的李先生看色情品是在他30岁结婚后在朋友的家里。结婚以前没有机会看，结婚以后房子小，又有孩子，怕孩子发现，从来不敢在家里看。他讲了一个大学同学M的有趣经历。那位大学同学是工作几年之后又去上研究生的。M好容易弄到了一盘录像带，但是学校里不能看，也没有录像机，只好四处问谁家里有录像机。最后跟一名工人约好，于是M整个宿舍的人跑到工人家里去看。工人扫了一眼说："咳，我以为什么呢，搞得这么大惊小怪的。平时不就这么做吗？"M听了之后目瞪口呆。

　　在李先生青春时代的记忆里，性也是与惩罚联系在一起的。他学习成绩非常优秀，1981年考入了北京首屈一指的名牌大学，绝对属于人们眼中

的"天之骄子"。在他快要毕业的那年，有个外语系的男同学谈了一个外地女朋友。有一次女朋友到北京出差，当时学校里有空房间，他们就找了个空房间把门撬开在里面过夜。不巧的是，当晚被学校的巡逻队发现了，学校给了他一个处分，还影响到他后来分配工作。由此可见，当时社会对待性的态度是极其严厉的。婚前性行为是极不道德的行为，要受到所在单位毫不留情的处分。但是，他感觉到，如今在对待性的态度上，中国社会变得越来越开放了。本身做新闻工作的他现在也从新闻中看到，广州、上海等各地举行性文化节的时候时，场面很劲爆，人们反应非常热烈，这使他不禁感慨道："这个社会发展很不一样了。"

　　"70后"的周先生和宋先生都是在大学时期看的。他说："那时候叫毛片，有日本的，也有欧美的。50块钱一盘录像带，算是奢侈品，根本买不起，还要冒着被抓的风险。所以一般去录像厅看。其实也就是放一些打擦边球的东西。我还记得学校旁边的录像厅放这种片子因此被查封。警察破门而入，我的一个同学身手非常敏捷地跳窗而走，没被抓住。但是那个经理被抓进了监狱，还判了刑。我清楚地记得他的名字，他对学生很热心，我组织学校的体育活动时还提供过赞助。"对周先生来讲，在大学时看录像带是一件神秘兮兮的事情。当时有的同学买了一台录像机。有一天，几位同学把教室里的电视搬到了宿舍，他偶然瞥见了好奇地问："干什么呢？"同学很神秘地说："过来，快过来。"把门开了道缝把他放进去了。

　　总之，不同年代出生的人会对性和色情品有不同的体验。相比之下，"80后"和"90后"在这方面则淡定很多，在采访中并没有说出像"50后"、"60后"、"70后"这样惊心动魄的故事。从他们的故事中我们可以看出，尽管苍井空已经在努力尝试转型，并且早已中止了AV作品的拍摄，但是，潜意识里一般受众仍然把她与性和A片联系起来。在受众那里，性代表着禁忌、处分、分配工作受影响、蹲监狱甚至被枪毙。在他们的心底深处，对苍井空的宽容，就意味着对性的宽容；社会能够容忍苍井空在中国的存在，就意味着社会对性的态度的宽容，意味着破除根深蒂固的性的禁忌的快感，意味着社会的某种进步。所以，这里提到的"50后"、"60后"，越是年长，正由于亲身经历过身边的人因性的问题而导致的惊心动魄的事情，就越是不自觉地对苍井空流露出宽容的态度。

　　（二）AV女优身份被符号化标签化

　　苍井空在中国知名度是相当高的，目前可以说是在中国最出名的日本人。就像前面提到的，在朝日新闻做的"你能想到的日本人"调查中，苍井空排名第四，比日本首相野田佳彦还要靠前。那么中国人都是从什么时候起、通过什么途径知道她的呢？

采访发现，很多人是通过热点新闻知道她的。"60后"的李先生由于自身是网站编辑，所以在看新闻时不自觉地就能看到苍井空的新闻。他从来没在网上专门去搜她，按照他的说法，"新闻标题就能自动跳进我的眼睛里来"。2011年上半年开始，他就知道有苍井空这个人，知道中国人很喜欢她，但很少专门点开新闻看。新闻标题留给他的感觉就是苍井空人气很高，形象很正面。"像舒淇，以前演过三级片，大家还会从负面的一种形象来看待。但苍好像不是这样，很多名人好像都很乐意与她合影，一起握手啊，拥抱啊，这是一种很奇怪的现象。"问起是否看过她的微博，他回答说："肯定是日文的吧？没看过，只看新闻。"苍井空的微博相当有人气，粉丝达到了1400多万，里面大多用中文写成，而他竟然以为是用日文写的。可见他对苍井空的了解主要是来自新闻。

"70后"的宋先生现在也同样是主要通过新闻来关注苍井空，但他同样是"从来没有意搜索，而是被动接受"，因为他觉得"在特定时刻特定事件当中，她都会有所行动，有所语言，被放在特定的位置报道"。提起苍井空就一副贬斥态度的周先生也是如此。他是自苍井空来中国发展被中国的媒体频繁报道之后才知道的。

也有人是通过微博知道苍井空。王先生最初知道苍井空是在2005年跟同学聊天时知道的，这样慢慢心里有印象了，在她开通微博，微博粉丝数目达到几百万人时，他关注了她的微博，经常会浏览她的微博，觉得她微博上发的照片很可爱。她在高考前写的毛笔字"高考加油吧"、云南地震写的"云南加油"都给他留下了很深的印象。"90后"的女大学生苗苗知道她也是因为微博上很多人关注她，便觉得她挺火的，而且觉得苍井空这个名字很好记。但是，直到2012年7月份见到笔者时，她还分辨不出苍井空到底长什么样。

这些采访结果是大大出乎笔者的意料的。因为苍井空被媒体报道为非常知名的AV女优，这一符号无论如何都抹不去，所以我此前理所当然地认为受众是先看了她的A片知道了她，然后在她进军中国之后，又关注她的新闻和微博的。但是，从这些采访结果看，至少很多人是因为新闻的热烈报道和微博粉丝多这两点才知道她的。

专题研究

当我问起受访者是否看过她的片子时，大部分受访者都表示没有看过。李先生甚至问我："她演的 AV 到底是什么尺度啊？是不是来真的啊？"王先生也没有看过她的片子，但知道是日本 AV 的代表性人物，只是把苍井空来中国发展当作一个文化现象来对待，把注意力更多地放在了她现在的活动上。也有人表示说："不知道自己看没看过她的 A 片，因为从来都不记演员名字。""90 后"的苗苗对于其他 AV 女优一概不知，也没看过苍井空的 A 片，但知道她是有名的 AV 女优，打比方说"就像不弹钢琴的人也知道郎朗，也知道他弹得好一样"。宋先生是受访者当中少有的表示看过苍井空 A 片的人。但是，即使是他，也是在知道苍井空为玉树捐款之后，才产生了好奇心，从网上查找了她的漂亮图片，又下载了她的 A 片来看的。可以看出，苍井空的 AV 女优的身份在受众的心中只是一个重要符号，经过媒体的渲染和强化得来的印象。其实很多人并没有真正看过她的片子，即使有人看过也是在她做出了地震捐款等针对中国的举动引起热烈讨论之后。

那么，对于苍井空在中国转型之后拍摄的作品呢？采访发生在 2012 年 10 月份，苍井空已经在 2012 年 3 月推出了华语微电影《第二梦》，并演唱了同名主题曲。但是受访者似乎对此没有表现出多大的兴趣。好几位受访者都干脆表示没看过，有人借口"不太好找"（其实在网上一搜索，就能找到海量的视频链接）。有的表示"听过她唱的《第二梦》，但是对她的微电影完全不感兴趣"。"80 后"的乔先生总算是关注过微电影《第二梦》，甚至记得她展示的书法"第二梦"几个大字，但是向笔者询问："书法真的是她写的吗？我不相信。""50 后"的何先生也看过，撇撇嘴给出的评价是"很一般。"

可见，大多受众对苍井空以前和现在的作品都未给予充分的关注，却在通过微博和新闻等途径密切关注她的过程中使她的 AV 女优身份符号化和标签化。她背负着 AV 女优的符号，却做出了给玉树地震灾区捐款、为高考生加油、为云南地震加油等具有社会责任感的举动。这样，她身上所包含的看似矛盾的不同符号之间的反差给网民的观念带来了巨大的冲击。

（三）个人品质方面的魅力与过去 AV 女优身份之间的反差

采访对象被问到"对苍井空的印象"时，会用哪些词汇描绘和形容她呢？也就是说，她在中国已经进行了一系列活动之后，如今到底在中国人心目中树立了怎样的形象呢？受众的说法也呈现两极分化的状态，喜欢她的人会非常欣赏她身上表现出来的一些特质，但不喜欢她的人则对她在中国的走红感到无比愤慨。

作为一个明星，大家都会不由自主地首先提及她的相貌。像职员高女士说："对她真心不感冒，长得也不咋的。可能宅男们会比较喜欢吧。"比较年长的李先生说："长得一般，没觉得很漂亮。"何先生也评价说："比她漂亮的人有的是。她不是那么漂亮，就是很可爱，很嗲。"显然喜欢她的人也并不是因为她的漂亮。

除相貌之外，有三位受访者都提到了她身上"平易近人"的特质。笔者跟一位在香港读书的内地人聊天时，她也提到说："苍井空最大的特点就是亲民。"也就是说非常注重跟粉丝的互动，可能因为在中国很少能有大明星如此频繁和热心地去跟粉丝互动的缘故。李先生是这样讲的："给人感觉挺阳光，态度很大方，真诚，没有架子，能让人亲近。不排除猎奇心理。"王先生则说："她很平易近人，具有同样知名度的中国演员不具备的素质。"他感觉国内很少有知名演员会放下架子在微博上热情地回答粉丝问题。宋先生认为她平易近人则是因为苍井空 2010 年 6 月跟芙蓉姐姐、凤姐的同台演出。芙蓉姐姐和凤姐都是在网络上走红，但二人均不是传统类型的美女。宋先生说："两丑配一美，对比很鲜明。她的名气大，但没有很骄傲，反而很随和，很有礼貌，行为很得体。所以看她出现总是很喜欢，很舒服。她没有锋芒，不给人压迫感。有的艺人一出来就咄咄逼人。凤姐就'有刺'，芙蓉则让人起鸡皮疙瘩。"

除"平易近人"外，受访者还有一个比较普遍的感觉就是她对工作兢兢业业。如担任日语导游的王先生尽管自己没有看过苍的片子，但是他仍然对笔者说："据说看过她片子的人都说她拍片子非常敬业。把 AV 片当成自己的事业，当成自己的工作，认认真真地去做。我觉得不管是医生，还是其他什么职业，都需要她的这种精神。我觉得她是一个非常优秀的人。"他的这种态度也普遍反映在网友们身上。网友喜欢她也是因为她在 AV 表演中表现出了敬业的态度，仿佛她并不仅仅是为了谋生赚钱而去做，而是当成自己的事业去做。"90 后"的女大学生苗苗知道苍井空在中国新推出了一些影视和音乐作品，说"觉得她现在感觉比较低调，很认真地在做自己的事情。现在挺踏实、务实"。

宋先生则把这种敬业态度提到了她演好"日常生活中的自己"的高度。在这里，他非常强调苍井空在日常生活中和社会大舞台上都演出了非常好的形象。她所体现出来的平易近人和敬业给受众留下了很好的印象，在一

定程度上颠覆了人们对 AV 女优的旧有印象。而她发起的给玉树地震灾区捐款的活动则更是强烈地冲击了受众心目中对 AV 女优的固有观念。

正是这种"AV 女优"与"做好事"之间的人们认识上的反差也为她带来了"炒作"等负面的评价和争议之声。例如，周先生说："对她印象一般，不是特喜欢，也不是特讨厌。在日本拍 A 片是文化，无可厚非。但是在中国这么多人捧她就有点过了。她在中国赚钱，当然说中国好话，网友就当真了。她学写毛笔字，钓鱼岛时的发言，都是借机炒作。"他对大家叫她"苍老师"这一点很不满："我觉得恶心。本来就是演 A 片的，管这种人叫苍老师，她能教你什么啊？性知识？"学英语出身、对美国情况比较了解的乔先生也不以为然，甚至对于中国人对苍井空的吹捧非常愤怒，认为"那些人都有病"。他举美国的例子说，最近有一个美国色情明星去一家小学跟小学生交流，结果在社会上引起轩然大波，得到了舆论的严厉批评，以至于学校出面否认。他认为在国外色情明星的存在是合法的，但他们的行动是有界限的，不能越过一些界限。像某前日本 AV 女优来华中师范大学去做讲座，他就非常不同意。他觉得"可以跟她聊聊。但不可以在公共场合做讲座。人们都成了去看她，性质就变了"。他觉得国内没有分级制度，没有色情明星，所以国内人不知道该如何区分对待。

当然，周先生和乔先生的忧虑是有道理的。不管她如何努力转型，但是在受众的心里，其色情女星的形象仍然根深蒂固。如果邀请一名色情女星去学校等场所做讲座，确实会担心具有不良的"示范"作用。但是，由于她来中国发展后在日本停止了 AV 的拍摄，通过拍摄一般的电影谋求从"色情女星"向"非色情女星"的转型。这个"正在进行时"的过程使得她身上具有极大的争议性。一方面，很多人因她平易近人、敬业、热爱公益等个人品质方面的魅力而对她持正面的印象，另一方面，反对的声音则来源于她是否该跨越界限走到更广的受众视线中来以及认为她是在"炒作"。出现这种现象的原因，正是由于苍井空这个艺人形象在跨越国界的过程中，通过她的公司和媒体的中介作用和再生产，已经发生了很大的变化。她过去作为 AV 女优的"色情女星"形象与她在中国通过微博、新闻等途径所建构的平易近人和敬业等新形象，既形成巨大反差，又集中在了这一个艺人的身上。这种反差导致了网络上围观人群或真心欣赏或怒斥"炒作"的两极分化的态度，反过来又更加促使苍井空在中国成为富有争议的现象。这是一种跨文化商品在跨越国界过程中出现的杂糅、纠结、新旧形象交叠等复杂状态的集中体现。

五、粉丝团体为建立其纯净完美女神形象的不懈努力

上一部分主要讲的是现实社会中周围的人如何看待苍井空的。这些人不能算作苍井空的粉丝，而只是在网上围观看热闹的人群。他们从媒体对苍井空的报道和苍井空的微博不自觉地获取了苍井空的信息，心里形成一种或批评或赞赏的态度，但是并没有积极地在网上表达对苍井空的态度。他们从不去苍井空的微博写评论，也不公开在媒体上表达支持还是反对苍井空。但是这些一般受众的意见和态度构成了网民态度的基础，潜移默化地极大影响着媒体报道的态度。除了这些一般受众以外，还有一些过度的读者即粉丝们，有组织地在网络上发挥着重要作用。这一部分我们就将详细介绍粉丝们的活动。

（一）从粉丝团体的对立看苍井空今昔形象的连接和割裂

正如研究者们提出的那样，粉丝是有组织的，苍井空的粉丝也不例外。她的粉丝团体主要是依托于两家媒体的近似论坛的"吧"来构建的。在这里我们把它们分别称作苍井空 A 吧和苍井空 B 吧。A 吧所依托的 A 媒体是国内知名的搜索网站，而 B 吧所依托的 B 媒体则是国内影响力首屈一指的门户网站。❶ 媒体支持和指导着各自吧的活动。A 吧最早建立于 2010 年 6 月，活跃粉丝数达到了 600 多万人，B 吧在 2012 年 10 月份建立，建立时间比较晚，粉丝数接近 3 万人。苍井空 A 吧和 B 吧有一个巨大而本质的区别。A 吧的发帖规定要求不严格，粉丝们不仅可以讨论苍井空，也可以发布与苍井空完全无关的事情。粉丝们讨论苍井空时，既可以讨论现在在中国转型之后的清纯正面形象的她，也可以讨论以前 AV 时代的她。A 吧里有人发布一些她和其他女优比较暴露、比较色情的照片，也不断有人"求种子"❷，求别人给他下载苍的 A 片的链接。由于管理相对宽松，会有比较多的人在这里发帖和讨论。与 A 吧不同，B 吧的管理非常严格。在吧规里明确规定"任何带有诋毁、辱骂苍井空的，一律删除。……任何内容带色情、AV（包

专题研究

---

❶ 为了尽量保护相关粉丝们的隐私，这里所提到的 A 吧、B 吧、A 媒体、B 媒体采取化名。A 吧的地址：http://tieba.baidu.com/f?kw=%B2%D4%BE%AE%BF%D5&tp=0。B 吧 的 地 址：http://weiba.weibo.com/cangjingkong。下面文中所引用的 A 吧和 B 吧里的帖子内容均来源于这两个网址里面的内容。

❷ "求种子"是 P2P 技术的一个术语。种子是一个提供下载源的地址的集合。在这里指网友互相询问在哪里能够下载到苍井空以前拍的 A 片。

含作品截图或作品封面图）、人身攻击的，一律删除"❶。也就是说，所有的帖子必须与苍井空有关，而且苍井空以前的 A 片和暴露的照片是绝对不可以在这里传播的。多个吧主在里面巡逻，时刻警惕，加强防守，一旦发现有带黄色倾向的帖子立刻毫不犹豫删除，而且，还要惩罚发帖者，比如多少天内关闭他的发帖权限等。这也可以看作是为了与已有的 A 吧相区别。A 吧对于这个新建的吧自然也有敌意，生怕它会超过自己。B 吧也会试图与 A 吧抢夺阵地，所以两吧的对立非常明显。

　　尤其在 B 吧建立初期，A 吧与 B 吧的矛盾非常显著。在有的网友所发的帖子中，2012 年 10 月，在苍井空的生日到来之前，B 吧举行了"创意笔迹，赢签名照"活动。B 吧的一个网友参加了该活动，发布了自己用软件创作的书法作品"爱生活，爱苍井空"，为苍井空送上生日祝福。因为创作得比较好，获得了吧主的推荐和比较多的回复。排在前面的回复中不少是在夸赞书法作品本身，如"神作"、"好字"等。但是后来的回复中有不少帖子是 A 吧与 B 吧粉丝的互骂。等我发现时，A 吧人的帖子都已被删除得干干净净。但是从一些人的回复中却仍然能够看出战斗的痕迹。书法作品的作者不愿看自己的帖子成别人骂战的战场，忍不住出来当和事佬："大过节的，莫要吵，莫要吵啊～"但是，A 吧和 B 吧的人仍然不依不饶，继续对骂。期间公司的官方微博也被卷入。负责公司官方微博的员工尽管因为 B 吧干净而偏袒 B 吧，只好不断强调自己的中立立场。并呼吁说："你们该做的是和平共处，一起维护好属于空空的每一个空间。这才是爱空护空的正确方式。"原帖作者也忍不住了："麻烦你们重新开帖讨论好吗？我的这一条只是参加活动而已，不做其他用途，再这样下去我只好把这帖子删了！"反复说了两次之后，大吧主及时赶到，向原帖作者道歉："不好意思，没及时处理。"同时安慰说："好好参加活动吧，不过你这字真好看。希望能够被老师看见，真心祝福你。"这场骂战自 11 月 1 日凌晨 00：39 开始，一直到 11 月 1 日晚上 19：01 结束，持续了将近 19 个钟头，终于暂告一段落。两吧的粉丝在网上类似的争吵时有发生。

　　其实，针对黄色信息充斥的指责，此前 A 吧自己也有所察觉，发布了《【公告】近期对苍井空 A 吧内的不良信息进行严格整顿》，指出"最近 A 吧内出现了很多打码发送的不良内容。这些内容影响了版面的整洁"。但是，

❶ 参见 http://weiba.weibo.com/10324/t/z1ea7etUT，浏览日期：2013 年 12 月 7 日。

其管理仍然是相对比较松散。A 吧里也有为苍井空举行的活动。如 10 月 10 日，A 吧吧主发了一条帖子为苍井空收集生日祝福，回复达到了 1125 条。

两吧具有一定的竞争关系，常常把对方视作假想敌。有一次国内某知名杂志专访了苍井空，却写了大量采访 A 吧吧主的话。我因对 A 吧不是很熟悉，没意识到那个名字就是传说中的 A 吧的吧主。我最初看的时候不是很敏感，只是理解为该杂志是想从一个铁杆粉丝在怎样的环境中成长以及为何喜欢苍井空的角度来解读苍井空现象。但是，B 吧吧主对此非常在意，被惹恼了。他认为既然是苍井空的专访，就应该通篇写苍井空，不应该花如此巨大篇幅来介绍 A 吧吧主（当然文章里没有提那人是 A 吧吧主），完全是本末倒置。于是他派人去发微博骂该杂志，讥讽说："干脆把 A 吧吧主的网店链接也介绍给我们算了。"虽然两吧是对立的，但是，粉丝并不是铁板一块，是可以流动的。所以他们互相之间非常警惕对方的粉丝是否作为卧底混进 QQ 群里，把自己吧的粉丝鼓动走。一度有一个粉丝混进了 B 吧的 QQ 群，这个人想在 B 吧和 A 吧两边都混，不断换着用各种不同的名称和 QQ 号码进来，但是每次都被 B 吧吧主识破，因为他电脑的 IP 地址是相同的，于是被无情地赶了出去。

在笔者看来，A 吧是代表了苍井空以前和现在所有形象的集合，但是 B 吧只接受苍井空进入中国后所塑造出来的形象，试图与 AV 时代的形象彻底割裂，或者说抹除。

（二）割裂之后B吧粉丝的矛盾心理

笔者进入苍井空的公司做调查之后，与 B 吧建立了稳定的联系。可能是因为 B 吧非常干净，所以在 B 吧成立初期，公司的一个员工跟 B 吧关系不错，而笔者也要经常帮她起草一些活动的文案，由此笔者最初认识了 B 吧的人，一直保持联系。由于二者的对立关系，无法径直跳到 A 吧去，因为那样的话 B 吧的粉丝会被激怒，于是后来笔者主要通过观察 B 吧的活动以及跟 B 吧的人私下里微博和 QQ 互动来联系。这样使得笔者的田野调查方法比较特别，很多时候笔者需要像一个小粉丝一样参加 B 吧里在线的活动，跟粉丝们交流。就像前面提到的 B 吧的"创意笔迹，送签名照"活动，笔者也设计了一幅"祝苍老师生日快乐"的艺术字，其实是笔者在上班时用 Word 软件做的，非常简单，但有一些新意。结果得到了很多留言。最先回复和回复比较多的是吧主。吧主鼓励笔者以后多创作艺术字，他这种谦逊的态度会给人很好的印象，让写帖子的人很开心。看得出吧主对留言者

的态度比较好，热情鼓励粉丝写留言和写帖子。时间久了，尽管笔者无法在日常生活中见到他们，但是他们却似乎成了笔者非常熟悉的朋友，在线上一起分享苍井空的最新信息，一起交流自己对苍井空真正的想法，甚至是互相的一些工作、恋爱信息。因同是苍井空粉丝而找到归属感，这也许就是粉丝团体存在的意义。

笔者能清楚地感觉到 B 吧粉丝们在通过行动树立一个清纯的偶像，一个完美的女神。他们在 B 吧和自己的群里拒绝任何黄色的东西。他们专门建立了一个 QQ 群，是 B 吧的粉丝们内部交流的地方。在这里，吧主给粉丝们安排任务，协调粉丝们的行动，也会提前透露一些苍井空的内部消息给粉丝们。这个 QQ 群里明确写着："求 A 片和求种子者，请自觉退群。" QQ 群里的工作人员一度很繁忙，因为慕名而来的网友很多都是求种子和发一些照片的。有时管理人员在忙别的事顾不上，于是苍井空的照片和发照片的人会在群里停留片刻，接着很快被管理人员踢走。也就是说，管理人员需要一天 24 小时守护着 B 吧和 QQ 群的纯净。

这让笔者一度很奇怪，因为大家都知道她原来是 AV 女优啊，为何刻意抹除呢？在笔者跟吧主私下聊天时，我问了这个问题。他表达了他和 B 吧里粉丝们的矛盾心情："我其实一直都面对苍井空的过去，只是有时候又怕面对。觉得不好意思。我感觉粉丝们都很矛盾的。有时候能忍住，有时候又不经意的需要。不是需要看片子，是需要她那种过去的性感来调剂自己枯燥的网络生活。片子太多，苍井空并非那么好看，有的是选择。只是苍井空代表的是一个符号。本来因为她的性感而喜欢她。如果没有她过去的躯体，哪里来的现在的喜欢。真的。很多人说什么苍井空来中国才喜欢，都是假话，发几个微博就喜欢了？肯定不可能嘛。"从他的话中我们可以看出，他和 B 吧的粉丝们心理非常矛盾，一方面试图把苍井空的过去跟现在割裂，固执地追求她纯洁的一面。另一方面又承认自己是因为她过去的性感而喜欢她，否则不可能只是发个微博就喜欢，也就是说过去是与现在的喜欢不可割裂的。这其实主动迎合了公司对于她现在纯净形象的塑造。

除了喜欢她过去的性感之外，他还给我讲了一种同情心理。"因为她特别的身份，过去在日本遭受到太多的屈辱，特别记得的就是她那句'无论我做什么，人们对我都一个样，没变，还是老眼光来看我，不过我不会认输的'。我喜欢她这种执着。她来到中国后被骂……中国男人喜欢她多半是因为这种感情。看见自己的硬盘女神被骂，被羞辱而去同情她。我觉得是这个原因占多数。"部分出于这种同情心理，粉丝们在网络上会表现出奋不顾身的精神来维护苍井空。

（三）用行动奋不顾身地维护和试图接近偶像

有组织的粉丝们会用自己的行动来维护自己的偶像。他们首先要做的就是时时关注并转发偶像的微博。越快地发现偶像更新的微博，并以越快的速度转发，就越能体现对偶像的爱。有一次北京下雪了，那是北京的第一场雪，来得比较早，下得非常厚。苍井空在第二天下午及时更新了微博，里面说："哇！听说昨晚在北京今期第一次的下雪了。已经那么冷吗？！"仅5分钟后，A吧官方微博立刻转载并进行了回复："因为冬天来了嘛！好久没有空空的消息了，虽然东京没有那么冷，也请一定好好照顾自己！"约5个钟头后，B吧进行了转载，说："很冷呢，好大风～昨晚外出的时候差点被大风吹跑。"然后各自的粉丝再转载自己吧的微博，这样偶像的微博就会获得较多的转发次数，在网络上有更广的传播。

其次，粉丝们还会帮苍井空回骂攻击者。苍井空在中国举行完迷你音乐会之后，因为公司老总的发言被香港演员黄秋生批评说："小心摔死这个肥妞。"于是一堆粉丝纷纷跑到黄秋生微博去大骂。黄秋生于是在微博回复道："九不搭八，谁有空骂苍井了，我说的是她经理人。先搞清楚再骂吧，一堆废物。"这样的微博仍然引起粉丝们的围攻。粉丝们仗着人多力量大，通常会让骂苍井空的人不堪其扰。有一个粉丝很有文采，甚至特意花时间做了一首文言文的诗发布在B吧里，来替苍井空辩解洗清"冤屈"。诗做得很见功力，而且态度也很客观。说明粉丝们中还是有人会很理性地追逐自己的偶像。总之，只要有辱骂或攻击苍井空的言论，粉丝们就会立刻嗅觉敏锐地扑过去，与对方展开战斗。除了回击攻击者之外，粉丝们也非常乐意出自己的力量来支持偶像。由于苍井空在国内没有多少周边产品可以买，他们为自己无法出钱支持她而感到内疚。于是一直期盼着苍井空的专辑早点出来，把买游戏机的钱省下来攒起来，期望花钱买很多她的专辑来表示支持。但是，最终苍井空的专辑没能面世，只是在网上发歌。有的粉丝称苍井空是他的女神，愿意动用自己的关系，去联系家乡的电台去播苍井空的歌和打榜，联系让电台给她做专访。当然这些都是他的一厢情愿，因为实际上他不可能接触到苍井空，更无法为她安排专访。

再次，粉丝们紧密追踪她的一切消息，以图感觉离她再近些。由于粉丝们分散在世界各地，他们会通过苍井空身边的人来获得苍井空的信息。

他们对哪些人能接触到苍井空非常敏感。笔者由于一直在幕后为苍井空做翻译，并没有出镜，所以很长一段期间没有粉丝知道笔者，也没有人关注笔者的微博。但是，有一次笔者在活动中为苍井空做翻译，公开出现在了镜头中，这样粉丝立刻注意到了笔者。当天晚上笔者跟苍井空在一起的照片就出现在了B吧。而且，令笔者惊奇的是，粉丝们不仅连笔者的名字都知道了，就连公司里的人如何亲昵地称呼笔者都打听到了。当他们那样称呼笔者的时候，笔者吃惊不已。而且，从此以后，笔者只要一发微博，粉丝们就会积极地过来评论和转发。我不禁感慨这简直是破格的待遇，完全是爱屋及乌的效果。

苍井空还有一个中文老师叫小马哥，也是个歌手。由于她要教中文，有机会跟苍井空单独接触，于是她也变成A吧和B吧都争相拉拢讨好的对象。B吧里有粉丝发微博为小马哥处理了一组漂亮的图，称："祝福小马哥女神一生都顺顺利利，平平安安！"小马哥回复说："谢谢大家～"这样粉丝爱屋及乌，把小马哥也称作女神。A吧的人不甘示弱，给小马哥画了漫画像，这显然比用软件作图更显水平更有诚意，更花工夫。微博中说："GOODNIGHT～小马哥。第一次画，若有不像请见谅。"这在B吧粉丝中引起了比较大的轰动。有B吧粉丝前去转载了这幅画，被B吧吧主大骂。小马哥的回复也热烈了一些："是我吗？是我吗？好厉害！谢谢。我很想念大家。"甚至有的粉丝看到小马哥的微博会员标志因没有续交钱而变暗了，于是就去替她交了钱——这跟苍井空是一样的待遇——当然交完之后会跑到小马哥的微博去邀功。小马哥出新歌了，在某网站的一个榜里排名第三。B吧吧主觉得她唱得其实比前两名都好，就在QQ群里号召大家鼓动自己亲戚朋友为小马哥投票，提升名次。吧主也要跟她保持比较密切的联系去获得苍井空的最新内部消息，这才使她的地位重要了起来。小马哥发挥更重要作用的时候是她可以 @ 苍井空❶，让粉丝们的某条微博得到苍井空的转发。B吧吧主会让粉丝先 @ 小马哥 @ 苍井空，他们觉得 @ 小马哥比 @ 苍井空管用，因为 @ 苍井空的人太多了。@ 小马哥就好像可以走点后门一样，而且要注明是B吧的。于是真有B吧的粉丝被苍井空的微博转发了，就很激动兴奋，在群里告诉大家。

❶ @ 功能是新浪微博的一个功能，意思是"向某某人说"。当一个用户发布"@ 某某人"的信息时，对方能看到该用户说的话，并能够回复。

（四）排斥公司的设计和安排：我们喜欢自然非商业的她

当然，当粉丝们在网上奋不顾身维护她，与骂她的人对骂的同时，他们还是会思考一个问题：我这样奋不顾身地为了自己的偶像到底值不值得？也就是说，这个偶像到底值不值得我去支持？如果这个偶像已经变质，不再是我从前喜欢的那个样子了，那么我还要继续喜欢她支持她吗？粉丝们并不是我们所想象的不动脑筋、没有理智、只知道疯狂追逐偶像的一群人。他们之所以会疯狂追逐某个偶像，前提必须是他们自己认为值得，也就是偶像身上有他们非常喜欢的一些要素。一旦他们发现有些喜欢的要素不见了，就会像被浇了一盆冷水一样，被迫冷静下来思考值不值得的问题，也会跟其他粉丝讨论抱怨。在下面的部分我就记录了一些他们非常不喜欢不满意的瞬间和事情。

前面提到过粉丝组织的 A 吧和 B 吧会非常及时迅速地转发偶像写的微博。但是，有些时候，他们会对偶像的微博产生不满意、失望等情绪。2013 年国庆节期间，苍井空在微博上总是跟公司的另外两个艺人元钦和小马哥互动。她之所以这样做，是因为她将要跟这两个人组成组合，当然这时候要组组合的事尚未对外公布，包括笔者在内也完全不知情。但是，粉丝们和笔者都在这些互动的微博里感觉到了一些异样的味道，开始在 QQ 群里讨论起来。微博的内容是这样的。10 月 2 日，元钦发布了一张足球比赛的照片，问："有人看球吗？"同一天，苍井空主动回复："那么晚的时候看的足球吗？你一直打游戏足球然后看电视的足球。男生是为什么那么喜欢足球？"之后有的网友问苍井空："喜欢足球需要理由吗？"苍井空想了想回答说："不需要。"似乎被说服了的样子。之后苍井空还跟粉丝进行了一些互动，但是汉语显得比较流利。于是有粉丝问："你是真人苍井空老师吗？"苍井空看后赶紧澄清："为什么呢？不是苍井空的话谁写呢？谁和大家聊天呢？不是我的话害怕死了。我讨厌别人写我的微博。"❶

就是这些微博的互动，引发了粉丝们在 QQ 群里的讨论。其实我看后也觉得不舒服，特别是突然去回复元钦的微博，非常莫名其妙的感觉。果然，B 吧的吧主说："刚才看了苍井空的微博，好反感，不喜欢苍井空的那种互动。我觉得和以前有本质上的区别，虽然都是互动，但是这种互动感觉到

---

❶ 参见苍井空的新浪微博地址 http://weibo.com/u/1739928273，本文中关于苍井空微博的引文均参考该网址。

被设计计划好了的，不自然。反正就是奇怪的感觉加上反感的感觉，给人感觉到好假。"他说不自然的第一个原因是："若跟小马哥还有情可原，但跟元钦就说不过去了。"第二个觉得奇怪的原因是："中文犀利得厉害，不像她写的。正因为互动得太假，导致我觉得中文都不像她写的。特别是她写的那个讨厌别人给她写微博这个，很多次都是别人给她写的了。粉丝自己分辨得出来的。苍井空的粉丝喜欢真实的她。"

由于长时间跟粉丝们接触，其实笔者在看了这些微博后，产生了跟 B 吧吧主同样的感觉。明明看起来像是跟以前同样是在跟粉丝互动，似乎没什么两样，但是又感觉有点异样。如果非要说清楚的话，那就是以前她喜欢表达对粉丝们的感谢，那种感谢让人感觉很真挚，但是现在对粉丝有点虚情假意的感觉，没有那样的感激之情。笔者与粉丝们的失望和不愉快的感觉是极其微妙的，但是又是实实在在的。有一个有力的印证我们这种感觉的是这些微博的转发量只有七八百条，远低于她以前微博动辄几千条的转发量。这说明不光是 B 吧的粉丝有这种感觉，其他的很多网民也都会有类似的反应。

同样的事情又发生了好几次，几天后苍井空再次回复了元钦和小马哥的微博，同样引起了粉丝们的不满。在 B 吧的 QQ 群里，有的粉丝抱怨说："这两天苍井空的微博是在推广他们公司的艺人吗？不过这吐槽点，也策划得太烂了吧。很做作的感觉。"我也充分理解他们的感受，因为粉丝们认为微博本来是偶像跟粉丝亲密交流的地方，但现在觉得成了偶像跟闺密以及一个男艺人聊天的地方。也就是说，粉丝们被排除在对话之外了。尽管他们还是可以参与，但是，那两个连名字都没听说过的艺人有着优先的权利。这在粉丝看来是不公平的。粉丝们想独占她的感觉被破坏了，所以粉丝们感觉到失望和抱怨。

我们可以看出，粉丝们喜欢她很自然的互动，不喜欢被设计的互动，喜欢她真心实意地跟粉丝互动，而不是虚情假意的。这一点还体现在对待苍井空微博中有商业色彩的广告的态度上。她 2013 年 5 月份发了一条微博是关于一家新开的饭店的："很多人 @ 我？啊是 XX 牛腩。哈哈！谁可以一起吃呢？期待北京见你哦！"她之所以发这条微博，是因为 XX 牛腩找她出席活动。两三天前在网上活动掀起了评选女神的活动。让网友们可以在微博上 @ 自己心目中的女神。最终被 @ 次数最多的女明星将会被邀请去饭店与 3 个幸运网友一起吃饭。这也是她说"很多人 @ 我？"的原因。一天后她又发布了一条商业有关的微博，图片上有两个可爱的安卓玩偶："来了公司。好像有人看我。。。你们是谁？？哈哈哈。"在这样连发两条商业的微博之后，有的 B 吧粉丝非常不满地说："太商业了。不喜欢她这样子。"有的则同情地说："她又被迫做广告了。"其实偶像是要有商业活动的支持才能存在下去，所以苍井空为商家做代言是必然的，但是粉丝们却对此非常不能接受。似乎在他们的想象中，苍井空真的应该像女神一样超凡脱俗，视金钱如粪土，与商业不带什么牵扯。他们却忘记了，其实苍井空本身就是一个商业的存在，她也是由公司包装设计出来的。

总之，从这部分粉丝们对苍井空发的一些微博的反应来看，我们就能清楚地看出粉丝们所希望看到或者幻想的苍井空与实际的苍井空产生不一致的时候。粉丝们希望她是自然的，而不是被设计的。但是实际情况是，偶像的产生固然首先由于偶像自身的魅力，但同时也是公司包装设计的结果。就像国庆期间与其他两位艺人为新组合宣传新歌的互动中充分体现出来的那样，当公司为她设计的部分显现出来的时候，粉丝们就会觉得不自然，觉得失望。粉丝们喜欢独占偶像的感觉，偶像与其他不知名的艺人亲密互动，会有偶像被别人分享了的感觉，之前独占的感觉被破坏了。粉丝们喜欢纯粹、非物质、不商业的她，所以当她发商业色彩的微博时，会感觉受伤害。粉丝们也希望看到她对粉丝流露真实的感谢和珍惜的感情，而不是看到让人怀疑不是她亲手所写的虚假的话。在苍井空的例子中，自然、独占、非商业、感情真实，这就是粉丝们对偶像所期望的完美形象。而人为设计、分享、商业、虚假互动，这些都是他们所厌恶的。

六、结论与讨论

从本文的分析中我们可以看到，明星作为一种较为特殊的跨文化商品，本身既是商品，同时又有主体意志，可以参与自己形象的生产过程，其传播过程也必然拥有与其他文化产品不同的特点。原日本 AV 女优苍井空在中国形象传播的过程显然不符合"全球同质化范式"，倒不如说是"异质化"的。苍井空在日本出道，在泰国、马来西亚、韩国等亚洲不少国家和地区拥有知名度，但是她在中国的形象与她在日本和其他国家的形象有着明显区别，并不是均一的价值观的输出，而是除 AV 女优形象之外又承载着丰富而多重的价值观和符号意义。与强调消费者创新的"克里奥尔化范式"也不同，苍井空在中国形象的重新树立并不单纯是消费者一个环节起作用的

结果，而是她自身和她的中国经纪公司、中国媒体、一般受众、粉丝等各个方面或积极或被动参与其中、共同发挥作用的结果。这也正是本文希望作出贡献的部分。

首先，综观苍井空的形象在中国再生产、传播、消费的整个复杂的过程，中国经纪公司、中国媒体、一般受众、粉丝等不同参与主体之间是存在很大张力的，使她的各种符号意义在不同环节以或增添或删减的方式得到层层传递。中国经纪公司极力想抹除她的AV女优形象，赋予她喜爱中国、热爱中国文化的形象和能歌善舞的实力派女艺人形象。但是，媒体在传播她的形象时有些方面跟她的经纪公司所设计的路线显示出趋同性，如热衷报道她身上所体现出来的旗袍、毛笔字等中国传统文化符号，有些方面则呈现不一致性，如竭力发掘她身上关于性的符号，并使之得到大肆渲染和强化。不少受众以一种旁观者和娱乐的心态关注苍井空的媒体报道，接受了媒体所塑造出来的"代表性的性感的日本AV女优"这一形象，同时又在媒体密集报道中发现了苍井空"平易近人"、"敬业努力"等积极正面的个人品质魅力。那些"过度的读者"即粉丝们，则有组织有选择地通过自己特有的传播途径构筑着苍井空的完美"纯净"的女神形象。粉丝们与中国经纪公司的关系也很微妙，一方面主动迎合着中国经纪公司对于她现在纯净形象的塑造，另一方面又极力排斥经纪公司对于苍井空的人为设计、虚假互动、商业代言等因素。在这里粉丝们与经纪公司之间并不是像费斯克所说的简单的收编与反收编的关系，而是时而主动愿意被收编，时而反抗被收编，两种情况不断交织的过程。

其次，她过去形象和现在形象的交叠与分裂体现在了在中国再生产、传播、消费的各个方面。在中国她的形象变得丰富，受众群也不再局限于看过她A片的粉丝。可以说，她在中国的新形象是一个"混合物"（hybrid）。一方面，它继承和延续了她AV时代的旧有性感符号。她在中国受众中的接受带有一种强烈的破除禁忌的快感。同时，她的演出给观众留下了"认真敬业"的印象，这一印象完美延续在了她为转型成实力派艺人而努力学习音乐和舞蹈的表现中。"破除禁忌的快感"、"认真敬业"等符号都是从她以前AV女优的经历中衍生出来的。另一方面，她又在自身努力、公司设计、受众和粉丝们追捧的多重因素下，被发掘出"国际人道主义精神"、"热爱中国文化"、"高雅"、"平易近人"、"纯净完美女神"等崭新的形象符号。这些新的形象符号可以说在一定程度上颠覆了受众和粉丝们预想中的 AV 女优形象，从而使她具备了极大的话题性和争议性。她身上旧有的形象符号与她崭新的形象符号既相辅相成，又形成很大的反差，二者看似矛盾又有道理地统一在她身上，共同构成了她如今在中国的形象的整体。这构成苍井空作为一个跨文化的明星商品在当今全球化和新媒体时代下的独特性和优势所在。

最后，本文在方法论方面也有一定的创新。笔者在调研过程中主要采用了人类学的田野调查的方法，在苍井空的中国经纪公司担任苍井空的翻译，进行了长达 15 个月的田野调查，同时也对中国的一些受众进行了深度访谈。但是，在田野调查的过程中，由于她和她公司经常采用社交媒体、网络媒体等新的宣传手段，这为笔者的调查带来了不小的挑战。也就是说，即使笔者每天待在公司，但是如果不追踪网络媒体的反应、在微博中她与网民的互动情况的话，也根本无法掌握这个艺人形象在中国被她的公司、媒体以及粉丝们再生产和流通的过程。而且网络上的网友评论等信息不久就可能会被删除，就像文中提到的 B 吧就处于时而开放时而关闭的状态。这种稍纵即逝的危险迫使笔者每天都会查看与苍井空相关的新闻、微博、网友跟帖等，进行详细的记录和备份。这种对网络文本进行追踪和分析虽然因其工作量巨大，而对笔者的研究造成了很大的挑战，但是，它对于这个课题来讲是非常必要的。因为它既弥补了田野调查的不足，又有利于在田野调查中收集到更加有价值的信息。与此同时，得益于笔者在田野调查过程中所担任的翻译身份，笔者才可以在网络上跟一些粉丝论坛的管理者建立有效而长期的联系，从而获得珍贵的信息。因此，网络文本分析与田野调查两种研究方法的互补性结合，成为本文在方法论上的一个特色。

*谢辞

在此非常感谢 "Louis Cha Fund for Chinese Studies and East/West Studies in the Faculty of Arts of The University of Hong Kong" 对于笔者在做艰苦的田野调查时所给予的资金支持。

专题研究

Inheritance, Subversion and Reproduction of a Celebrity's Image Symbols Crossing Cultural Boundaries: a Case Study of the Japanese Actress Aoi Sola

Zhang Mei

Abstract: As some of the existing academic concepts cannot describe the complex process that different products go across cultural boundaries and interact with local cultural context, this paper aims to explore the dynamic interaction between a foreign celebrity and the local cultural context by discussing the case of Aoi Sola, a former Japanese AV actress who has gained high popularity in China, through anthropological fieldwork and network text analysis. Unlike some other cross-cultural products, the image of Aoi Sola in China mainland was reproduced by the interaction of local management company, local media, mass audience and enthusiastic fans and had a huge contrast with her former image in Japan. By tracing the flowing of her image symbols, this paper argues that her image symbols as an AV actress were inherited, developed and even overturned to a large extent, and at the same time she was assigned new image symbols, including "international humanism", "loving Chinese culture", "approachable", "pure and perfect goddess". Both entangling and splitting of Aoi Sola's previous and new image symbols as a cross-cultural celebrity commodity has become one of her characteristics and advantages in today's globalization and new media era.

Keywords: Japanese AV actress; cross-cultural migration; semiotic productivity; celebrity; fans

日本少女漫画《NANA》的中国大陆受众研究❶
——从女性受众凝视的角度分析

李铃

摘要： 本论文旨在运用凝视理论探讨受众如何解读跨国文本。研究的案例是中国大陆作为独生子女一代的"80后"青年女性受众对日本同名漫画、动画和电影《NANA》的阅读和（或）视听经验。本论文从三个方面来分析它们：首先，《NANA》这个来自异国的文本如何抵达受众；其次，受众如何结合个人人生经历运用多类型共鸣式解读方法解读《NANA》，建构自我认同；与此同时，受众如何运用否定式解读方法建构自我认同。通过回答上面的问题，笔者得出以下结论。当今时代处于米德所说的同辈之间互相学习的互象征文化（cofigurative culture）时代，年轻人不是向父辈学习经验而是向同辈学习，这个同辈有时不是真实的人，甚至可以是通过跨国传播流入进来的日本动漫作品中的同辈。在多元媒介传播环境下，电视时代被动或是相对主动的受众变成了完全主动的受众，这使得《NANA》变得极易接近，而《NANA》文本的特点使得女性受众乐意接近它。中国大陆的年轻女性在阅读或观看日本的文本《NANA》时，参照自己个人的人生经历，通过各种共鸣式解读超越性别发现了类似自己的、自己渴望成为的同辈形象，或是通过否定式解读发现了自己批判的同辈形象，从而得以认识、确认甚至是重新建构她们的自我认同。同为女性受众的凝视，有人用女性的视角在凝视，有人则用男性的视角在凝视，这些视角的差异共同服务于自我认同建构。

关键词：《NANA》；女性受众；女性凝视；自我认同（自我同一性）

专题研究

---

❶ 由于中国大陆的年轻人与中国香港地区和中国台湾地区的年轻人在接纳日本动漫的经验上有显著不同，因此本文提到的"中国大陆"一词，均为与中国香港地区和中国台湾地区相比较而言，故论文统用"中国大陆"。

179

一、问题意识和研究对象

"80后"是在日本动漫的陪伴下长大的一代人❶。可是，他们看到的日本动漫大多都不是通过正规渠道发行的。20世纪90年代，盗版的日本动漫大行其道。自因特网普及以来，年青一代的文化娱乐生活几乎无法离开因特网而独立存在。通过因特网，年轻人很容易看到最新的和经典的日本动漫。

尽管大陆的年轻人很容易看到日本动漫，有很多日本动漫迷也把追动漫当作自己生活的一个重心，可是要深深地喜欢一部动画或漫画还是要靠"缘分"。受众也许是从某部作品中体会到了契合自己内心需要的东西才会热爱它。

《NANA》就是这样一部给予受众独特感受的作品。笔者有一次在大学的食堂听到过这样一段关于《NANA》对话。一个女生问："你觉不觉得《NANA》超有真实感？"她的朋友说："超真实。喜欢死'奈奈'了。我和她实在是太像了。"最开始问话的女生说："我倒是觉得我自己挺像'娜娜'的。"她俩分别与《NANA》的两位女主人公产生了共鸣。而笔者自己，其实也是一个对女主人公娜娜的大小事情都感同身受的受众。如果你读由《NANA》的受众所写文章编成的书《NANA，世上另一个我》❷，或是到网上搜索《NANA》的读后感，或者去《NANA》受众聚集的网页"百度贴吧"的"NANA吧"看帖子，你会发现《NANA》的受众基本上都是年轻女性，她们大多都非常认同《NANA》中的某一位女主角。《NANA》的受众多为年轻女性以及她们对女主人公的强烈认同感激发了笔者的研究兴趣，使笔者想去探索这背后的故事。

本论文所提到的《NANA》是指矢泽爱所画、集英社1999年开始连载的少女漫画《NANA》，或者是根据漫画改编而成的电影《NANA》和《NANA2》，或是五十集动画《NANA》，或者同时指这四部作品。《NANA》的受众既包括其中一种作品的读者或者观众，也包括同时阅读和观看过这几种作品的人。

---

❶ 吴咏梅："中国における日本のサブカルチャーとジェンダー——'80後'世代中国人若者の日本観"，载东浩纪、北田晓大编：《思想地图vol.1 特集·日本》（ページ211-245），东京：日本放送出版协会2008年版，第220页。

❷ 漫城后援会编：《NANA，世上另一个我》，石家庄：花山文艺出版社2007年版。

众所周知，近代以前的东亚，中国是文化的创造者，朝鲜既是接受者也是中转站，日本是接受者。近代以后，欧美国家成了"先进文化"的代表，日本成为东亚首先掌握西方先进文化技术的国家，中国一方面直接学习西方，另一方面也通过学习日本达到学习西方的目的。日本动漫却几乎是完全由日本所独创的文化（虽然手冢治虫等人也受到过西方迪斯尼和中国早期动画的影响）。这种情况下，日本成为文化创造者，其他国家都变成这种文化的接受者或学习者。若是借用沃勒斯坦（Immanuel Wallerstein）（1980）对现代世界体系分类时所使用的术语，我们也许可以说边缘地区和半边缘地区的人借助网络更快更主动地接受来自核心地区的文化产品。中国大陆并没有合法引进过《NANA》的漫画版、电影版、动画版的任何一个版本，可仍然有大量的中国大陆年轻女性通过网络看过《NANA》并热爱着《NANA》。她们大多是通过网络在线或者下载观看和阅读，小部分人看过盗版的漫画纸书。《NANA》的受众对《NANA》的视听和阅读其实是中国大陆年轻人接近日本动漫的一个缩影。通过研究《NANA》的受众对《NANA》的接受情况，我们也许可以管窥中国大陆年轻人如何接受日本动漫，也许可以让视日本动漫为洪水猛兽且高呼日本动漫有害论的中国大陆各界"爱国人士"和"有识人士"看到他们想不到的一面。

二、先行研究

（一）受众研究的方法和局限性

总的来说，受众研究的方法大致有三种。

1. 在文学和电影研究中仅被当作概念的受众

在传统的文学研究中，欧洲的"接受理论"和美国的"读者反应理论"都强调把读者视为产生意义的中心，但是他们在研究读者时，重视的是概念中想象的读者，并未把现实中的实际读者作为研究对象，不关心实际读者的具体解读。❶

电影研究也有类似倾向。著名的女性主义电影理论家劳拉·穆尔维（Laura Mulvey）的研究就是其中的一个例子。她于 1975 年在杂志《荧幕》（Screen）上发表了后来成为女性主义电影理论奠基之作的《视觉快感与叙

---

❶ 有元健、本桥哲也訳编：《文化理论用语集》，东京：新曜社 2003 版，第 259 页。

事电影》（"Visual Pleasure and Narrative Cinema"）。❶穆尔维在这篇文中所谈论的男性观众仍然是概念中的观众，她没有分析实际的男性观众对好莱坞影片的解读，而是通过分析好莱坞电影的叙事模式从而得出结论的。

另外，文学研究和电影研究中以文本分析为中心的研究者常常把自己对某个特定文本的解读等同于一般受众的解读。也就是说，他们把自己当作是普通受众的代表。但是他们的解读真的可以代表普罗大众的解读吗？

2. 大众传媒研究领域的效果研究中的受众

大众传媒研究领域的效果研究一直都与心理学密不可分。❷早期的效果研究以美国心理学家约翰·华生（John Broadus Watson）的行为主义心理学为理论基础，得出结论说年轻受众容易受到他们观看的暴力、性等场景的影响从而不自觉模仿，佩恩基金研究就是这类研究的典型，效果研究中的受众是被动的受众。随着学术研究的向前推进，大众传媒研究领域的受众形象开始由被动变得主动，其主要理论依据是社会心理学的使用和效果理论。但是，这样的转变只不过是从早期的"刺激—反应"的研究模式转换到"需要—满足"的研究模式而已。

3. 文化研究中的积极受众

当代文化研究之父斯图亚特·霍尔（Stuart Hall）在他的经典论文《编码与解码》（Encoding/Decoding）❸中指出：受众在消费事先由电视产业编码好的产品时，可能会有三种解码方式：受众的解码与编码者的编码意图完全一致的主导性解读；既不完全同意也不完全否定编码者编码意图的协商性解读；完全否定编码者编码意图的对抗性解读。编码者一旦完成编码，其意图就已固定，但是作为解码者的受众却可以按照自己的立场解码。本论文认同文化研究中这样的积极受众形象。

英国文化研究学者斯泰西（Stacy）通过分析受众信件的方式研究女性观众对好莱坞明星的认同。她用表格的方式比较了电影研究和文化研究这两个领域的受众研究的不同点。❹

❶ Mulvey, Laura, *Visual and other Pleasures*, London: Macmillan, 1989.

❷ 洛厄里、德福勒:《大众传媒效果研究的里程碑》，刘海龙等译，北京：中国人民大学出版社2009年版。

❸ Hall, Stuart, *Encoding/Decording, in Culture, Media, Language*, Hall, et al. eds., London: Hutchinson, [1973]1981:128-38.

❹ Stacey, Jackie, *Star Gazing: Hollywood Cinema and Female Spectatorship*, London: Routledge, 1994.

表6.1　电影研究中的受众研究模式和文化研究中的受众研究模式的比较

电影研究	文化研究
受众立场	受众主导
文本分析	民族志方式
生产主导	消费主导
被动的受众	积极的受众
无意识	有意识
悲观	乐观

表 6.1 一目了然地凸显了文化研究中受众研究模式的特点。本研究的出发点就是斯泰西所总结的文化研究中的受众研究模式。

（二）文化研究中的受众民族志研究和其局限性

在霍尔提出了受众研究的理论模式之后，其得意门生戴维·莫利（David Morley）等学者使用民族志方法进一步深化受众研究。其他研究者也从各自的角度进行受众民族志研究。

1. 莫利的研究：受众是"建构社会意义的场所"

莫利（1980）运用霍尔的编码与解码理论，采用文化人类学民族志的方法研究按社会阶级分类的各集团如何解读 BBC 电视节目《国家新闻》（Nationwide）。[1]他通过实证方法证明了霍尔提出的受众的三种解码方式的确存在，并进一步提出受众对文本的解读与其社会阶级无直接关系。莫利的这项研究给受众研究带来的最大影响是："不但强调消费某个文本时的社会背景，也重视特定受众带到文本中的社会性内容"。[2]这表明受众研究开始用社会学的视角来看待特定的受众而不只是讨论泛泛而谈的受众，开始重视受众的日常生活。

霍尔和莫利等理论研究和民族志研究带给我们的启示是：受众在社会属性上是各有差异而不是千篇一律的。本研究继承霍尔和莫利等学者的研究立场，把受众视为"建构社会意义的场所"，重视他们立足于各自不同的日常生活的文本解读。

[1] Morley, David, *The "Nationwid" Audience*, London: BFI, 1980.

[2] 溝上由紀ほか訳：《カルチュラル·スタディーズ入門——理論と英国での発展》，东京：作品社1999 年版。

专题研究

2. 洪美恩（Ien Ang）、利贝斯（Liebes Tamar）和凯茨（Katz Elihu）等人的研究：在不同的文化背景下积极解读跨国文本的受众

批判文化帝国主义的学者指出，西方强国将自己的价值观和信仰单方面加诸弱势国家，从而改变其价值观、生活方式等，渗透和控制其他国家人民生活，以达到帝国主义势力的扩张目的。汤林森（John Tomlinson）为文化帝国主义辩解道，作为帝国主义第一种方式的媒介并不一定直接能成为帝国主义的工具，因为媒介文本在不同的文化语境中产生不同的意义，它的影响力不是由文本创造者，而是由特定文化语境下的受众的反应所决定的。❶

在文化研究领域，洪美恩（1985）❷、利贝斯和凯茨（2003）❸分析了受众对在多国取得高收视率的美国电视剧《豪门恩怨》（Dallas）的解读，证明非美国人在解读《豪门恩怨》这个跨国文本时并不一定是被动地接受其中的意识形态。

洪美恩以荷兰的《豪门恩怨》受众（主要是女性）为研究对象，仔细分析了她们评论《豪门恩怨》的信件。不管是喜欢这部电视剧还是讨厌这部电视剧的观众都从各自的生活经历和个性出发对这部影片做出了独特的解读，从而获得了自己特有的快乐。

利贝斯和凯茨用民族志的方法比较了居住在以色列的俄罗斯移民、摩洛哥犹太人、阿拉伯人、土生土长的以色列人和居住在美国的美国人以及居住在日本的日本人对《豪门恩怨》的解读。这些受众的社会文化背景和民族大相径庭，他们的解读也有很大的差异。摩洛哥犹太人和阿拉伯人进行了"参照性解读"，俄罗斯移民和日本人则是"批判性解读"，而美国人和以色列人的解读却是在"参照性解读"和"批判性解读"之间。

洪美恩、利贝斯和凯茨的《豪门恩怨》的受众研究表明，年龄、性别、民族、国籍等各不相同的受众在消费跨国文本时，采取的不是消极的主导性解读，而是根据各自所处的特定的政治、经济、文化背景对同一文本做出各种积极的解读。

---

❶ 汤林森：《文化帝国主义》，冯建三译，上海：上海人民出版社1999版。

❷ Ang, Ien, *Watching Dallas: Soap Opera and the Melodramatic Imagination*, London: Methuen, 1985.

❸ 利贝斯、凯茨：《意义的输出：〈达拉斯〉的跨文化解读》，刘自雄译，北京：华夏出版社2003年版。

（三）女性受众的文本使用与建立自我同一性的循环性

同一性，又称"自我同一性"，或称"自我认同"，这一概念由美国精神分析理论家埃里克森（Erik H. Erikson）（1998）[1]提出，他本人并没有给同一性下定义，只说当主体意识到自己有同一性的时候就会感到同一性是怎么回事。

已经确立的同一性具有单一、连续、安定等特征。现代社会价值多元化，很难确立一个明确的同一性。尤其是在全球化时代到来之后，人口在全球范围内不断流动，各种文化之间交流频繁，在一个国家居住的人可能会同时接触到前现代社会文化、现代社会文化、后现代社会文化。这样一来，人的同一性就容易处于不安定状态，也能够不断地重建自己的同一性。正如吉登斯（Giddens）在《现代性与自我认同》[2]（1998）一书中表达的一样，在现代性这种后传统秩序下，传统虽然并未完全被抛弃，但不断变化的日常生活迫使人们反思"自我"以应对生活中的变化。

现代女性的同一性就更是处于不安定状态了。一方面，她们被要求继承传统女性作为贤妻良母的价值观，另一方面，她们受到时代的影响，必须成长为独立自主的新女性。两种不同的要求使现代女性疲于奔命。

文化研究中的女性受众研究多集中在文本使用与建立自我同一性的关联性方面。女性受众常把从文本中解读到的意义灵活运用到自我同一性的建构上。代表性的研究有以肥皂剧的女性受众为研究对象的霍普森（Hobson）的研究[3]、洪美恩（1985）的《豪门恩怨》女性受众研究、电影《紫色》的黑人女性受众的研究[4]。这些研究的一个共同点是女性受众"利用自己在实际生活中所经历的不安定的同一性来解读文本"[5]。吉登斯突破心理学的界限，把自我认同定义为"个体依据个人的经历所反思性地理解到的自我"[6]。根据吉登斯的定义，我们也许可以说个人生活史是建构、重

---

[1] 埃里克森：《同一性：青少年与危机》，孙名之译，杭州：浙江教育出版社1998年版。

[2] 吉登斯：《现代性与自我认同：现代晚期的自我与社会》，赵旭东、方文、王铭铭译，北京：生活·读书·新知三联书店1998年版。

[3] Hobson, Dorothy, *Crossroads: The Drama of a Soup Opera*, London: Methuen,1982.

[4] Bobo, Jacqueline, "The Color Purple: Black Women as Cultural Readers", in *The Audience Studies Reader*, Will Brooker and Deborah Jermyn, eds., pp.305-314, London: Routledge, 2003.

[5] 河津孝宏：《"Sex And The City"と東京の"働く女"たち　海外ドラマ·オーディエンスの文化社会学的エスノグラフィー》，東京大学社会情報学環社会情報コース修士論文2007年，第12页。

[6] 吉登斯：《现代性与自我认同：现代晚期的自我与社会》，赵旭东、方文、王铭铭译，北京：生活·读书·新知三联书店1998年版，第275页。

专题研究

建自我同一性的源泉。由此可见，女性受众的文本使用与自我同一性的建立是一个循环不息的过程：女性本来不安定的同一性成为解读某个文本的资源，然后，解读过的某个文本变成个人生活史的一部分，帮助建构或重建自我同一性，这样建构或重建起来的自我同一性又再次投入到下一次的文本解读中。

本研究剖析的是年轻女性受众对《NANA》的解读，也重视文本使用和自我同一性建立之间的循环性。

（四）凝视（gazing）、自我同一性和快乐

有两位学者深入的研究了"凝视"问题。一位是福柯（Foucault），他在《临床医学的诞生》❶（2001）一书中开始使用"凝视"这一概念，之后又在《规训与惩罚：监狱的诞生》❷（2003）中发展了的了这一概念。另一个人是穆尔维，她在《视觉快感与叙事电影》一文中提出了观看电影时男性运用"凝视"窥探女性，获得与荧幕上的男性角色一样的认同感。❸他们两人的研究提出一个共同的问题：凝视总是与权力联系在一起，主动凝视的一方是拥有权力的一方，但这不是本研究的视角。本研究的重心是女性凝视与自我认同的关系，所以接下来先行研究综述主要讨论这个视角。又因为凝视和精神分析学家拉康（Lacan）提出的镜像阶段有很大的相关性，因此，在讨论受众的凝视之前，要先看看镜像阶段的概念。

拉康指出，每个人都会经历镜像阶段。所谓的镜像阶段是指婴儿成长期的第 6 个月到第 18 个月这段时间，在此期间，当他／她首次从在镜中看到自己形象后，他／她认出了镜中的那个人就是自己，并把映现在镜中的"自我"当作是真实的我、理想的我。❹婴儿是从这一阶段开始意识到自己是一个整体。镜像阶段是获得自我统一感、自我同一性不可或缺的环节。

对于婴儿来讲，那个映现出他／她的镜子可能是母亲的眼睛。在婴儿成长的过程中，他人的视线经常成为镜子。婴儿把映现在镜中的"自我"误认为是真实的自我，并用误认的那个镜中的我来不断改进自我。需要强调的是，人在镜像阶段所体验的自我是一个他者，通过把自己异化为他者，

---

❶ 福柯：《临床医学的诞生》，刘北成译，南京：译林出版社 2001 年版。

❷ 福柯：《规训与惩罚：监狱的诞生》，刘北成、杨远婴译，北京：生活·读书·新知三联书店 2003 年版。

❸ Morley, David, *The "Nationwide" Audien*, London: BFI, 1980：16-26.

❹ 有元健、本桥哲也訳编：《文化理论用语集》，东京：新曜社 2003 年版，第 55 页。

人才获得自我统一感。❶

以《荧幕》杂志为阵地的电影研究者们利用拉康的镜像理论分析文本和观众的立场。本研究借用镜像理论，分析《NANA》的女性受众如何通过联系自己的实际生活，把《NANA》中的角色当作镜像中的自我。前面已经提到过穆尔维在《视觉快感与叙事电影》一文中的男性受众并非实际受众，他们只是概念中的受众。这里讨论她论文的另一个重要方面——男性凝视与自我认同感以及快感的关系。

穆尔维从女性主义立场出发，运用精神分析理论和符号学理论，写了《视觉快感与叙事电影》一文。她在这篇论文中提出了"男性凝视"这一概念。她指出❷：在古典的好莱坞电影院时代，男性受众在电影院幽暗的空间里自恋地把自己等同于电影画面中出现的男性角色，窥视电影屏幕上出现的女性角色，把她们视为欲望的对象，通过这样的观影行动，男性受众获得快感。男性受众在此过程中获得的快感有两重。穆尔维引用拉康的镜像理论，认为当男性受众把电影画面中出现的男性角色误认为是自己时，就通过观影确认了自己作为男人的同一性，从而得到了第一重快感。另一方面，在父权社会的意识形态教育下成长起来的男性受众出于窥淫癖，把电影中出现的女性角色当作妓女来窥视时，他们获得了第二重快感。第一重快感是第二重快感的前提。只有在男性受众把自己误认为是电影中的男性角色并认同这一点之后，他们才能把电影中的女性角色视为"被窥者"。

女性受众乐此不疲地阅读或观看一些文本是因为这种活动带给了她们愉悦感。不管是看美国电视连续剧《豪门恩怨》的荷兰女性观众❸、读言情小说的美国中产阶级主妇❹，还是观看《冬季恋歌》的日本中老年女性❺，以及收看美国电视剧《欲望都市》的东京职业女性❻，她们都从观看某个文

❶ 福原泰平：《ラカン：镜像段階》，东京：讲谈社 1998 年版。

❷ Morley, David, *The 'Nationwide' Audienc*, London: BFI, 1980：16-26.

❸ Ang, Ien, *Watching Dallas: Soap Opera and the Melodramatic Imagination*, London: Methuen, 1985.

❹ Radway, Janice, *Reading the Romance: Women, Patriarchy and Popular Literature*, Chapel Hill: The University of North Carolina Press, 1984.

❺ 林香里：《"冬ソナ"にハマった私たち—純愛、涙、マスコミ…そして韓国》，东京：文艺春秋 2005 年版。

❻ 河津孝宏：《"Sex And The City"と東京の"働く女"たち 海外ドラマ・オーディエンスの文化社会学的エスノグラフィー》，東京大学社会情報学環社会情報コース修士論文 2007 年。

专题研究

本这样的文化实践活动中获得愉悦感。而获得愉悦感的主要原因是她们发现这些文本"有真实感"。

洪美恩发现，受众用两种不同的解读方式来解读文本。[1]一种是从故事的表面设定上获得共鸣。比如文中设定某个角色和谁住在一起，受众自己正好也和这样的人住在一块。另一种就是从文本给出的表面设定出发，读出其中所包含的深意。某个文本的表面设定是固定的，受众现实的日常生活未必在每一个细节上都符合剧情的表面设定。但是，在各种表面设定背后一定有着某些深层次的东西，这些深层次的东西既能指挥着文本中的角色采取某些行动，也是现实观众行动的原因，于是，这成了受众能从文本中获得共鸣的部分。

其实，女性通过凝视能获得三种真实感。第一种是从文本表面设定中获得的真实感。比如，主角居住在某个城市，受众自己也正好去过那个城市，甚至去过主角在剧中逛过的某个商店。第二种是洪美恩所说的"情感上的真实感"[2]。尽管受众的实际生活和文本中的某些设定有差距，但是受众可以通过一些想象力，超越表面不同的细节部分，直接到达文本中各个角色的内心，获得共鸣，从而觉得文本有真实感。第三种真实感是指文本设定符合受众的期待。处于社会底层的劳动女性们也喜欢跟现实接近的文本，但是她们喜欢的"现实性文本"不是指和她们充满苦痛的现实生活相近的文本，而是指和她们想象的、期望的幸福生活相近的那种文本[3]。也就是说，现实生活并不是她们所期望的生活，因此被她们视为不该存在的、非现实的生活，相反，她们期望的那种生活在她们的心里反而更有真实感。

上一段所提到的三种真实感中，第一种表面的真实感和第二种情感的真实感为受众展示了一个现实的自我形象。受众通过阅读或观看某个文本这种文化实践活动，得以确认映现在文本中的那个他者就是自己。另一方面，第三种期望的真实感却给受众提供了一个自己实际生活中并不存在的自我形象。斯泰西（Stacey）指出，20世纪40年代和50年代去电影院看电

---

[1] Ang, Ien, *Watching Dallas: Soap Opera and the Melodramatic Imagination*, London: Methuen, 1985:41-42.

[2] Ang, Ien, *Watching Dallas: Soap Opera and the Melodramatic Imagination*, London: Methuen, 1985:41-42.

[3] 博伊德－巴雷特、纽博尔德编：《媒介研究的进路：经典文献读本》，汪凯、刘晓红译，北京：新华出版社2004年版，第528—529页。

影的英国白人女性把好莱坞的女明星视为理想的自我。[1]阅读言情小说的中产阶级主妇们在现实生活中承担的角色分工是照顾丈夫和子女的传统型贤妻良母，但她们最喜欢的言情小说类型是：女主人公既独立又聪明，同时又被男人呵护。[2]她们在故事里见到的女主角和现实生活中的自己不同，却是她们心目中理想的自我。这种情况下，受众通过阅读这种文化活动，把映现在文本中的理想他者误认为是自己该有的形象，使自己喘不过气来的现实生活可以获得片刻安宁。当文本成为受众的镜子时，里面映现出来的他者是接近现实的他者也罢，是理想的他者也好，都让受众得以认识自我、建构自我。

（五）研究方法：民族志

本研究把《NANA》的受众对文本的解读定位为在改革开放以后成长起来的中国大陆年轻女性的一项日常文化实践活动。这样的研究适合运用民族志的方法来展开。

民族志本来是文化人类学的传统研究方法，研究者主要通过参与其他文化进行仔细观察并记录下属于此文化的人对他们／她们文化的理解，从而真正理解和解释文化。然而，在今天，民族志已不再只是人类学或社会学的常用研究方法了，文化研究领域也频繁地运用人类学这种质的研究方法。前面提到过的莫利[3]、洪美恩[4]、罗德薇[5]、林香里[6]、河津孝宏[7]等人的受众研究都运用了民族志的研究方法。不过，文化研究领域的民族志方法运用和文化人类学领域的民族志运用有所差异。文化人类学的研究者需要在某个田野长期观察，为了考察研究对象的变化，他们甚至需要多次回访。而在文化研究领域，研究者多用访谈和小组讨论等方式来记录文化实践者自己讲述的个人经验。

---

[1] Stacey, Jackie, *Star Ggazing: Hollywood Cinema and Female Spectatorship*, London: Routledge, 1994.

[2] Radway, Janice, *Reading the Romance: Women, Patriarchy and Popular Literature*, Chapel Hill: The University of North Carolina Press, 1984.

[3] Morley, David, *The 'Nationwide' Audience*, London: BFI, 1980.

[4] Ang, Ien, *Watching Dallas: Soap Opera and the Melodramatic Imagination*, London: Methuen, 1985.

[5] Radway, Janice, *Reading the Romance: Women, Patriarchy and Popular Literature*, Chapel Hill: The University of North Carolina Press, 1984.

[6] 林香里：《"冬ソナ"にハマった私たち—純愛、涙、マスコミ…そして韓国》，東京：文艺春秋2005年版。

[7] 河津孝宏：《"Sex And The City"と東京の"働く女"たち　海外ドラマ・オーディエンスの文化社会学的エスノグラフィー》，東京大学社会情報学環社会情報コース修士論文2007年。

专题研究

本研究也运用民族志的方法去了解作为文化实践者的受众的想法。为了更好地分析受众的解读，笔者也重视不同的受众所共有的社会背景，因为这是受众从个人生活史出发解读文本的大前提。

（六）本研究的创新之处

女性受众研究方面的文献显示，关于这方面的研究还存在未开垦的领域：（1）从研究对象的身份看，先行研究偏重研究家庭主妇、中老年女性、白领女性或少数族裔的女性等女性受众，较少把青年和少年的女性受众当作研究对象；（2）从研究对象所用的文本看，常常把电视节目、电视连续剧、电影、言情小说等的女性受众作为研究对象，形式已经非常成熟的日本动漫所吸引的庞大的女性受众群体方面的研究还是空白；（3）从研究对象使用的媒介方式来看，历来的研究多重视利用电视媒介的受众。笔者将借用文化研究中常用的民族志的方面研究新的受众群体——日本少女漫画在中国大陆的"80后"女性受众，她们在笔者开始这项研究的2008年时，还是30岁以下的青年或少年，她们主要借助因特网这种媒介去使用日本的文本。

另一方面，关于凝视理论的先行研究显示，穆尔维不是通过经验研究而是运用精神分析理论进行文本分析得出了她的结论。本研究从穆尔维的受众凝视这一视角得到了启示，但不是通过文本分析而是通过利用民族志的方法来探讨凝视与自我认同的问题。穆尔维的论文只讨论了传统好莱坞电影这种男性制作给男性看的文本与男性受众的关系，没有进一步谈到女性受众与女性文本的问题。本研究分析的是女性受众如何解读《NANA》这部女性创作给女性看的文本，不但讨论她们对其中的女性角色的凝视，也分析她们对其中的男性角色的凝视。

三、《NANA》被中国大陆的年轻女性接受之前的故事：社会背景和《NANA》的文本分析

（一）1979年后中国大陆对日本动画片的接受

以1979年12月《铁臂阿童木》的放映为契机，日本动画片也进入了中国大陆。中国除了国家级的中央电视台以外，各省、市、县均有自己的电视台，这种情况下，很难具体统计出日本动画片在中国的放映情况。这里引用一个对湖北省电视台的动画片放映统计，就当作是管中窥豹。

表6.2　湖北省1983—1989年放映的动画片数量 ❶

国家/地域	放映数量（部）	总放映时（分）	每年平均放映时（分）	放映时间比例
中国	26	806	115	3.8%
日本	11	9891	1413	46.6%
美国	13	6601	943	31.0%
欧洲	10	2920	417	13.8%
其他	5	1014	145	4.8%
全体	65	21232	3030	100%

　　从表 6.2 可以看出，湖北电视台从 1983 年到 1989 年放映的动画片中，日本动画片的总时间最长，占 46.6%，比第二位的美国动画片高了近 16 个百分点。尽管放映的中国动画片部数最多，但是因为中国动画片基本都是短片，所以总放映时间反而最短。20 世纪 80 年代，中国大陆流行的日本动画片主要有：《森林大帝》《花仙子》《聪明的一休》《机器猫》《圣斗士星矢》《七龙珠》等。20 世纪 90 年代，《阿拉蕾》《灌篮高手》《乱马1/2》《美少女战士》等日本动画片迷倒无数少男少女。到了网络时代 21 世纪之后，中国大陆年轻人一边看经典的日本老动画片，一边追日本正在热播的新动画片。

　　伴随着日本动画片进入中国大陆的是日本漫画。中国大陆本来有自己独特的图画书——连环画，却因 20 世纪 80 年代后期的恶性竞争而渐渐退出历史舞台，与此同时，富有电影镜头感的、风格多变、题材多样的日本漫画给中国大陆的年轻人带来了巨大的冲击。尽管在大陆出版的大多日本漫画都没有取得合法版权，它们却在城市的少男少女中流行起来。据说，中国大陆仅在 1993 年和 1994 年两年就卖掉了一亿册以上的盗版日本漫画。❷

　　（二）网络时代与日本动漫的接受

　　出版商从盗版的日本漫画中获利颇多。于是，他们在擅自非法出版一些最经典的少男漫画、少女漫画之后，又加大出版力度，开始出版有露骨

---

❶ Wang, Yang, *The Dissemination of Japanese Manga in China: The Interplay of Culture and Social Transformation in Post Reform Period*, Master/4th term thesis, The Centre for East and South-East Asian Studies at Lund University, 2005:16.

❷ 邢宇皓："中国卡通期待飞跃"，载《光明日报》（2000 年 6 月 3 日），http://ent.sina.com.cn/amusement/comment/2000-06-03/7424.shtml，2008 年 4 月检索。

专题研究

性描写的成人漫画和一些小众漫画。于是，舆论就开始大肆批判日本动画和漫画的性描写、暴力等不好的一面。中宣部、国家新闻出版广电总局也于 1995 年联合启动了中国"5155"工程❶。"5155"工程指的是建立 5 个动画基地、15 套系列漫画、5 本动漫刊物，这是一个支持国产动漫的政府工程。之后，中国大陆的盗版日本漫画出版活动陷入僵局。电视台放映日本动画的时间也在减少。

　　但是中国大陆年轻人很快就找到了新的方式去获得日本动漫，因为因特网在 20 世纪 90 年代的后半期开始在中国大陆普及，而且普及速度快得惊人。

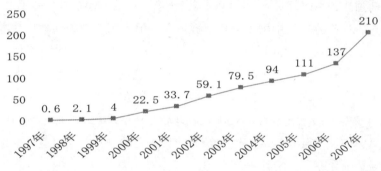

图 6.1　中国大陆使用因特网的人数（单位：百万人）

注：数据来自 CNNIC1997 年至 2007 年的统计，笔者制表

　　图 6.1 的统计显示，从 1997 年到 2007 年这短短的 11 年间，中国大陆的网络用户就从 60 万人增长到 2.1 亿人。中国大陆的因特网使用者有两个显著的特征：一是用户以年轻人居多，二是上网目的多为娱乐活动。中国互联网络信息中心（CNNIC）在 2008 年 1 月发表的报告显示，30 岁以下（=1977 年以后出生的人）用户占整体的 79%。❷有 94.2% 的用户承认网络丰富了自己的娱乐生活。❸最常见的三种上网目的分别是：下载音乐（86.6%），

❶　引用自百度百科，http://baike.baidu.com/link?url=rMGxEZcYIEX327dx1trTegSWlZeP4V5T3s0feqv0EorsPrw_Ga1t_To5iKZzoY5YNsbFMXPQJI3TvngHPm_kSK，2014 年 5 月 10 日查阅。

❷　CNNIC（中国互联网络信息中心）：中国互联网络发展状况统计报告（2008 年 1 月），第 16 页，http://www.cnnic.net.cn，2009 年 1 月查阅。

❸　CNNIC（中国互联网络信息中心）：中国互联网络发展状况统计报告（2008 年 1 月），第 37 页，http://www.cnnic.net.cn，2009 年 1 月查阅。

用 QQ 或 MSN 等聊天（81.4%），看电影、电视剧、动漫等（76.9%）。

在中国大陆，因特网首先是以大学为中心发展起来的，很多大学都开通了 BBS，其中有专门讨论动漫，尤其是日本动漫的版块。一些日本动漫迷还制作了不少介绍和下载日本动漫的网站。这样一来，不用看纸质书和电视就可以看到日本动漫。在因特网时代，改革开放以后出生的城市年轻人喜欢的动漫多数来自日本。日本青少年研究所的一份调查结果显示，看"美国动漫"和"韩国动漫"的中国大陆高中生分别只有 29.9% 和 21.8%，却有 73.3% 的中国大陆高中生看日本动漫。❶有很多日语专业的大学生说自己之所以对日本有亲近感是因为喜欢日本动漫、游戏、电视剧等。❷陈奇佳等人组成的"动漫研究小组"在 2004—2005 年做了一个名为"动画 / 漫画消费状况"的调查，对象主要是北京、杭州、武汉、桂林、太湖这五个城市的改革开放后出生的年轻人。调查结果表明：这些年轻人最喜爱的 10 部动漫作品，除了第 8 位是美国的《猫和老鼠》之外，其他全是日本作品，就算数到第 50 部作品，日本作品还是有 33 部；他们 / 她们最喜欢的 10 位动漫作家只有第 7 位和第 10 位是中国台湾人，其余 8 位均为日本人。❸而《NANA》的作者矢泽爱位于最受欢迎的动漫作家的榜单第 28 位。值得一提的是，中国大陆没有正式出版过她的漫画，也没有正规发行由她的漫画改编成的动画和电影。生活在网络时代的中国大陆年轻人轻而易举就能接触到日本动漫，自然也就很容易邂逅《NANA》了。

（三）《NANA》的受众群像

日本方面用漫画、动画、电影、音乐和游戏五位一体的商业模式来销售推广《NANA》，尽可能抓住消费者。在中国大陆除了《NANA》的游戏以外，不管是漫画《NANA》、动画《NANA》、电影《NANA》和《NANA2》，还是跟它相关的音乐作品，都有各自或者是重合的受众。

《NANA》的作者矢泽爱以 1985 年发表的《那个夏天》为契机，正式出道。之后，她创作了《不是天使》、《近所物语》、《下弦之月》、《天堂之吻》等作品，深受读者喜爱。中国大陆最早看矢泽爱作品的人是习惯看日本动

❶ 日本青少年研究所：《高校生の友人関係と生活意識－日本・アメリカ・中国・韓国の 比較一》，http://www1.odn.ne.jp/youth-study/index.htm，2008 年 1 月查阅。

❷ 大森和夫、大森弘子：《中国の大学生 2 万 7187 人の対日意識：六年間・三回の "アンケート" 回答を分析》，川口：日本侨报社 2005 年版。

❸ 陈奇佳：《日本动漫艺术概论》，上海：上海交通大学出版社 2006 年版，第 181—192 页。

专题研究

漫的人。习惯看动漫的人一般会主动找动漫来看，这样容易看到新作品。若是喜欢该作品，就很有可能会看这个漫画作家或动画导演的所有作品，并且关注其新作品。于是，《NANA》作为矢泽爱的最新、最长且还在连载的作品，当然很容易受到关注。一直追着漫画《NANA》的连载看的读者，很容易注意到由它改编的动画《NANA》和电影《NANA》、《NANA2》。有些受众一开始只是看了50集的动画，看完后意犹未尽想知道后续发展，于是接着看漫画《NANA》的连载。

并不是所有看《NANA》的受众都是因为喜欢日本动漫才接触到它的，有不少受众是通过电影知道了《NANA》。在中国大陆，喜欢日剧、日本流行音乐等日本大众文化的都市年轻人为数甚多，他们熟知日本明星。电影《NANA》中分饰两大女主角大崎娜娜和小松奈奈的中岛美嘉和宫崎葵，饰演本城莲的松田龙平，饰演寺岛伸夫的成宫宽贵，唱电影《NANA》主题歌的伊藤由奈，唱动画《NANA》主题歌的土屋安娜，各自在中国大陆都有不少粉丝，喜欢他们的人在关注其作品的同时也有可能会注意到《NANA》。

那么，到底是哪些人在看《NANA》呢？本研究应用民族志的研究方法，通过访谈具体了解受众对《NANA》的解读。但是，因为样本有限，不足以知道《NANA》受众的整体面貌，所以利用了一下网上的信息。"百度贴吧"中的"NANA吧"是一个《NANA》受众聚集的网页，有一部分受众在上面公布了一些个人资料，经笔者总结，得出了图6.2和图6.3所示的统计结果。

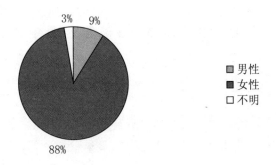

图6.2 《NANA》受众的性别（总人数713人）

从图6.2可以发现《NANA》受众的第一个特征：女性受众是核心受众，占了88%的比例。

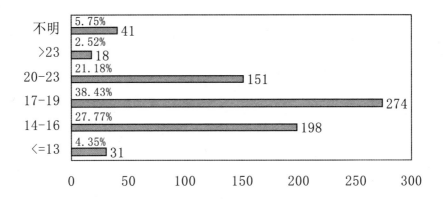

图 6.3 《NANA》受众的年龄（单位：岁）

从图 6.3 可以发现，23 岁以下的受众高达 92%，是绝大多数。在这里需要注意的是：年纪越小的人越喜欢在网上公布个人信息以寻找同路人。实际上，在笔者采访的 17 人中（本论文因为篇幅的关系在第三章只分析了 11 人的访谈资料），只有 G、J、K 3 人在网上就《NANA》有关的事与人交流过，这 3 人都在 23 岁以下。其余的 14 人，尽管利用网络查找《NANA》的信息，在网上看《NANA》或从网上下载后在自己电脑上看，但是她们并没有在网上热心发言，一味保持沉默。也就是说，"百度贴吧"中的"NANA 吧"中公布个人信息的受众虽然多在 23 岁以下，却并不意味着 23 岁以上的受众就很少。总的说来，《NANA》的受众主要是改革开放后出生的年轻女性。

改革开放后出生的年轻女性有什么特点？首先，她们很多是独生女，改革开放后出生的城市女性中独生女更多。而且，她们从小就不断地接触外来文化。1978 年以后，中国各个领域都开始执行"对内改革，对外开放"的政策，西方国家和日本等的先进经验成为中国学习的对象。随着改革开放政策的实施，政府的工作中心转移到发展经济上来。为了抑制人口增长，更好地发展经济，1980 年 9 月 25 日，中共中央发表《中共中央关于控制我国人口增长问题致全体共产党员、共青团员的公开信》，提倡一对夫妇只生育一个孩子，从此，我国正式实施独生子女人口生育政

专题研究

195

策。❶因此，1980 年之后出生的大陆人（尤其是城市人）很多都是独生子 / 女。2005 年全国 1% 人口抽样调查数据显示，全国城市育龄妇女总和生育率是 92.75%。❷也就是说，平均下来，一位城市妇女一生所生的孩子还不到一个。独生子 / 女出生在中国历史上经济发展最快的时期，物质生活方面相对之前大有提高。在文化生活方面，独生子 / 女一代一出生就沐浴在外来文化的光辉之下，随着因特网的普及，他们 / 她们能够同步享受到外国同龄人正在消费的文化商品。

其次，改革开放后出生的年轻女性肩负着既要当贤妻良母又要变成事业女性的重任。中国传统的性别分工是"男主外，女主内"。实际上，中国女性的劳动参与率很高。根据世界银行的数据，1990—2001 年，中国女性劳动参与率在 70% 以上（包括 70%），2002—2012 年在 64% 以上（包括 64%），远高于同时期美国、德国、法国、日本等发达国家的女性劳动参与率。❸中国女性在家庭中作为贤妻良母的责任并没有减轻，和男人一样工作渐渐成了她们的义务。

（四）《NANA》的文本分析

在文化研究中最重要的战略是解读文本。❹在进入第四部分具体分析受众对《NANA》的解读之前，笔者在本小节先粗略地分析一下漫画《NANA》的文本本身。因为动画《NANA》和电影《NANA》非常忠实于漫画的改编，所以对漫画《NANA》的分析也适用于它们。

日本漫画产业极其发达，根据读者的不同，分为儿童漫画、少年漫画、少女漫画、青年漫画等。其中的少女漫画算是世界上绝无仅有的。❺漫画作者在创作少女漫画之前，为它预先设定的核心受众是以少女为主的年轻女

❶ 请参考百度文库，http://wenku.baidu.com/link?url=Hs6zAxmwgQFxs8gdA88iISOXevbB8XWrQqXB0MvJDe6kliW6J7ih53gvXjO_UoyqnA6NwESu0gbKmmLpWmS5-g5Nr5bSXQXByj1hSvNPotG，2014 年 5 月 12 日查阅。

❷ 总和生育率指的是一个人口群体的各年龄别妇女生育率的总和。出自中华人民共和国国家统计局在官方网站上公布的数据，http://www.stats.gov.cn/tjsj/ndsj/renkou/2005/html/0803a.htm，2014 年 5 月 12 日查阅。

❸ 劳动参与率指的是"年龄在 15 岁及 15 岁以上的人口中从事经济活动的人口比率"，此处的概念和数据都出自世界银行数据库，http://data.worldbank.org.cn/indicator/SL.TLF.CACT.FE.ZS/countries?display=default，2014 年 5 月 12 日查阅。

❹ ターナー著：『カルチュラル・スタディーズ入門——理論と英国での発展』、溝上由紀ほか訳、東京：作品社 1999 年版、113 ページ。

❺ 石子順造：『戦後マンガ史ノート』、東京：紀伊国屋書店 1994 年版。

性。这样一来，其主题必然得是它的核心受众所关心的话题才行。《NANA》最初是一部由女性漫画家创作出来的、描写年轻女性生活的少女漫画，后来，漫画《NANA》又进一步被电影化和动画化了。

然而，《NANA》决不仅仅是少女漫画，下川早苗指出它为少女漫画带来了两个新的视点❶。第一点，《NANA》里面的一个男性角色章司背叛了女主角奈奈，他在和奈奈谈恋爱期间同时和别的女人相爱了，于是，少女漫画中第一次有了背叛女主角的男性角色。少女漫画的传统是要为受众展示理想的男性形象，绝对不会出现爱上女主角之后还会变心的、跟现实没有差距感的男性。第二点，贯穿《NANA》整个故事，都在真实地描写摇滚乐队为了成功付出的艰辛努力，这在少女漫画中也是革命性的主题。迄今为止，少女漫画中设定的女性职业除了家庭主妇、护士、教师等传统女性职业以外，也有演员、网球选手等需要才能和个性的职业，但是传统的少女漫画会为女主角事先准备这些特别的职业所需的特殊才华和个性。《NANA》的女主角之一的大崎娜娜却不具备这种天生的才华，她无论怎么努力都比不上天生的歌手蕾拉，挫折总是与她相伴。这两个新视点都说明一点，《NANA》和它之前的少女漫画相比，与现实生活相对更近。

《NANA》的现实感和它的发表阵地少女漫画杂志《Cookie》不无关系。早在 1999 年，《Cookie》的创刊号就发表了《NANA》。《Cookie》的定位是《缎带》（りぼん）的增刊。少女漫画杂志《缎带》是少女漫画的大本营，它的主要受众是高年级的小学生和初中生，所以，发表在这个杂志上的少女漫画遵守的原则是"两个人一旦有了约定最后就必须走到一起"❷。《Cookie》的风格却很不一样。《NANA》的编辑说，《Cookie》的目标受众是"开始为现实生活而奔波，并倾向于定期买时尚杂志而不是买漫画"❸的人，也就是说它的目标受众是有了某些人生经历开始走向成熟的年轻女性。考虑到《NANA》一开始就发表在《Cookie》上，矢泽爱会在这部作品里讨论比普通少女漫画更为复杂的主题也就在情理之中了。

望月充说《NANA》"是一部讲述两位女性在从少女成长到大人的过程

❶ 森直人："対談　阿部和重×下川香苗　『NANA』を読む"、『クイック・ジャパン』（Vol.61）ページ 40-45。東京：太田出版 2005 年、41-42 ページ。
❷ 矢沢あい：『NANA7.8—ナナ—ナナてんハチ』、東京：集英社 2003 年版、10 ページ。
❸ 『クイック・ジャパン』編集部："『NANA』担当編集者アンケート"、『クイック・ジャパン』（Vol.61 、ページ 45）、東京：太田出版 2005 年、ページ 45。

专题研究

中被爱和梦想折磨的故事"❶。"两位女性"是指矢泽爱在《NANA》中费了同样多笔墨塑造出来的两位女主角：大崎娜娜和小松奈奈。这两位女主角的日本名字发音都为"nana"，她们两人的个性和成长环境本来各不相同，但是在去东京的电车上相遇之后，各自正式进入对方的世界，她们初到东京时住在同一间公寓，感情日渐深厚。

《NANA》中出现的主要人物除了真一以外，其他人都是 20 岁左右的青年人，他们／她们各有特点。两个女主角代表了两种女性：大崎娜娜觉得比起恋爱和家庭来说，实现梦想更能给自己带来安全感，她的歌唱事业却在通往成功的道路上屡屡受阻；小松奈奈被称为"恋爱达人"，她每日穿着漂亮衣服，梦想当一位幸福的新娘和家庭主妇。《NANA》中的主要男性角色也各具风格：拓实在男女关系上不检点但是事业成功；泰本应是一位出色的律师却为了朋友一直做乐队工作；伸夫喜欢乐队生活而把继承家业的事放在一边；莲是孤儿出身却是音乐才子；真一只有 15 岁却流浪在多个成熟女人的怀里。通过对这些人物的描绘，矢泽爱在《NANA》中集中讨论了年轻女性关心的五个主题：女性的成长和活法、女性之间的羁绊、恋爱、家庭（尤其是各种不完整的家庭）、性。于是，丰富多彩的人物形象和与跟年轻女性密切相关的主题吸引了层级多样的受众。

四、女性凝视与身份认同建构：中国大陆的年轻女性受众如何解读《NANA》

前面所做的文本分析，只是笔者眼中的《NANA》，并不代表《NANA》受众的解读。本研究要分析的是受众阅读和观看《NANA》的文化实践活动本身和她们的解读。受众在笔者的采访中叙述了他们在各自的生活轨迹上对《NANA》所做出的诠释，本章节的主要任务是对受众的解读进行"症候阅读"❷，揭示出受众在受访时没有说的、说不出来的、被掩盖的东西。

（一）《NANA》的可接近性

笔者随机采访的 11 人在 15 岁到 28 岁之间。其中，除了 K 以外，其余10 人均是专业学习或者以第二外语学习的形式学过或正在学习日语。接触

---

❶ 望月充："矢沢あいの時代　1985 ~ 2005"、『クイック・ジャパン』（Vol.61、ページ 36-37），东京：太田出版 2005 年。
❷ 阿尔都塞、巴里巴尔：《读〈资本论〉》，李其庆、冯文光译，北京：中央编译出版社 2001 年版。

日语的人的确更容易接触到日本的内容产业，但这并不是受众与《NANA》相遇的前提条件。11 位受众从小开始不同程度地阅读或观看日本动漫。也就是说，她们在学习日语之前就一直接触日本动漫，只不过程度有轻有重。下面的表格总结了她们接触日本动漫的频度。

表6.3　接触日本动漫的频度

接触日语前就经常看日本动漫	进入大学后才经常看日本动画	读研究生时在友人影响下才常看日本动漫	平常不看，但是会看有名作品
A、B、E、F、G、J	I	C	D、H、K

　　正如表 6.3 所显示的那样，A、B、E、F、G、J 在学日语之前就已经有了看日本动漫的习惯。她们就算是在大学里没有接触日语也极有可能会接触到《NANA》。比如说，F 从高中开始就在追着看《NANA》的漫画连载，而 E 在大学一年级还没有选择日语为第二外语时就开始看漫画《NANA》了，而且 E 还是因为喜欢日本漫画才选择了日语作为第二外语。而 J 说，她因为喜欢日本动画，所以在读完中专以后攻读成人大学专科学位时，选择了日语作为她的专业。I 之所以在进入大学之后才开始经常看日本动漫是因为她上了大学后才开始拥有个人电脑，从此以后就开始了大量看日本动画的生活。但是她从高一开始就像前面提到的 F 一样追着看《NANA》的漫画连载，而且她业余学日语的部分原因是她喜欢日本动漫。反倒是 C，尽管她在大学就以日语为专业，但是她那时对日本动漫并没有多大的兴趣。她是在超级热爱日本动漫的同学 B 的影响下，才开始经常性观看日本动画。以上的这些个案表明：学习日语并不是邂逅《NANA》的前提条件。

　　实际上，受众接触到《NANA》的契机各不相同。但是，这些人都有一些共同点，有了这些共同点，她们与《NANA》相遇既是一种偶然，也是一种必然。

　　第一个共同点是：中国大陆的年青一代对日本动漫有很长的接受历史。改革开放后出生的年青一代从小就是看着日本动漫长大的，他们／她们已经多少都有点习惯日本动漫的类型、表现方式、微妙的幽默等。这是来自日本的《NANA》被中国年轻女性自发接受的前提条件。笔者在前面进行文本分析时，曾指出漫画《NANA》作为少女漫画有两个新的突破点。实际上，《NANA》的受众也敏感地注意到了这种改变。这是因为她们在长期的观看和阅读中已经培养出了对日本动漫的鉴赏能力，并在进一步的观看和阅读中加深了这种能力。

B（27岁，研究生三年级）：少女漫画？那要看你怎么定义咯。像我以前看的那些少女漫画，没有这么……就是深度会比较浅嘛，那就很单纯的模式型的恋爱，它这个可以说是模式型突破了。

笔者：那个模式型是指什么？

B：（笑）就是很简单地先出现一个帅哥，然后这个少女爱上了这个帅哥，或者这个帅哥爱上了这个少女，然后出现三角关系，然后争来争去，都是一些小事嘛，然后吵吵闹闹，就像一些青春偶像剧。以前那种少女漫画是很多的，而且特别……反正简单地说它比较纯，就是属于那种十三四岁的小女孩那种，看上去会比较……嗯……也是那种是视觉型的，心理的话，是比较简单，就是除了吃醋就是那种形式的……《NANA》从这种意义上讲，单纯把它归为少女漫画不太合适，我觉得。

B从小学就开始读日本漫画，对少女漫画惯有的叙事方式和角色类型了如指掌。但是，《NANA》打破了她对少女漫画的预期，被打破的预期正是说明她对少女漫画的熟悉度。正是这种打破才吸引了她的注意，使她能够开心地看完而不是中途放弃《NANA》，并向别人推荐。虽然这里引用的仅仅是B对少女漫画的认识，其实她本人对日本动漫的各种形式都很了解，简直算是"日本动画的百科全书"。

第二个共同点是：她们在日常生活中总会找点什么来观看或阅读。而且，观看或阅读点什么并不只是年轻女性的娱乐活动，而是她们日常生活不可或缺的一部分。

A（28岁，研究生二年级）：习惯吧，我觉得已经成了生活的一部分了，没有说特别有目的地去看，有些时候。

H（21岁，大学四年级）：我其实就是去年生病那段时间突然变得很闲，然后脑子里面整天就胡思乱想，我想找个东西把它固定一下，吸引一下我的注意力，然后我就去看这个漫画。

《NANA》的受众基本上都和A、H一样，总是会积极地找点东西来看。A经常看美国的电影和连续剧，也爱看日本的电影、连续剧、动漫以及韩国电视剧，还常读中国小说。其他的受访者也许没有A那么兴趣广泛，也一样喜欢看点东西。H热爱美剧和日剧，不太看动画。但是，当她因受伤而有了很多空闲时间时，为了不让自己胡思乱想，她开始考虑看看日本动画，也就顺理成章地看了年轻女性中有名的《NANA》。思考让人痛苦，看点什么倒是让人更好过。于是，年轻女性们不断地消费着各种文本。

《NANA》在日本极有人气。尽管它是日本的作品，但它的名气在中国网络上很快就传播开来。年轻人经常上网，很容易接触到人气作品的信息。另外，中国大陆的动漫杂志主要介绍日本动漫最新资讯而不是刊登原创作品，它们也很早就向动漫迷们介绍了《NANA》。在好奇心的驱使下，中国大陆的年轻女性开始观看、阅读《NANA》。

笔者：刚刚你也提到大家都喜欢的你也想看看什么的，那个大家都喜欢的信息是从哪里得来的？

A：大家都喜欢？一方面是从网上吧，另外一方面可能主要是在网上。就是你经常能看到这个名字，经常能碰得到。像比如说，我对漫画不是感兴趣吗，还有那个……叫什么名字呢？アニメーション。对这个感兴趣，比如说你打开个下载什么的，就很能反映。

笔者：打开 ftp 还是迅雷？

A：ftp。我还比较喜欢去太平洋游戏网站，它那里面有专门对游戏呀、漫画呀什么的介绍。

E（23岁，公司职员）：《动感新势力》，是一本杂志。它上面推荐的我都看。然后有个依兰动漫网嘛，它那边新番更新快，比较多。就会看它那边的主打。

G（22岁，成人大学学生）❶：电视上有一档介绍日本动漫的节目，在那里看的（《NANA》的信息）（当时家里没上网！）。后来买的DVD看的（《NANA》的动画）！《NANA》的漫画是租书店租的，电影是在网上看的。

本研究所访谈的《NANA》的受众有经常看点什么的习惯，她们和 A 一样经常在网上查找可看的新内容。一旦发现人气作品就下载或者直接在线观看。A、E 和 G 接受《NANA》的方式可谓是《NANA》的受众接受《NANA》的典型模式。年轻人有看点什么的习惯，所以他们对内容产业的各种产品的最新信息非常敏感。A、E 和 G 从小就是日本动漫迷，因此有意识地在收集日本动漫的信息。于是，很早就从动漫网页或是动漫杂志上了解到《NANA》的存在，这种信息收集有一天发挥作用，促成了她们几人与《NANA》的见面。

---

❶ 笔者对 G 和 J 的采访是通过 QQ 这个聊天工具打字交流完成的，本论文中引用的是她们打出来的原文，个别地方可能会不符合书写规范。

专题研究

第三个共同点是：促使年轻受众与《NANA》相遇的另一个重要条件是，她们经历了长期的学校生活，非常了解同学等同辈人的喜好，同时又因为长时间生活在一起，各自的审美鉴赏能力也趋于一致。她们会在同学、朋友中互相咨询最新信息。中国大陆的大学生大多都住在学校宿舍，这加速了其内部的信息传递。最初因某个契机看到《NANA》的人成为信息发射塔，不断把《NANA》介绍给她所知道的、能成为潜在观众或读者的人。

D（23岁，研究生三年级）：我最早听到《NANA》这个电影是她们日语系办文化节，她们不是在□□（笔者注：为了保护被访者，采访中涉及的真实单位名、人名和地名一律用此类符号代替）的电教礼堂公映了这部电影嘛。当时是日语系的一个女孩打电话给我们宿舍的○○，就是说让她去电教礼堂看，说这部电影特别好看。然后○○去没有去我也忘记了，反正最后我们宿舍的人都下载了来看的。

C（25岁，研究生三年级）：一般都是她（笔者注：指B）推荐给我的，因为她看得很多嘛。她会选出那种精选的，然后我就觉得我就没有必要去……选过了嘛，看她介绍的就好了。

H：我大概看到第一集的时候就已经向大家推荐了，宿舍、同学、好朋友、然后……就是，嗯，还有一些很熟的人吧，比如说现在上班的（笔者注：指H打工的地方）或是怎么样的。

K（15岁左右，高中生）：好早以前了，知道有这么一部动画，但那时不太喜欢那种画风，也听说是GL（笔者注：girls' love，女性之间的同性恋情）的，所以没看。前段时间和一个朋友聊起来的时候她说这个蛮好看，结果我看完了……

年轻女性经常听取自己亲密圈子的同辈集团（Peer Group）的意见，受到其影响。D的室友接触到《NANA》的信息后，同宿舍的所有成员都看了《NANA》。C和B是室友。在B的影响下喜欢上日本动画的C非常信任B对日本动漫的鉴赏能力，她毫不犹豫地就观看了B推荐的《NANA》。K很早就知道《NANA》的存在，一开始并没有准备看，但是因为好朋友看这部动画，所以最后还是看了。她的观看是为了合群，为了更好地理解朋友、维护友谊。如果看了朋友都看的作品，与她们交流的时候就会有话题，从对方喜恶中加深对其的了解，从而增进友谊。因为有了H这样在同辈集团中积极的推荐的人，《NANA》才成了某些同辈集团共有的文本。这些同辈集团中的某些人可能是像D一样偶尔看点日本动漫的人。

也就是说，《NANA》的受众包括原先爱看日本动漫的人，也包括偶尔看点日本动漫的人。这一点在下面B的发言中也能检验到。《NANA》的受众已经不仅仅是传统意义上的少女漫画的读者——少女了。那么，到底是哪些人在看《NANA》？

B：我这个年龄带吧，大学生吧，应该比较喜欢看。我觉得从内容上来看，一个是能够深刻理解的，应该是这个年纪，以及和那种成长经历（相似）的人。再小一些的话，我看纯粹喜欢它的那些装饰品呀，还有就是那种……（中略）像中国的那个看漫画的层次的话，我觉得还不主要是大学生，应该中学生很多的那个。（《NANA》）它之所以有那么多人喜欢，主要是把大学生这一块加上来了，还有像我们是研究生嘛，也看。

在这里虽然没有直接引用，其实28岁的A和25岁的C也表达了和27岁的B类似的看法。《NANA》里的主要角色基本上都没有到25岁，但是A、B、C认为反而是走过了那些年纪的、25岁以上的人更能理解这些角色。25岁以上的受众一边看《NANA》一边对照自己已经度过的人生，从而更好地理解各个角色的心情和感情变化，更容易引起共鸣。她们觉得十几岁的《NANA》观众和读者只会注意到里面的时尚等表面问题而忽略了精神层面上的深层次问题。实际上，十几岁的受众在看《NANA》却并不限于只停留在时尚等表面问题上。

J（19岁，成人大学二年级）：再有就是80后的那些青少年，还有那些追求时尚感觉（的人）。有的人喜欢是因为她认为那个剧情很酷呀，急着模仿什么的，是这样的人。一个是呢，自己有感同身受的人。第三个就是那种正在叛逆的少年的感觉吧。一般肯定会是那种十五六岁到二十岁之间的比较多吧。我觉得流行最多的应该就是感同身受，它太过于真实的生活写照，所以，那个迷上它的人会和剧情中的某某人的身世相同的感觉。

笔者：《NANA》为什么那么受大家热爱呀？

K：因为每个人都能从中找到自己的影子。

19岁的J承认十几岁的受众喜欢并模仿《NANA》里的时尚，与此同时，她和15岁的K也强调《NANA》的真实感，强调受众对《NANA》中各个角色的共鸣感。这样看来，不管是十几岁的受众还是二十几岁的受众在解读《NANA》时，都不约而同地感觉到了自己与故事中角色的相似性。正是"不管是台词还是故事本身都跟生活接近"（J语）的真实感，才引发了受众的共鸣。才让她们在"偶然看了动画《NANA》第一集后，就把整部

动画都看了"（H 语）。有的人甚至还多次重复观看或阅读。

《NANA》在她们心中究竟是怎样的文本呢？

A:（室友）问我在看什么。我说我在看关于两个女孩子的故事。我说，这两个女孩子的个性特别不同，她们怀抱不同的梦想，一个是有事业上的梦想，她为了这个事业可以牺牲恋情。另外一个就一心一意想成为一个おくさん（笔者注：这里指家庭主妇），这就是她的梦想。然后，她们两个在各自梦想的道路上发生了很多不同的故事。我这样跟她说的。

B: 我觉得她（笔者注：作者）主要是强调这个……特别是现代社会的一些女性的男性的、特别是青年的那种人际关系，和他们在这个社会里的生活，他们的这种心理上的一些变化呀，就展现那种，这个角度，就是她就想展现这个事实而已。

E: 就是说两个一样名字的女孩，然后在一起生活，然后一块分享对方的喜怒哀乐的故事，就是这样。

H: 是一个年轻的，叫什么，摇滚女歌手的奋斗史吧（大笑）。

尽管《NANA》的动画版和电影版不是漫画《NANA》的绝对再现，但是它们都是很忠实于原作中心思想的改编。然而，对于这样的《NANA》，不同的观众和读者有着不同的理解。在 A 看来，《NANA》讲述了两个不同性格的女孩不同的人生。B 认为《NANA》是一部讲人际关系的作品。在 E 的眼里，《NANA》是一个描写两个女孩之间羁绊的故事。H 直接把《NANA》等同于女主角之一的娜娜的奋斗史。如果你不了解 A、B、E、H 的各自的人生故事，你会怀疑她们讲的根本不是同一个故事《NANA》。正是因为受众的个人生活史不尽相同，所以她们对同一个故事会有不同的解读。她们在解读的过程中总是不由自主的融入自己的人生经历去诠释，这样一来，每位受众都拥有了自己的《NANA》。

从上面几位的解读我们已经可以看出，在与《NANA》相遇后，各位受众用自己人生故事去印证故事《NANA》，从而得出了自己独有的真实感和共鸣感。接下来，笔者将进一步具体探讨这些女性受众如何运用女性"凝视"从《NANA》中读取真实感，获取共鸣感。

（二）解码与个人生活史："我"眼中的《NANA》

《NANA》里的各个角色都被塑造得非常有特点，每个角色的人生境遇和性格特点都不一样。受众在解读《NANA》时，总是离不开作品中各位主要角色。除了 F 一人曾与乐队打交道并试图组建乐队以外，受访的另外 10 位受众都没有乐队经历。但是这些受众都忽略自己与《NANA》设定不一致的地方，对照自己的人生，从《NANA》中抽出特定的设定和特定的角色，进行独特的解读，从中体认真实感和共鸣感。受众通过对特定角色的认可和解读获取对《NANA》整部作品的理解和认可，从而使这部作品变成对自己有独特意义的、属于自己的故事。

1. 对《NANA》中的女性的多类型共鸣和否定：坚强与软弱共存的理想主义者娜娜和既物欲又纯真的现实主义者奈奈以及她们之间的感情

（1）对坚强与软弱共存的理想主义者娜娜的共鸣与否定

《NANA》用了同样多的笔墨塑造了两位女主角：娜娜和奈奈。受众都说女主角之一的娜娜是理想主义者，因为她身为女人，却为了歌唱事业放弃了爱情，不肯成为成功男人背后的那个女人，这样的娜娜是受众的偶像。

A：因为我本身是女人，所以我看漫画的时候，肯定特别关注里面的女主角的感情呀或是她的想法呀什么的。所以看这个漫画的时候，我觉得特别有意思的就是这个唱摇滚的娜娜，她的这个ゆめ（笔者注：指梦想），我对这个特别感兴趣。（略）就是说你经历过工作和婚姻，或者说工作和恋爱，或者说你自己的事业和恋爱，你只有在经历了这两样，再来看这个漫画（娜娜）她的权衡、她的选择，你会感触更深。以前，比如说高中大学，如果你没谈恋爱的话，你不知道对于自己来讲哪个方面更重要，说实在话。

A 的母亲是小学老师，母亲总是告诉她：男孩女孩都一样，男孩子能做的事女孩子也一定可以。但是，她结婚后发现丈夫希望她做的是贤妻良母。她受不了这样的期望——女人应该为家庭牺牲自我，无论做什么都应该把家庭摆在第一位。一直被这样的期望压得喘不过气来的 A 到外地读研究生，暂时逃脱这样的责任时，才感觉到片刻的轻松。这样的她对选择自己独当一面而不是躲在男人背后的娜娜很是认同，她体会过娜娜所经历的迷茫、困惑、心酸。A 结婚后一方面不得不扮演贤妻的角色，一方面无法忘却母亲从小告诉她的"女孩也可以和男孩一样追求梦想"。新中国成立以来，各种法律、法规和政策都支持女性走出家庭，提倡女性能顶半边天。A 的母亲这代女性就是在这样的背景下成长起来的，她们也会教育女儿要走出家庭。所以，A 不能理所当然地接受传统的男女分工，但是传统分工依然存在。而且，最近的研究表明，中国传统的"男主外，女主内"的性别

角色分工态度不仅没有趋于衰微，反而有被强化的倾向。[1]对于 A 来说，娜娜不辞劳苦地追求梦想这一点，是她与《NANA》的共鸣点。A 在访谈中提及自己与周围的同学的想法经常不一样，她在现实生活中并不主动谋求和其他人的一致。但当 A 在消费文化商品时，她有意识地在文本中寻找自己与女性角色之间的共鸣点。现代社会中原子化的个人不可能像前现代社会的人一样和同时空的人总是保持一致的思想，但是，阅读或观看某些文化商品的这种文化实践活动，能让原子化的个人超越时空的限制，找到与自己相似的人。

当然，娜娜引起受众共鸣的地方并不只是作为追梦人这一点。

J：我个人还是比较喜欢大 NANA（笔者注：娜娜）吧。因为我觉得，怎么说呢，就是感觉……她不是从小就没有父母吗，我是跟姥姥长大的吧。我从小不是跟我的父母长大的，所以，没有那种父母亲情的感觉，觉得（父母）不太那么亲切。

19 岁的 J 和父母一起生活的时间总的加起来只有一年左右。J 的祖父母都有"重男轻女"的思想，于是她的父母就一直生孩子生到有男孩为止。在 J 出生以前，中国就已经开始实行独生子女政策，但是 J 不是独生子 / 女。与 J 同时代的大多数孩子都是独生子 / 女，被家里人当作"小皇帝"、"小公主"一样宠爱无比，J 却长在有妹妹、弟弟的家庭里，长辈们重男轻女，她不能在父母身边长大，长期体会不到家庭温暖。她完全不想回家。实际上在她中学毕业之后曾与父母和弟妹生活过一段时间，却觉得自己完全融入不了家里的氛围，简直就像一个外人。长久以来，中国有祖父母或外祖父母帮着带孩子的传统。有的是因为父母双职工，有的是因为父母想生儿子而把前面生的女儿给长辈养，有的是因为父母为了生计出外打工，孩子只能离开父母和祖父母生活在一起。虽然 J 父母双全，但是因为她长期没有和父母一起生活，就像在"缺损型家庭"里长大的孩子，所以她对父不详、被母亲抛弃、和严厉的外婆一起生活的娜娜同病相怜。对于 J 来说，娜娜不幸的家庭境遇这一点，是她与《NANA》的共鸣点。不仅如此，她还说，"如果我是娜娜，我也会做出同样的选择"，表示绝对不会依靠男人活着，要自己奋斗。但是她要自己奋斗的理由和 A 是不同的，一方面她认同现代

---

❶ 徐安琪："家庭性别角色态度：刻板化倾向的经验分析"，载《妇女研究论丛》（2010 年第 2 期：18—28 页），第 10 页。

女性应该追求梦想的大原则，另一方面她是不想太长久地依赖没什么感情的父母，希望通过奋斗早早从父母那里独立出来并把他们的恩情都还完。尽管她奋斗的理由和娜娜不同，却并不妨碍她对娜娜的认同。

H：我不是在找工作这段时间迷上它的。大概是上学期的时候，因为我有一段时间生病，然后，那段时间正好我一个很好的朋友被我知道，她对我做了一些我不能接受的事情，那个时候我正好看那个动画……（略）。在我内心当中很想让她（笔者注：娜娜）成功，我很想让她有一天可以站在舞台上面或者说很想让她和レン（笔者注：其中的一个男性角色"莲"）成就一段很不错的爱情，所以……而且那段时间可能就把她当成一个寄托，或者是我自己已经找不到一个出口释放感觉，所以有的时候会想，娜娜就是一个让我自己觉得很精神崇拜的、偶像的东西，然后，她就像是一个偶像那样的性质存在于我的生活中。

用 H 本人的话来讲，"那段时间我简直就是行尸走肉"，幸亏遇到了《NANA》，受到了激励。她之所以盼望娜娜有一个好未来，是因为她把娜娜看作是自己的分身，如果娜娜能够在故事里代替自己获得幸福，那么自己也能够看到更多的希望。H 在现实生活中受到挫折，深感沮丧。如果她认可的角色娜娜能够超越困难得到幸福，她就会认识到原来绝望的人"真的"没有被上帝抛弃，从而得到力量。因为娜娜在故事里勇敢地活着，所以 H 也会从娜娜那里得到活下去的勇气。从这个意义上来说，娜娜就是 H 人生的引路人，把她从现实生活的绝望中拯救出来。

A：什么人能十全十美？你肯定有致命的弱点，可以这样说。而且我觉得女人……一个比较的缺点是共通的，就是容易依赖，虽然觉得自己挺强的，有的时候你可能觉得自己挺独立了，但是，往往在脆弱的时候，你就想找个人来依靠一下、依赖一下。就连那个摇滚的娜娜不也是一样的吗？她一旦痛苦了，她必须得……比如说找ヤス（笔者注：指其中的一个男性角色"泰"）呀，她一般喜欢找ヤス对吧。就是找一个人可以依赖。如果她无所依赖的话，活下去就比较痛苦困难了。所以你很难去指责她吧。我觉得这个很正常的。

H：就是你会感觉到她不像是那种美少女战士呀，或者是那种永远勇往直前，她其实也有懦弱的一面，其实，这就很贴合现代女性这种心情，尤其是像……比如说OL，你必须……白天上班的时候这样一副面孔，可能晚上你会想……其实你自己说到底也是一个很需要被别人保护的人。所以，

专题研究

我觉得可能从这方面来说，画得非常贴近现代女性的心理。

笔者：现代女性的话，是像咱们一样偏年轻一点的人吗？

H：对呀，就是大概二三十岁，你需要面对许多选择，你需要……在事业方面你可能……因为你受到良好的文化教育，你难免想要在事业上可以把它发挥出来，或者是，你希望在你……年纪还不是很大的时候，你希望组织一个家庭，希望遇到你爱的人，就这样一个……可以说是人生起步的这个……或者是你迈向一个新的人生，你离开了学校，你起步的新的阶段。

H一边上学一边打工，她明白现代女性一方面得有所成就，一方面还要兼顾自己的情感需要。A和H都从娜娜身上看到了自己的影子，她们在敬佩娜娜的坚强的同时，也注意到了她的软弱和情感需求。同为处在弱势地位的现代年轻女性，她们并不觉得娜娜的软弱是不好的。因为否定娜娜的软弱就意味着否定包括自己在内的同样处于社会弱势地位、时时露出软肋的女性。她们在日常生活中已经体察到女性的不易和软弱，她们理解这种软弱。娜娜算是坚强与软弱并存的现代女性的一个代表。A和H理解现代女性，她们也理解娜娜。

一部分受众把娜娜视为自己和普通年轻女性的代表，对娜娜的一切感同身受。与此同时，也有的受众不能理解娜娜。她们认为娜娜明明可以和深爱她、有才华、有前途的莲一起幸福生活，却偏偏要去追求一个不知道会不会实现的梦想，抛弃了身为女人的幸福，简直不可理喻。

C：但是NANA的プライド（笔者注：自尊）太高了，太高傲的感觉。而且她对于事业呀，她的好胜心呀，我觉得都挺强的，所以做那样的女人就很累的感觉，其实有时候完全没有必要呀。

C出生于一个幸福的家庭，她认为女人的幸福就是拥有幸福的家庭。这是她从母亲和表姐的人生经验中得出的结论。C的母亲从不曾为了工作牺牲过家庭，常常觉得自己很幸福。C的表姐是一个事业成功的女人，离了婚，多次向C倾诉说自己不幸福。有意思的是，C一方面的确坚信女人的幸福在于幸福的家庭，但是她仍然认为女人应该好好工作，她说她不会为了家庭而牺牲自己。也就是说，她想过一个家庭、工作、和自我这三者平衡的人生。这既是社会对职业女性的期望，也已经被C这样受过高等教育的年轻女性内化为自我期望。C用自己的人生标准来衡量娜娜，所以觉得这个角色有点极端。

E：她活得很累。我总觉得……你知道……有很长一段时间，我都觉得她快崩溃了那样的。就是……就比如说真一开始吸毒的时候，我觉得，她知道这个消息一定会疯掉那种。还有就是莲走了，她虽然一开始看起来很平静，但是……她接受嘛，但是又完全接受不了的那种状态。她一直在逼自己很厉害那样的。我觉得她还是很傻，她为什么会觉得去了东京就不能继续做音乐而是给莲天天煮味噌汤呢？

E 觉得娜娜陪着已被唱片公司挖掘的莲去东京并不是坏事。她并不是在谴责娜娜的选择，只是在知道娜娜一个人追梦的生活有多艰难后，认为她应该和爱的男人一起过日子。父母离异的 E 说："不管怎么说，女人一定要有自己的事业。不管是从你自信的角度还是从那个安全感的角度，都需要有自己的事业，再小也要有自己的一份事业。"她的话从一个侧面认同了娜娜追求梦想的行为。

C 和 E 之所以不赞同娜娜因执着于自己的梦想而放弃与莲的共同生活，是因为娜娜一个人的日子过得很苦。如果她们一开始就看到了娜娜因为独自追求梦想而获得了幸福的话，她们一定会赞成娜娜的选择吧。重视家庭的 C 也深知工作的重要性和女性重视自我的必要性。认为娜娜应该和莲生活在一起的 E 并不相信男人能给女人带来幸福，她主张女人不应该依靠男人活着，应该从女性朋友那里获得支持，独当一面的工作，拥有自己的一个世界。

受众中有人对娜娜的理想主义很有共鸣，有人从自己的人生立场出发对娜娜的选择提出异议。她们的共鸣和异议背后都藏着一个共同的疑问：女人到底应该怎么活？女人怎么样才能获得幸福？她们的回答都是主张现代女性应该注重工作和自我，而保持自我的前提就是工作。《中国性别平等与妇女发展状况》白皮书（中华人民共和国国务院新闻办公室 2005）统计出中国城乡妇女就业人数在 2004 年底就占了总人数的 44.8%。这个数字表明了工作对于女性来说也是必要的生存手段。在解读另一个与娜娜的活法大相径庭的女主角奈奈时，她们也感到了同样的困惑，做出了类似的回答。

（2）对既物欲又纯真的现实主义者奈奈的共鸣和否定

受众称奈奈是现实主义者的原因有两个。一是奈奈充分知道现实生活的真面目，活得很现实。这样的典型例子就是她在选择结婚对象时没有选离家出走不愿回家的少爷伸夫，而是选择了当前就很成功的拓实。二是奈奈这个角色很富有现实意义，她就像包括受众在内的现实生活中的芸芸众女。

G：而且（奈奈）她最后也变得坚强了！所以奈奈是很多女性读者的真实写照。很多人看到奈奈就像看到另外一个自己一样！《NANA》因为她而变得真实！

G每次看到奈奈，都觉得是在看自己。不仅如此，她也觉得是在看现实生活中的其他女性。另一位衣着时髦可爱的受众I也和这里提到的G一样，把奈奈视为另一个我，她理解奈奈的一切行动与感情。尽管《NANA》中娜娜和奈奈所占的分量大致相同，但I和G根本不关心娜娜的存在。I读了5遍漫画《NANA》，观看了3遍动画和1遍电影，自始至终，她都认为娜娜这个角色是为了衬托奈奈而存在的。

笔者：有人在贴吧里说奈奈水性杨花什么的。

G：绝对是嫉妒！看她是拓实老婆吧！（笑）奈奈很真实的，每个女生会在感情（上）有模糊地带的！

一部分受众在看奈奈时，简直就像是在看自己的故事，在看世界上的另一个我。因为受众自己是现实存在的，所以跟自己极其相像的奈奈的存在也必然是合理的，她所作所为都有真实感。对奈奈的理解和共鸣其实是年轻女性对自己的理解和辩解。娜娜不是每个女人都当得了的，但是奈奈却如同自己和周围的人一样随处可见。奈奈时常沉溺于物欲和性欲中，同时，她又期望自己永远有一颗纯洁的心。受众理解这样的奈奈。当然，她们在现实生活中未必像奈奈一样为了满足欲望就积极地采取行动，但是她们也体会了到奈奈内心对纯洁的向往和她对自己不纯动机的内疚，同时她们也羡慕奈奈的幸运，羡慕她能够像幻想的那样满足各种欲望。A非常喜欢追梦的娜娜，同时也赞赏奈奈的诚实。

A：うつりしょう（笔者注：这里指花心）这种的，特别容易花心嘛，但是，她（奈奈）对每段感情都挺投入的。然后呢，当她对另外一个人发生感觉了，她又对自己很自责。她明确感觉到自己这种心情的转换，我觉得这个特别真实。怎么说呢，正是因为看到这一点，我觉得这个女孩子特别可爱。

笔者：你说的"这个特别真实"也是结合你自己的人生经历？

A：嗯……就是说我跟第二个NANA比较类似一点，就是说……我不知道其他女人是不是这样……就是说，对异性的话，不可能你这一辈子只对一个异性产生心动。你不可能只有这一次，说不定你生活当中会碰见一些其他男性——你觉得很优秀，或者他的某一点、某一刻让你挺心动的，但是这个 NANA 基本上把这一点和生活搅在一起了。就是说，她的心动和行动经常是结合在一起的（笑），所以她经常うわきする（笔者注：花心）嘛。

经过了恋爱与结婚的 A，在以前处理男女关系时，也体验过奈奈所经历过的暧昧和内心动摇期。尽管没有像奈奈一样为了满足物欲和性欲做出冲动的行动，但那种微妙的感觉是相通的。

C：她其实不是这么想的，但是为了给人一个好的イメージ（笔者注：印象），她会故意，わざと（笔者注：故意）做一些事情吧。比如说，她那个当时跟タクミ分手的时候，非常かってに（笔者注：随便的）就觉得自己已经分手了，然后就赶紧去跟ノブ（笔者注：指其中的一个男性角色"伸夫"）在一起了，她又想在ノブ面前表现一个完美的自己，不想打破ノブ的那种幻想嘛。所以我觉得这些地方都很有共鸣，我想如果是我的话，我可能也会这样做。然后就是人物的心理感觉很真实，就像看自己的故事一样，很贴近那种感觉。

在《NANA》中，奈奈总像太阳一样带给身边的人爱和快乐。C 就是奈奈这样的人。B 是 C 的室友，她说 C 在生活中，和每个人的关系都很好，像温暖人心的圣母玛利亚一样。其实，C 也有内心动摇的时候。她还不曾恋爱过，没有实实在在地体验过恋爱中会出现的内心的微妙变化和犹豫。但是，她在看到奈奈那些内心挣扎时，会经常联想自己在处理普通人际关系时的复杂心情，从而获得共鸣。也就是说，受众在解码的时候，动用的资源不一定是和她看到的文本一模一样的。恋爱关系和朋友间的人际关系是不同性质的关系，但是处理这两种关系时背后的心理逻辑却很类似，于是，真实感和共鸣感就自然而然地形成了，奈奈的故事就变成"自己的故事一样"，很真实。

从上面 A 和 C 的话中，我们可以看到，受众与文本中的角色有的经历与感受是相同和类似的，但是有时并不完全相同，甚至有很大的差异。但是她们还是能够从各自的生活史中抽象出那些与奈奈的内心感受相像的东西，同时无意识地忽略掉自己本身与文本角色的相异，强调对奈奈的理解和共鸣。

A 和 J 批判奈奈不认真工作只想嫁人这一点。因为她们很担心奈奈只知道依靠男人永远不能独立，怕她一旦被男人抛弃就无路可走。这和批判娜娜放弃与莲的生活只知道追梦实质上是一回事，都是担心娜娜和奈奈作

为女人不能获得幸福。只是这样的担心以批评的形式表现出来。另一方面，有的受众觉得观众和读者应该尊重奈奈对工作的态度和只想嫁人的志向，因为这是奈奈自己选择的幸福之路。

H：我也没有看见她（奈奈）有好好工作什么的。但是，这也无可厚非，因为这是一个人……大家都有选择生活方式的权利，我觉得，她选择了这样的生活方式，我们并不能嘲笑或者是讽刺她有多没意义，其实有意义和没意义其实只是个人的感觉。你说人家没有意义，但是人家可能觉得自己活得很开心，那就 ok。

C：但是，她爱的时候确实是很爱，你不能否认这一点是吧？她可能是爱了这个又爱那个，她可以转换得很快，她自己也说过，医治旧的伤疤的方法就是展开一段新的恋情。所以，我觉得这样的人是比较为自己活的。她不会把自己封起来，然后说我自己是怎么想的，我想要什么样的生活。还是那句话，她把现实和梦想分得很开。我觉得这样的人才会过得好。她确实很虚荣、很自私，可能有时候也会给别人带来伤害，但是，没有办法，我觉得，人在这个世界上活，你让他不自私是不可能的。所以我觉得没什么，挺好的。

H 本身想成为娜娜那样独立的人，但是她并不责备奈奈的活法。她认为作为现代人每一个人都有选择人生道路的自由。从这一点可以看出年轻女性的价值观已经多元化。期望自己可以在工作、家庭和自我三者间保持一个平衡的 C 也认为奈奈想成为家庭主妇也是很了不起的人生打算。11 位被访者没有一人明确指责奈奈在爱情上的易变和婚前性行为。这表示中国大陆的年轻女性在恋爱自由和性自由方面态度比较宽容。

F：她每一段感情都很认真，都很投入，然后最后自己很痛苦。尤其是看了漫画之后，感觉那种两个人同居之后不结婚也是蛮好的。

J：其实我觉得她也挺水性杨花的。以前我不能接受这种随随便便的方式，但是，这种事情现在发生的话，我感觉，不是很奇怪吧。现在就是时代开放了，现在男生很随便，女生也无所谓的感觉。

在 F 看来，奈奈恋爱的时候是真的爱着对方，所以后来心意改变也无可指责，她也接受非婚同居。在农村长大的 J 以前在男女关系上非常保守，她上了北京的中专之后，看到身边同龄人的所作所为，在男女关系方面的看法也有所改变。她虽然承认奈奈的确很花心，但是觉得这并不是奈奈的错，而是时代的风气如此。

笔者所采访的受众基本上都对奈奈一方面在爱情上花心一方面却期望永远保持纯洁的那种心情感到理解。这种感觉之所以能够引起普遍的共鸣是因为：尽管时代在改变，东方文化始终以女人的纯洁和贞洁为美。可是现实生活中女人很难永远保持身体的贞洁，于是女人永远在心底背负着自己是不洁的罪恶感，永远认为自己有保持纯洁的责任却没有做到，所以才会不断地内疚和奢望自己能够纯洁。从这个意义上讲，奈奈成了每个受众的分身，从这个逻辑出发的话，就不难理解为什么受众会为奈奈的不理智和任性辩解了。其实，对奈奈的理解不如说是受众对自己或是潜在的自己的一种保护。与此同时，尽管压抑女性的"爱"、"性"和"婚姻"必须统一在一个对象上的"三位一体"的恋爱观和婚姻观还是存在，事实上，新的改变也已发生。2001 年递交北京两会的一份关于青少年性行动的报告书称，有 48.8% 的初中生和高中生承认有过性行为❶。年轻人不再是在有爱且在婚姻的前提下有性关系，而是只要有爱，发生性关系就是自然而然的结果，爱、性、婚姻并不是必然联系在一起的。不但如此，对爱情的理解也不限定在男女之间的异性恋，开始渐渐认可同性之间的感情。

（3）对女主角之间的感情的认识和共鸣

有的介绍日本动漫信息的网站把《NANA》当作女同性恋作品来介绍。K 也说别人跟她说《NANA》是讲女同性恋之间的故事，导致她最开始不想看。她说："知道有这么一部动画，但那时不太喜欢那种画风，也听说是 GL 的，所以没看。"她所提到的 GL 就是指 girls' love，即女性同性之间的爱。实际上，一部分《NANA》的受众把娜娜和奈奈之间的感情理解成很深的友谊，也有一部分受众认为两位女主角之间的感情是"不同寻常"的感情。

H：但是，对于人与人之间的交往来说，（娜娜和奈奈之间的感情）已经算是一种让人……很有触动的感情。他们之间……其实作为朋友，朋友不可能代替家人，也不可能代替爱人之间的那种感情。可是，作为朋友来说，已经很打动了。

在 H 的眼里，娜娜与奈奈的感情是令人感动的友谊。H 自己就有好几位青梅竹马的友人。在独生子女的年代，年轻人都很看重友谊，有事情就会找朋友商量，也许无法亲身体会到兄弟姐妹的重要性，但却知道朋友有多

---

❶ 李建军：《自杀行为的社会化研究》，贵阳：贵州人民出版社 2007 年版，第 212 页。

重要。也有一部分受众从自己的经历出发，认为两位女主角之间的感情是"超乎友情"的感情。

A：两个NANA之间的关系有时候比较微妙，但是怎么说呢，有可能你对你的女性朋友更加坦诚，有时候你依赖她超过你的男朋友，这一点在中国来讲是比较真实的。有的事情，你不能直接对男朋友讲，只能跟女性朋友分享。但是，她们两个的关联又太过于紧密了一点，我觉得有超乎友情的成分在里面。

C：嗯，她们的友情也挺打动我的……但是又有很怪的感觉。我觉得她们的友情超乎了友情。就是说，我觉得可能有点接近爱情的那种感觉。如果不是这样子的话，我就不能理解她们两个人之间的关系。

A既有哥哥也有朋友，但母亲告诫她人在世间只能相信自己。对她来说，娜娜与奈奈的感情深到了不同寻常的地步。C与父母之间感情极深，她不相信友谊会比亲情还深。所以，当她看到娜娜和奈奈之间的深情时，马上就发现这不是日常生活中看到的友谊，她只有将这种感情定位成"接近爱情"的感情。尽管她没有把娜娜和奈奈的关系定义为同性之恋，但她绝对不把它等同于自己人生中的那些友谊。以C的人生经历来讲，娜娜和奈奈的感情"有很怪的感觉"，但是从B的个人体验来讲，这种超出友谊的感情绝对是自然而然的。

B：不管是大NANA（笔者注：指娜娜）还是小NANA（笔者注：指奈奈），我刚才说过，有时候会产生这种共鸣嘛，就是会有她的那种想法。

笔者：大NANA让你产生共鸣的是什么地方？

B：很多地方呀。第一个，我对人与人之间很多感性的东西——当然不只她们两个啦，都比较能够理解。另外比如像她那种由孤独产生的执着，我其实挺理解的，虽然说是对同性。

笔者：具体说起来呢？"孤独产生的执着"，具体说起来是怎么回事？你觉得你也经历过这样的？

B：有啊。比如说，就算在好朋友的身上，有时候也会发生这种情况的，比如所谓女生之间的执着（笑），有这种情况的。まあ、我不想说是谁，反正……（笑）（中略）人一旦很孤独了，我觉得就会超越一些性别上的东西……

B的父母对孩子不够关心，有时竟然忘记给孩子吃饭穿衣。B就这样一直在遗忘中长大，工作后一人租房独居。本科和研究生阶段都是住在宿舍，但在人际关系上总是很烦恼，也没有实际的恋爱经验。B 多年来深谙孤独滋味，对娜娜的孤苦感同身受，她也没有把娜娜与奈奈之间的感情直接定义为同性恋，只是承认同性间的感情是女人孤独的自然产物。

J：奈奈身上有一种母性的气质，就是说，很温暖很会照顾人。娜娜呢，她是从小在很冷酷的环境下长大的，就是说，很难体会到亲情呀、友情还有爱情的重要性。（中略）奈奈对她的感情一直那么温暖，娜娜就尝到了那种十几年来都没有尝到的温暖的感觉，所以更加依赖她吧。我觉得，可能还有一个原因就是，她们之间有某种——就是心灵相通的感觉。

但是，我觉得她（娜娜）那种感觉有代替亲情的感觉，就是那种……就是超越朋友的感情，但是也牵挂着、有亲情的那种感觉。

J 比 B 年轻了 8 岁，也同样孤独。J 在访谈中坦白，她对一位女性友人的感情类似于娜娜对奈奈那种感情。她还说，她对那位友人有了男朋友一事感到很不开心。笔者在前面提到过 J 感觉不到父母的爱。尽管故事中奈奈曾让真一叫自己妈妈，可是她一次也没有对娜娜说可以把自己当家人，比如说当成妈妈或姐姐。然而，J 把娜娜和奈奈之间的深情解读为替代型的亲情。

F：其实，真正感动我的地方是她们两个之间的那种关系，那种つながり（笔者注：羁绊）那样的感觉。

笔者：就是友谊？

F：其实我觉得那个应该是超出友谊的那种。虽然说奈奈这边有一个タクミ（笔者注：指其中的一个男性角色"拓实"），然后娜娜那边有レン（笔者注：指其中的一个男性角色"莲"），但是说实话，怎么看那两个男主角，加ノブ（笔者注：指其中的一个男性角色"伸夫"）那些，泰，就是那个叫什么，ヤス？怎么看那些男的都是多余，完全是为了烘托气氛的那种感觉。

F 既有和男性谈恋爱的经验，也有与女性交往的经历。其中她最牵挂的感情还是她从中学起就开始喜欢的女性。F 直接把娜娜与奈奈的关系理解为同性之间的爱情，完全无视其他男性角色的存在。就像前面提到的 G 和 I 因为对奈奈有强烈的认同感，会完全视另一个女主角娜娜为无物一样，F 把《NANA》理解成讲两个女性之间羁绊的故事的同时，把主要的男性角色和稍微次要的男性角色统统视为衬托物。在整个访谈过程中，她一边诠释《NANA》的整个故事，一边讲她与她爱了 10 年左右的一个女孩之间的故

事。有时候，她是为了更好地解释娜娜与奈奈的关系而引用自己的故事作为证明，有时候她又用娜娜与奈奈的故事进一步解说自己和心仪的女孩之间是什么感觉。

（4）不同人生阶段里对女主角的认识变化

如前所述，各个受众从《NANA》中获得的共鸣感是有差异的，这是因为她们各自的生活史是不一样的。就算是同一名受众，随着人生阶段的不同，其与《NANA》的契合点也不一样。费斯克指出[1]，大众在消费大众文本时，会从文本中提炼出与自己的日常生活相似的地方而获得共鸣，共鸣会随着日常生活的改变而改变。也就是说，即使是面对同一部作品，如果受众的生活环境和人生阶段发生了改变，那么他／她与这部作品相契合的点也会随之改变。如果消费文本的人是不断在成长的年轻人的话，这样的改变就更大了。《NANA》的受众对《NANA》的共鸣也在不断改变。

D：因为我看第一个《NANA》（笔者注：指电影《NANA》）的时候还没有经历就业或者烦恼的事情嘛，处在一个比较平静的阶段，那时好像自己在两个NANA之间更喜欢小NANA（笔者注：指奈奈），也比较像她嘛，比较向往可爱型的那种。但是现在好像这段时间就业什么的不是很顺利，论文的事情也很烦，刚好在第二部里面，她（奈奈）不是工作也很不顺利嘛，然后又和タクミ（笔者注：指其中的一个男性角色"拓实"）搞成那种ちゅうとはんぱ（笔者注：这里指不明朗）那种关系，她看着娜娜很有理想、很有追求的样子，而她却在超市卖饺子什么的都很不顺利，然后她就想，她什么时候也能够像娜娜那样有一个明确的目标呢？就是知道自己想做什么该做什么。听到她那段独白，我就很有感受。我觉得确实是那种，就是说很理解这个小NANA但是又非常喜欢这个大崎ナナ（笔者注：指娜娜）。

D在平稳的人生阶段时，对奈奈的性格、衣着打扮方面的可爱有共鸣。但是到了毕业这年有很多事情需要自己去做时，她开始对工作方面不顺利时的奈奈对娜娜的向往和敬佩这种感情有了共鸣，进而也想变成娜娜这样的人。笔者对D进行了两次访谈。第一次访谈是在她研究生二年级时，那时她最喜欢奈奈的可爱和女人味。第二次访谈时，她已是三年级学生了，还没有找到合适的工作，正到处碰壁，这时她就像奈奈仰望娜娜一样也想

---

[1] 费斯克：《理解大众文化》，王晓钰、宋伟杰译，北京：中央编译出版社2001年版，第136—137页。

变成娜娜那样坚定的女人。在不同的人生阶段，D 从《NANA》找到的共鸣点是不一样的。

其他的受众也有着和 D 一样的倾向。尤其是那些多年来一直追着看漫画《NANA》连载的人。比如说，I 从高一就开始读盗版的《NANA》，她说当时的她还不能完全理解《NANA》所描写的世界。I 在高中时代还没有恋爱经验，她当时很恨背叛娜娜的章司。大学时代恋爱了，就开始能理解章司的变心了。同样是从高中时代就开始追《NANA》连载的 F 一开始是坚定的娜娜派，但是随着人生经历的转变，她对奈奈也从不理解到了认同。

F：高中的时候，主要目光会集中在娜娜身上。然后奈奈，那个时候（我）不是特别喜欢她，因为觉得她比较聒噪，然后又挺喜欢依赖别人的那种。但是，其实到了大学以后，一直看到奈奈的比较よわい（笔者注：软弱）的一面，不，是娜娜よわい的一面，然后觉得奈奈其实……开始去关注奈奈比较多了。就是有一种转换。像高中……像年轻的时候，不是年轻的时候，就是说那个……因为当时一直在××嘛，在××上小学、上初中、上高中。那个时候就是说……那个时候也是有一种追求吧，就是追求要成为一个更强的人。所以说，对那种比较弱的人，比较大哭大闹的人有一点鄙视那种感觉。但是，真正上了大学之后，一个人到外地去上大学嘛，上了大学以后，会觉得……因为你到了一个新环境，你的世界观也会发生一些变化，都会有些变化，然后，就会觉得什么样的人都可以接受了。觉得奈奈的那种生活比较好。但是那种生活也是一直比较向往，但却达不到那种状态。所以说，高中的时候，我可以美慕娜娜，想过她那种生活，在舞台上或者是バンド（笔者注：乐队）。其实，在高中的时候，我有学过一点ベース（笔者注：贝斯）。

F 是女性，她在与女人恋爱时是 T，即特质倾向于阳刚的那一方。为了守护自己爱的女人，从高中起，她梦想变成一个"更强的人"，用她的另一句话讲，就是要成为"比男人还要强的女人"。那时她对娜娜很有共鸣，认同娜娜作为坚强的女人这一点，也因为 F 高中时有学贝斯的经历，她也很向往娜娜过的那种舞台生活。她高中时很讨厌奈奈这样爱哭爱叫的小女人。进了大学之后，看到世上有更多的活法，《NANA》文本也开始暴露娜娜的软弱，F 也"有一种转换"，开始认同奈奈的人生策略，觉得"奈奈那样的人才是真正的强者"。尽管 F 对娜娜和奈奈各自的看法似乎有了转变，但是

她要变成"比男人还要强的女人"这一人生目标并没有发生改变。只不过随着她对世界认识的改变，她对别的活法更加包容，同时她对何谓强何谓弱也有了新的认识，所以她与《NANA》的共鸣点也发生了改变。

2. 女性视角所见的《NANA》中的男性：女性所偏好的好男人和女性有共鸣的小男孩

对同一个男性角色，有人喜欢有人嫌。虽然受众喜欢的男性角色大相径庭，但是她们列出的喜欢原因却是差不多的。比如说，伸夫和拓实是《NANA》里很不相同的两个男性角色，喜欢伸夫的受众和喜欢拓实的受众给出的喜欢理由居然是一样的，都是"有责任感"、"让人安心"之类的。

喜欢拓实的受众无一例外都强调他有责任感。实际上，在《NANA》里直接提到他有责任感的地方只有一个——他在不确定奈奈怀的孩子是不是他的骨肉之前就向奈奈承诺会把孩子当成自己的。笔者访问的 11 位受众中，除了 D、F、H 和 J 之外，另外 7 个人都迷恋拓实。她们知道拓实是花花公子，还是很喜欢他。只通过他愿意接受父不详的孩子这一点就能说明他有责任感吗？除了这一点表现出来的责任感之外，他还具备哪些打动年轻女性的特点？

在《NANA》里，拓实又高又帅，具备领导气质，是一个能够给配偶带来优厚物质生活的所谓"钻石王老五"。这些特点在《NANA》里随处可见。但是，喜欢他的受众只强调他的责任感，并不强调这些特点。《NANA》的受众多是改革开放后出身的年轻女性，大多是独生子女。父母在"时代不同了，男女都一样"的国家口号下养育了她们，希望她们长成自立自强的女子。这样环境下长大的女性，怎么好意思大声宣称自己想嫁给"钻石王老五"。一句"有责任感"包括她们还没有说出来的对男性的真正期望——"有实力负得起责任的感觉"。新近一份以女大学生和女研究生为研究对象的中国女性择偶观的研究表明：物质条件仍是中国女性选择配偶的首要条件。❶

喜欢拓实的受众大多都容忍他的花心。很有意思的是，受众们不责备奈奈的花心是因为她每一次所付出的都是真感情。难道她们容忍拓实的花

❶ 田芊：《中国女性择偶倾向研究——基于进化心理学的解释》，复旦大学社会发展与公共政策学院博士论文 2012 年。

心是因为他每一次都不是真心的缘故？受众没有直接回答这一点，我也是姑妄猜测。在受众对奈奈和拓实两个人的接受过程中，有一个衡量男女的奇异标准。女人只要心灵纯洁就好，男人只要他的物质条件让他能负得起责就行。

除了拓实，《NANA》的受众还喜欢的一个男性角色是泰。大家都一致认为他是温柔的男人。他一直无条件地守护着娜娜。年轻的女性受众们似乎想得到某人的真心呵护。

人们通常说，改革开放后出生的一代是中国历史上享受物质待遇和关爱最多的人，认为他们是最幸福的一代人，但是从受访者的口中，笔者了解到了另一面。11 位受访者中有 8 人都是独生子女，即使不是独生子女，也只有一到两个兄妹，所以很寂寞，经常会陷入不安。父母含辛茹苦地养育了她们，把所有的希望都放在她们身上，她们其实很怕会让父母担心、失望。没有兄弟姐妹，父母有个万一的时候，连个商量的人都没有，让人后怕。对那些父母照顾不到位，或者是单亲家庭的人来说，没有与自己共患难的兄弟姐妹，有苦不能言，根本没有让自己治愈伤痕的地方，于是更加孤独无助。不知道是不是偶然，笔者采访到的 11 人中，只有 C 和 G 两人感觉受了父母的爱并觉得幸福。H 和 I 说，虽然父母并不专制，但是感觉和他们不亲。其他的 7 人都有不同程度的家庭烦恼。比如说，A、J 和 K 虽然有兄妹，但是各有苦衷。A 的父母关系不合，常对他们兄妹拳脚相加。J 常年和父母、弟妹分离，觉得家人像外人，害怕回家。K 做梦也想回到父母还没离婚的时候。她们都在《NANA》里寻找无条件守护自己的温柔男子。

一方面，受众期待生活中有《NANA》中的拓实这样经济实力强大的男子或者是泰这样温柔耐心的男子照顾自己，另一方面，她们深深地怜惜柔弱的 15 岁男孩冈崎真一。"百度贴吧"的"NANA 吧"进行了"最喜欢的《NANA》中男性角色"调查。截止到 2007 年 12 月，有 1555 位《NANA》的受众参加了投票，有 516 人（33.2%）选择了冈崎真一，人数最多，考虑到《NANA》中有五个主要男性角色，可以说真一获得的票数比例很高。笔者采访的 11 位受众提起真一的频率其实不是很高。笔者在第三部分的第三小节也提到过"百度贴吧"的"NANA 吧"里出现的多是 23 岁以下的《NANA》受众，这样看来，可以说真一是在年纪相对较小的《NANA》的受众中有人气。为什么《NANA》的受众中偏年轻的这部分人这么喜欢真一

呢？笔者所访谈的受众从两个角度来看真一。

K：我和真一很像哦，只是没有他那么悲惨。

未成年的真一也很成熟啊，很多二十岁的看不懂的他都懂。

心理年龄测试我是22岁，但我觉得我的心理年龄怎么也超过了30岁了。

K是11位受访者中年纪最小的，也是唯一一个说自己和真一很像的人。她对真一的事感到有共鸣的地方有两个。一是对不完整的家庭给孩子带来的不幸深有同感。虽然大家不幸的程度有差别，但是不幸的感觉是相通的。二是理解家庭的不幸带给真一的不同寻常的早熟。尽管真一只有15岁，可是他好像对人世间的所有事都已明了。K也只有15岁左右，但是她自称心理年龄已经超过30岁，她自己做的心理测试也显示她的心理年龄超过她的实际年龄。笔者是通过QQ采访的K，看不到她的脸，但是光从她写出的句子来看，绝对想不到她才15岁左右。K忽视性别这个基本问题，对真一产生强烈的共鸣，这再次表明受众在观看和阅读时会以自己的人生经历为基准来接近故事。

G：大家对他（笔者注：真一）的爱是疼惜的爱。小真的心结太深了，所以希望至少可以在自己的同人（小说）里给他个幸福！

G怜爱真一。B和I对真一也抱有类似感情。这三人的立场和奈奈差不多。奈奈像妈妈一样用慈爱的心怜爱着真一。从这个意义上看，B、G、I通过对真一的怜爱再次与《NANA》的女主角奈奈取得共鸣。因为作者矢泽爱所描写的真一太过悲惨，所以G要自己创作同人小说给真一幸福。笔者在她的博客里读过她的同人小说，那些小说总是描写奈奈给予真一爱。有意思的是，因为G本身很认同奈奈和拓实之间的感情，所以她的同人小说即使是写奈奈很爱真一，也是母亲般的爱，绝对不是男女之情。

（三）来自日本的文本《NANA》建构自我同一性

青少年期和青年期正是人寻找自我、认识自我的阶段，是向自己不断提问的人生阶段——我是哪类人？我将来要干什么？我到底是谁？这一切都和自我同一性的建构有着密不可分的关系。年轻人用各种方式去寻找自我、认识自我。比如说，有人用星座与性格的关系来说明，自己与朋友的关系之所以和谐都是因为星座相配。E和F就用星座原理来说明自己为什么喜欢或讨厌《NANA》中的某些角色。这些活动其实都是借助他力来解释自己。

人从幼儿到长大这一阶段，主要是通过父母等身边的人来学习跟社会有关的知识。幼儿很难学到身边的人本身就不知道的东西。而且，因为人没有父母或父母代替者的养育和爱就无法活下去，所以即使是在幼儿阶段，人就为了不被抛弃，无意识地解读着父母的欲望。也就是说，人在精神发展的初期阶段就开始学习养育自己的亲人的价值观。新的知识不断地加入到已经形成的知识框架中，从而逐渐形成世界观。可是，如果该教给孩子世界观、价值观的父母缺席的话，孩子会从哪里学呢？

F：（10岁左右）那个时候，我们家出了比较大的事，然后，妈妈完全把我放养状的。而且，在我那个时候正好是はんこうき，反抗期，跟她完全没有交流。然后，我所有的世界观完全是平时从一些漫画……说漫画有一些はずかしい（笔者注：不好意思），但是说实话，在里面学到很多东西。你只要漫画学好了，说实话，真的能学到很多。

F的母亲是位开明的人，是她亲自把日本漫画带到F的世界里的。家人忙着处理家庭危机，忘记了孩子的存在。当F无法直接通过家人来了解世界的时候，她学会了一个人与塔罗牌❶对话，从塔罗牌那里获得启示，从漫画里学习整个世界构建自己的同一性。无独有偶，B也称自己对世界的认识都来自从小开始一直阅读的漫画。她不管是物质上还是精神上都常常被父母遗忘。

当然，事情并不是真的像B和F所说的那样，她们的整个知识体系都由漫画构建而成，正规的学校教育等都对她们的人生有极大的影响。这里引用她们的话只是为了说明，在父母缺席的情况下，她们从少儿阶段开始就高频率接触的日本漫画，对其世界观和同一性的形成有很大作用。

日本漫画研究者藤本由香里（1998：104）在讨论少女漫画时指出："女性非常容易通过他人来确保自己的存在。这通常是因为女性一直暴露在挑剔的目光下——不是挑剔其实力而是挑剔其是否被他人所喜欢的目光。"也就是说，女性是通过认识他人对自己的看法来认识自己的。他人的目光就是女性的镜子。少女漫画则是其女性受众的镜子。她们把漫画出现的角色视为自己的分身，通过认识漫画中的角色来认识自己。

年轻人经常有上网看点什么视频或是读点什么故事的习惯。有一天，他们也许会邂逅一个故事，发现这个故事里有自己的影子，她们可能会因

---

❶　一种西方的占卜工具。日本动漫中有时会引入塔罗牌的元素。

此再一次思考自己到底是谁。

J：就是我看了那个大 NANA 之后，我觉得自己跟她性格上特别像。我们都是那种从小就不知道父爱和母爱是什么的人。然后就那样长大的，然后也是经过隔代人长的。然后呢，她从小就是那种……我们叛逆的时间也是很像的那种吧。我们做的事情不一样，但是都是同样的叛逆。性格就是那种……我是一个人长大的，所以就特别以自我为中心，占有欲特别强，就是我喜欢的东西，是一定要想尽任何办法都要得到的。就像那时候我跟我外公出去玩，我看到那个孩子手上拿的吃的嘛，看了之后我就要，我想尽任何办法都要得到它。就是那种感觉。然后呢，像感情方面，像追求梦想方面，都很相似的。她也是那种占有欲很强，特别独立、特别叛逆，表面上坚强，其实内心脆弱。其实，不是我自己这么想，介绍我看（《NANA》）的那个朋友，她也是这么说我的。她说她觉得我和大 NANA 很像。但是，我觉得，比她唯一能好点的就是说我应该不太……就是说我能够认清自己，比较幸运的是，我能就是说……反正就是说，能够认清自己的事情吧，不至于太沉迷，太迷失自己。

笔者：那为什么会看好几遍《NANA》？

J：可能有时候需要它来让我好好静一静吧。有时候，比如说，看现实看得太那个什么了，有时候看它就觉得好好想一想事情，就是那样的。其实，觉得它能够反映现实又不能反映现实，就是说，反正看它能够想想自己现在是在干什么的那种感觉。有时候迷失自己了，就想看看《NANA》，来……看看她们的生活，作为一个旁观者来看看她们的生活，就那种想的。

J 与《NANA》最大的契合点就是她和娜娜一样不是在父母身边长大的，因为这个背景相似，所以在这个背景下成长起来的性格也极其相似，比如占有欲很强、坚强又脆弱。当她把娜娜作为参照物时，她也很清醒地看到自己与这个参照物相似和不相似的地方，清楚地认识自己。当她在迷茫的时候作为旁观者来看娜娜她们的故事时，其实就像是在看另一个"我"的故事，借助看这个作为他者的故事，来思考自己的路。《NANA》是 I 所读的第一部日本漫画，I 在听她朋友说"你很像奈奈"之后第一次意识到自己性格是那样的，开始有意识地分析、认识自己的性格，越分析、认识自己就越来越觉得自己像奈奈。朋友的话成了 J 和 I 的第一面镜子，然后她们又把娜娜和奈奈当作了第二面镜子。

而 F 几乎把对自己的认识和对娜娜的认识混同起来。因为对她的访谈时间长达几个小时，而这样的情形又散见于各处，所以在这里不直接引用她的话，而是由笔者直接总结。F 说娜娜无依无靠，一直在硬撑着，一旦依靠了谁就会变得非常软弱。她在分析娜娜的性格特征的时候，用了自己的性格来佐证她对娜娜的分析，反之亦然。而且，她在讲述娜娜对奈奈的感情时，夹杂着自己对所爱的女人的心情。也就是说，她把故事里的人物和感情与自己的感情混杂在一起，在这时，F 和娜娜互为镜像。

　　美国文化人类学家米德（Mead）把文化分为后象征文化、前象征文化和互象征文化三种类型❶。在后象征文化中，年长者起主导作用，年轻人向年长者学习，前象征文化与之相反。互象征文化则是指同代人之间互相学习、影响。传统中国的文化属于后象征文化。而在今天的中国大陆，年青一代和父辈年轻时的环境已经有了天差地别，父辈的经验没有用武之地。那么年青一代向谁学习？

　　从近代开始，中国人对侵略过中国的日本等国的感情复杂，一方面觉得他们是无耻的侵略者，同时又认识到他们是本国必须学习的先进国家。自改革开放以来，政府号召大家学习外国，一时之间外国的方方面面都成了中国的学习内容。改革开放以后出生的年轻人，尤其是大城市的年轻人，在接受父母教育的同时或在本该教育自己的父母缺席的情况下，从自己接触到的外国文化商品中寻找自己喜欢的生活方式、思考方式、时尚、价值观。这一代人从小就通过电视、书籍等媒介方式了解外国。到了少年阶段，正好遇到因特网在中国普及。于是，他们可以从网上免费获得自己想看的外国文本。他们从小就培养出来的对外国文化的认知能力是他们进一步接受外国文化商品的前提。年轻一代无法继承成长环境大相径庭的父辈的经验，他们通过来自外国的文化商品看到了同时代人的生活，结合自己的人生经历获得了各自的共鸣。这也许算是一种特殊的互象征文化。

　　日本偶像剧之所以能在东亚、东南亚的流行，主要因为这些地区与日本文化有很强的相似性❷，以及亚洲社会崛起的新阶层正在培养新的生活方式❸。笔者采访《NANA》的受众时，发现中国大陆年轻人对日本动漫的消

---

❶　米德：《代沟》，曾胡译，北京：光明日报出版社 1988 年版。在周晓虹和周怡翻译的、河北人民出版社 1987 年出版的版本中，译者把这三个概念翻译为后喻文化、前喻文化和互喻文化。

❷　米德：《代沟》，曾胡译，北京：光明日报出版社 1988 年版，第 20 页。

❸　岩渕功一：『トランスナショナル・ジャパン』，东京：岩波书店 2001 年版。

费与对日本偶像剧的消费有一定的相似性。通常情况下，很多人都认识到日本偶像剧具有现实性和社会性等特点，但是一说到日本动漫，直觉认为它们全是虚构，但是实际上，很多《NANA》的受众，尤其是那些十几岁的受众，她们从《NANA》中学习时尚和生活方式。

《NANA》的受众不但经常看日本电影和动漫，也经常接触韩国、美国等国的电影和电视剧。她们明确知道自己受到外国文化商品的影响，并视为理所当然。有意思的是，尽管她们很熟悉日美韩三国的文化商品，但是除了A、C去过日本以外，其余都没有访问这三国的经验，所以很容易把那些文化商品里展现的世界当作是那个国家本来的面貌。她们平时还通过报纸等媒体了解这些国家的事。有的人对这些国家比较憧憬，有的人会对她无法理解的东西进行批判。日本研究者期待新一代中国大陆年轻人通过对日本流行文化的消费而对日本抱有好感。❶总的来说，《NANA》的受众的确对日本有好感。但是，尽管被访的受众中有不少人会日语，大部分人在看《NANA》时，还是常发出"日本人真怪"这类的感叹。J说自己看日本动漫时觉得日本和日本人都很美好，但在现实中和日本留学生接触之后，原来单纯的美好印象多少有些改变。

（四）小结

小结部分本来应该由笔者来进行的，但是《NANA》的受众已经把她们与《NANA》的关系看得很清楚了，所以请允许我最后做总结时仍然引用她们的话。

A：那个女孩（笔者注：指C）跟×××（笔者注：指B）打赌，赌我喜欢哪一个人，然后问我喜欢中间的哪一个男性。×××好像是赌的谁，我忘了，另外一个女孩赌我肯定是喜欢タクミ（笔者注：指《NANA》中的男性角色拓实），那个女孩喜欢的是ヤス，但是×××跟她打赌。我去了之后，她们就问我"你喜欢谁"，然后我说我是タクミ，然后那个女孩就说她赢了。我还很惊讶说，你怎么知道我会喜欢タクミ，她说×××跟她谈了这么多（我的）个性。她认为，从我的个性我会喜欢タクミ，她的推测力挺强的。这就说明一个人喜欢某一个角色肯定跟自身有关，我觉得从这一点看来的话，居然别人都能推测得出来我会喜欢タクミ的。

❶ 中村伊知哉、小野打恵：『日本のポップパワー——世界を変えるコンテンツの実像』，东京：日本经济新闻社 2006 年版、ページ 132。

J：有的人很喜欢小 NANA，很支持她，我觉得，可能就是因为她现在的生活或者是某些方面跟小 NANA 的很相似，我并不去反驳她们，我的心里面会大概有个底，通过她喜欢小 NANA 可以看出她过怎样一种生活方式，她是什么样性格的人。

A 和 B 是大学同学，B 和 C 是研究生时的同学。C 仅仅从 B 那里听说了 A 的个性，就能推测出 A 喜欢的《NANA》中的男性角色。J 也推测出喜欢奈奈的受众会是什么样的人。C 是从她已知的 A 的性格来推测其对《NANA》文本中某个角色的喜好，J 则反之，她从喜欢《NANA》文本中某个角色这件事推测出那些受众的性格和生活方式。她俩的话证明了《NANA》的受众动用了自己个人生活史和已经建立的自我同一性来解读文本。不管女性凝视的对象是女性还是男性，其结果都是她们在凝视自己。也就是说，女性受众从文本中抽象出来的某个角色或是某个角色的某些方面都是她们自己的镜像。当她们把那些镜像当作他者来凝视的时候，她们其实是在凝视自己。

五、结论与不足

（一）结论：女性凝视女性物语

中国大陆改革开放以后出生的年轻女性正在建构自我同一性。她们在追寻梦想、独立、爱与性。她们容易因为家庭破碎等原因陷入不安和孤独中，所以她们普遍认为工作比男人可靠，同时还喜欢温柔又有经济实力的男性。她们对女性之间的恋情表现出比较宽容的态度，有的人也能坦白地说出自己喜欢的是女性。

在当今的中国大陆，年青一代人不是向父辈而是向同辈学习新东西，这类似于米德（1988）所提出的互象征文化❶。尽管中国还是发展中国家，但是大陆的年轻人就算去不了外国，也仍能利用全球化和日益普及的因特网接触外国文本。他们会像《NANA》的受众一样，在外国文本中找到和自己相似的角色，发现自己的理想形象，从而或第一次认识或再次确认或重新建构自我同一性。

《NANA》的受众在谈论自己的对《NANA》的看法时，经常使用"从我个人经历来讲"（A）、"就是在看自己的故事嘛"（C）等表达。她们之所

❶ 米德：《代沟》，曾胡译，北京：光明日报出版社 1988 年版。

专题研究

以能投入到《NANA》中，是因为《NANA》的世界和她们的日常生活以及所思所想都有相通的地方。她们从个人生活史出发，或通过文本表面设定的真实感，或通过情感上的真实感，或通过期待的真实感来获得对作品中各个角色和各种感情的共鸣与认同。《NANA》向受众展示了多种女性形象和男性形象。受众从不同的角色中抽象出与自己的生活环境、性格、生活方式、思考方式等相类似的地方，获得进入《NANA》世界的入场券。她们对某个角色的认同并不是百分之百的，她们会对同一角色既肯定又否定，同时又能从不同角色身上挖掘出自己的认同点。她们对角色的认识也不是一成不变的，同一位受众在不同人生阶段对作品的共鸣点是不同的。她们在解读《NANA》时动用的解码资源主要是在个人生活史和在各个人生阶段确立的自我同一性。正是因为她们在解码时动用了这些资源，所以她们才能在文本中一次次地看到自己的镜像。

《NANA》是一部女性创作给女性的作品，其受众主要是年轻女性。她们看到女主角时，大多都像 J 所说的那样：“感觉好像看到了自己的影子。”女主角如同镜子上出现的镜像。这个作为他者的镜像仿佛就是凝视着镜像的年轻女性受众自己的身影。正如喜欢娜娜的受众 J 所说：“我不知道是娜娜像我还是我像娜娜。”当女性受众凝视文本中的女主角时，她常常会混淆自己和女主角之间的区别，她与女主角互为镜像，互相凝视。

当女性受众在凝视《NANA》中的男性角色时，有的人，比如 K，会忽略自己和角色之间的性别差异，对某个男性角色有强烈的共鸣感，如同凝视自己一样凝视他。大多数女性在凝视男性角色时，是在寻找自己理想中的男性。这种理想的男性正面矗立的是女性受众自己。换句话说，被女性凝视的男性角色也是女性受众的镜像。如果说，女性角色是女性受众“外表”的镜像的话，男性角色可谓她们“内心”的镜像，她们把内心希望获得的满足投射到男性角色上。

人总是在经历很多事后才会变得成熟，那些经历让人得以确立自我同一性。在寻找自我、确立自我的过程中，人有时会邂逅像《NANA》一样的文本，会从这样的文本中抽出与自己的人生境遇类似的“真实元素”。有的年轻人，是在邂逅了这样的文本后才第一次意识到真实自我的存在。文本中出现的人物简直就像是自己分身，通过凝视这个分身，才开始形成对自我的认识。女性受众凝视作品中的男女角色，再次确认甚至再次强化已经明显存在的自我同一性。或者她们通过凝视第一次认识到自己潜在的同一性，从而得以顺利建构自我同一性。

如果用图来表示本论文中的凝视关系，则会如下：

女性凝视女性

　　　　　　"我"凝视他者→我凝视我→我建构/确认自我

女性凝视男性

《NANA》的年轻女性受众在凝视文本中的男女性角色时，她们在看他者。这个他者其实是她们自己的镜像。通过凝视这样的镜像，她们得以认识、建构自我，或者是再次确认已经建立的自我。当大家了解到《NANA》的中国大陆年轻女性受众有可能会这样解读文本后，在谈论日本动漫对中国青少年的影响时，除了说它毒害中国青少年之外，是不是还能想到更多的东西？

（二）本研究的不足

本研究存在以下两个方面的不足。

首先是访谈对象代表性不够的问题。本研究涉及的被访者数量有限，也不是严格按照统计抽样的方法选取的。而且，大多数被访者学习过日语和正在学习日语，这样一来，被访者的思考方式和语言风格会有趋同现象。笔者也是日语专业出生，所以笔者的语言和被访者的语言也呈现出一致化。因此，本研究得出的结论可能并不适用于中国大陆所有的《NANA》受众，更不能简单地用来解释其他日本动漫受众。

其次是笔者的立场太过于接近被访者立场的问题。笔者本身也是《NANA》的热心受众，在采访时，常常感觉是在和被访者分享阅读或观看《NANA》的心情，也许会不自觉地忘记了采访者应有的不偏不倚的立场。加之笔者较为赞成女性主义的一些研究立场，这也可能会投射到本研究中。

考虑到中国大陆还缺少关于日本动漫受众的质性研究，笔者希望本论文能起到抛砖引玉的作用，并为自己将来的进一步研究打下基础，避免现在会犯的错误。

专题研究

附录1：被访受众的基本情况（采访当时的情况）

姓名	年龄	身份	恋爱经历	兄弟姐妹	工作经历	父母的夫妻关系	与父母的关系	与《NANA》接触情况	家乡	出国经历	日语能力
A	28岁	研究生2年级	结婚5年	有一个哥哥	在大学当过4年日语老师。有时打工	家内长年分居	母亲在A未成年时，常常对她暴力相向	读了《NANA》漫画单行本1-17册	四川省某城市	无	专业学习
B	27岁	研究生3年级	无恋爱经历	无	在大学当过3年日语老师，一直在打工	经常吵架。A高中时父亲过世，母亲后来再婚	高中时父亲逝世。父亲在世时，母亲对A也不关心	看了动画《NANA》	重庆市	无	专业学习
C	25岁	研究生3年级	无恋爱经历	无	一直在打工	夫妻关系做好	父母民主的对待孩子，C与父母关系亲密	看了动画《NANA》和电影《NANA》	新疆维吾尔自治区某城市	无	专业学习
D	23岁	研究生3年级	正在恋爱中	无	一直在打工	D的母亲与D的奶奶经常有冲突，夫妻关系有时会因此受到影响	父母对孩子十分严格	看了电影《NANA》和《NANA2》	新疆维吾尔自治区某城市	留学日本4个月。	专业学习
E	23岁	公司职员	无恋爱经历	无	工作中	离婚	怨恨提出离婚的父亲	一直看漫画《NANA》的连载，也看了动画《NANA》、电影《NANA2》	河北省某城市	无	本科时的二外
F	22岁	公司职员	分别与男性和女性都恋爱过	无	工作中	平常夫妇	中学阶段，父母忙于处理家里的危机（不是指夫妻关系出了问题），F与父母几乎没有交流	一直看漫画《NANA》的连载，也看了动画《NANA》、电影《NANA2》	四川省某城市	无	专业学习
G	22岁	成人大学学生	有恋爱经历	无	无	平常夫妻	父母爱G爱到溺爱的程度，现在G和父母住在一起	一直看漫画《NANA》的连载，也看了动画《NANA》、电影《NANA2》	吉林省某城市	无	专业学习
H	21岁	大学4年级	无恋爱经历	无	一直在打工	平常夫妻	家庭较为民主，但是H有时与父母关系紧张	看了动画《NANA》和电影《NANA》	江苏省某城市	无	专业学习
I	21岁	成人大学2年级	正在恋爱中	无	无	平常夫妻	家庭较为民主，但是I与父母的关系不是特别亲密	一直看漫画《NANA》的连载，也看了动画《NANA》、电影《NANA2》	陕西省某城市	无	业余学习
J	19岁	成人大学2年级	有恋爱经历	有弟弟和姐妹各一人	有空闲或是想离开家的时候会去打工	J的母亲是家庭主妇，对J的父亲的生意一无所知	J和全家一起在家的时间只有一年左右，小时候父母常对J暴力相向	一直看漫画《NANA》的连载，也看了动画《NANA》、电影《NANA2》	从安徽省的农村搬到天津市	无	专业学习
K	15岁左右	高中生	无恋爱经历	有一个哥哥	无	K11岁时，父母离婚	目前K一个人居住	看了漫画《NANA》和动画《NANA》	北京市	无	不懂日语

附录2：采访提纲

1. 被访者与文本

· 《NANA》的概况

· 对各个角色的看法（尤其是你最喜欢的那个角色）

· 《NANA》的特色

· 有共鸣的地方，不喜欢的地方

2. 被访者与《NANA》有关的生活

· 你与《NANA》的相遇（包括：契机、时间、媒介方式、阅读和视听的空间、阅读和视听过程中的活动）

· 看过《NANA》之后的活动（包括：相关商品的购买、是否写了相关的文字、对相关信息的注意、与《NANA》相关的人际网络等）

· 身边的人与《NANA》

· 你与日本的关系和关联

· 你与日本大众文化的缘分（尤其是接触日本动漫的历史）

· 《NANA》与你的人生（包括：梦想，心目中理想的家庭、友谊、男性形象、女性形象，在成为自己想成为的女性过程中所遇到的机会与挫折，恋爱经历，人际关系等）

3. 其他跟社会学有关的信息

· 人口学变量（如：性别、年龄、职业经历、教育程度、出生地、家庭背景等）

· 生活方式（经济状况、家务承担、文化生活［如：外语水平、阅读喜好、对大众文化的消费状况］、消费观等）

专题研究

A Study on Audience of Japanese Shōjo Manga *NANA* in Mainland China: From the Perspective of Female Audience's Gazing

Li Ling

Abstract: This study aims to use theory of gazing to find out how audience read a foreign text. The case of this study is how the young women of the Post-80's generation in Mainland China, who are also called the single-child generation, read Japanese Shōjo manga *NANA* and/or watch animes and films adapted from manga *NANA*. This paper discusses it from three aspects. First of all, how does NANA as a foreign text come into the audience's views. Second, how does the audience combine their life experiences with NANA and use several empathetic reading strategies to read *NANA* and to construct self-identities. Last, how does the audience use negative reading strategy to construct self-identities. By answering the questions above, the study arrives at the following conclusions. In the present, our culture is so-called cofigurative culture. Young people learn from their compeers, not from their fathers. Sometimes their compeers are not real people, but young characters in Japanese mangas and animes. The passive or relatively passive audience in television era now becomes more positive, when multi-media communication come to be possible. That makes *NANA* easy to approach, and the characteristics of *NANA* as a text, abstract young women to read/watch it. When Young females in Mainland China read/watch *NANA*, a Japanese text, they use personal life experience as reference. Some of them get several kinds of sympathy with characters. They find out compeers who are similar to them or what they want to become, even the compeers are not the same sex as theirs. Others make negative criticism of characters and find out compeers who are criticized by them. Although the subject of gazing is female audience, some of them gaze from a perspective of female, while the others gaze from a perspective of male. But both of the perspectives serve the construction of their self-identity.

Keywords: *NANA*, female audience, female gazing, self-identity

编后记

　　显而易见，这一卷所收集的文章是有关日本文化商品向香港地区及中国内地华人社会的迁移。这里所探讨的日本文化商品非常多元化，包括漫画（李铃）、明星（张梅）、企业文化（朱艺）、电子游戏（王志恒）、流行歌曲（邱恺欣）及零售商（王向华）。然而这些文章其实皆沿用了一套涉及三方面的总体分析框架，这三方面分别为文化商品的输入端（在这特刊中为香港及中国内地的华人社会）、输出端（日本文化商品）及输入端与输出端相遇的第三区域。这些文章的作者不约而同地指出一个重要事实，第三区域的存在意味着输入端不能**直接**决定输出端，反之亦然。第三区域是一个输入端与输出端互相碰撞的概念空间。这空间所产生的社会效应不能单独地取决于输入端或输出端一方，而是由两者间的碰撞所决定。由此产生的社会效应又会反过来对这两方面造成进一步的社会影响。文化商品跨文化迁移的形成因此是非常复杂的，而其产生的社会效应也可以非常不同。这些文章的作者因此拒绝接受以"同质化"、"克里奥尔化"及"混合"的范式去解释商品跨文化迁移所产生的社会效应。这是因为这些概念太过广泛及抽象，不能概括文化商品跨文化迁移有可能产生的具体社会效应。

　　商品跨文化迁移的复杂性也可由输入端及输出端均不能被视为同质这一事实作为佐证。从王志恒的文章中可见，日本电子游戏在香港地区市场的在地化过程涉及了八个在再生产、传播及消费领域的媒介；朱艺指出，不同的本土店长及他们的下属对他们公司的企业文化（基因）可以有不同的诠释；李铃甚至提出，同一位日本漫画《NANA》的中国消费者，可以在她人生不同的阶段对《NANA》有不同的诠释。换而言之，其实没有**特定的**输入端。

　　同时，我们也不能忽视输出端。王向华正确地指出八佰伴的特征塑造了该公司进军香港的形式及影响；张梅在她的文章中说明，尽管苍井空的中国经纪公司极力尝试抹除她的 AV 女优形象，她以往作为性感 AV 女优的

形象，在她当前在中国的"正常"女星形象中其实仍然挥之不去；朱艺也展示了她文中描绘的日本零售商创始人如何坚持在香港实行非在地化策略，以及这策略如何影响该公司的企业文化形成；邱恺欣认为日本人对于音乐的原真性是受西方的影响，那就是说，输出端的影响是不容忽视的。

最后，第三区域是最关键的分析空间，因为输入端及输出端的媒介在这第三区域演发出它们复杂的关系。有些会像"同质化范式"提出那样，毫无保留地接受外国商品；其他就像"克里奥尔化范式"所指出的，在接收同样的外国商品时赋予新的意义；有些则像"混合范式"所描绘一样，把外国商品及本土特质混合。但这些范式都不能完全概括文化商品跨文化迁移可能产生的结果。因为这些结果远比这些概念所能概括得更为复杂。文化商品跨文化迁移的复杂结果是输入端及输出端在第三区互相碰撞的结果。

简而言之，这些文章指出了文化商品跨文化迁移及其社会效应的中心特性：复杂性。为了能充分理解这一复杂性，我们应该同时注意输入端、输出端及它们在第三区域的碰撞。

王向华 著

周凌枫 译

作者简介

　　王向华，1996 年获英国牛津大学社会人类学博士学位，现为香港大学现代语言及文化学院全球创意产业课程主任。其研究领域包括流行文化、东亚创意产业及企业研究等。主要著作有：*Japanese Bosses, Chinese Workers: Power and Control in a Hong Kong Megastore*，《由乐声牌"电饭煲"而起：蒙民伟和信兴集团走过的道路》，《友情と私利—香港—日系スーパーの人类学的研究》等。

　　王志恒，香港大学文学士，并分别于 2009 及 2014 年于香港大学日本研究学系取得硕士及博士学位，现隶属香港大学环球创意产业课程，负责教学、研究及行政等工作。主力研究日本流行文化在东亚地区被再造、传播及消费的情况，并发表多篇有关日本电视剧、电子游戏及"迷文化"的研究，近年亦涉猎于香港及台湾之殖民历史与日本文化之关系。主要著作包括：1. Wong, C.H.（2014）. *The localization of Japanese Video Games in Taiwan*. PhD. thesis, the University of Hong Kong. 2. Wong, C.H.（2010）. The Changing Role of Japanese TV Drama Audiences in Hong Kong. *The Journal of Comparative Asian Development*, 9（2），219-242. Oxford: Routledge. 3. Wong, H.W., Yau, H.Y. & Wong, C.H.（Forthcoming）. Active or Passive Audiences or Something In-between: An Anthropological Study of a Group of Takizawa Hideaki's Fans in Hong Kong. In Wong. H.W. and Maegawa, K., eds. *Revisiting Colonial and Post-Colonial: Anthropological Studies of the Cultural Interface*. Los Angeles: Bridge21 Publication.

　　邱恺欣，1975 年获英国伦敦大学院社会人类学博士学位，现为筑波大学人文社会系副教授，2014 年 8 月中旬转任为香港岭南大学文化研究学系高级讲师。研究领域包括日本流行文化、性别、色情文化及性文化研究等。

　　朱艺，现任日本九州岛岛大学特任助理教授，研究方向为工商人类学、

企业组织学、跨文化管理学。1984 年出生于湖北省武穴市，5 岁时跟随父母来到日本，在日本小学毕业之后，只身回到中国念完初中和高中。2003 年考入日本爱知县立大学外语系，在学期间除了法语以外，从跨文化管理学角度对法国零售业家乐福的经营方式和战略进行了研究。2007 年考入东京大学研究生院硕士课程，主要研究地域间企业的不同管理文化。在运用工商人类学的理论对进驻中国市场的法国企业家乐福与日本企业华堂进行比较研究时，作者发现华堂员工对公司文化的理解极具特色，由此激发了对日本企业更深入研究的欲望。2009 年考入香港大学博士课程日本研究专业。在学期间曾以店铺员工的身份在香港一家知名的日本服装企业进行了长达一年半的田野调查，获得了丰富的不可多得的一手资料，同时对全球化市场中企业文化的多元性有了更深的理解。作者还曾在法国、加拿大、澳大利亚等国的高校和研究机构进行过短期留学和研究。出版专著有：《中国的经营风土与家乐福的中国本土化》线装书局、2013 年。学术论文有，Manage "Globally" in an Overseas Market: Case Study of a Japanese Company in Hong Kong. *Chinese Journal of Applied Anthropology*, 1(2): 127-149. 等多篇。

张梅，现为香港大学博士研究生，主要研究方向包括企业人类学、日本流行文化以及新媒体。代表性著作有《苍井空现象学：新媒体与形象营销》（香港：上书局）。合著有《泛亚洲动漫研究》（济南：山东人民出版社）、《日本 AV 女优：女性的物化与默化》（香港：上书局）、《中国对外文化贸易年度报告（2012）》（北京：北京大学出版社）、『コンテンツ化する東アジア——大衆文化・メディア・アイデンティティ』（东京：青弓社）等。

李铃，北京外国语大学日本学研究中心日本社会文化方向博士研究生。在此之前，于一所大学的日语系工作 10 年有余，2007 年 4—7 月，在日本国际交流基金的赞助下，于东京大学学习，并对日本大众文化和文化研究产生兴趣。论文为日本文化相关。现正撰写博士论文，讨论近代日本人的访华游记。

稿　约

　　《人类学研究》是一本由浙江大学社会科学研究院主办的、立足于中国经验而追求深度学术问题的专业出版物，目的是为中国以及海外中国经验研究者提供一个学术交流平台，促进中国人类学及世界人类学发展。

　　《人类学研究》注重发表建立在经验或实证研究基础上的学术探索，即通过具体的民族志加以人类学理论提升。当然，我们也欣赏呈现清晰学术发展脉络和指明未来研究方向的学术史力作。这样的作品可以是全局性的，也可以是针对某项研究的或某个问题的，同样要求富有深透性理论关怀。

　　我们希望著者在每篇文章中充分梳理前人已有的研究，告诉读者前人已解决了哪些问题，哪些问题还没有解决或解决得不够好；与其他学科相比，论文的人类学视角是什么，它相比其他学科带来了怎样的启示，以及在论文的结尾能够凸显出何种诠释新意与新论。

　　为此，我们推崇在某个领域长年投入辛勤劳动的敬业学者的稳健之作，我们也乐于介绍青年才俊的新锐作品，然而，认真的学术积累是获得研究的意义和价值的共同前提。这不仅指其个人的学术造诣，也包括其师承、流派一代代人的递进性探索。我们只有尊重前人的成果，不浪费前人的劳动，才能深拓精进，显现出人类学学科的对话品性和反思特征。

　　《人类学研究》现每年出版两本，每本选入六七篇文章，每篇文章篇幅在三万字上下，个别稿件可达四五万言，目的在于使著者充分阐述自己的观点。《人类学研究》主要发表立足于人类学领域的优秀文章，对于别开生面的新兴领域和交叉学科之作，只要选题意义重大，且有带动未来某个领域发展方向的潜力之作，也会积极采用。我们以刊登人类学家的作品为主，适当登载具有人类学问题意识和带有人类学方法论色彩的社会史、民俗学、社会学等领域的优秀论文。以下为投稿体例。

　　一、稿件一般使用中文。作者可以通过电子邮件投稿，也可将打印稿一式三份邮寄到相应联系人住址。

国内联系人

张猷猷

地址：浙江省杭州市西湖区玉古路浙江大学求是村 11 幢 506 号

邮编：310013

电邮：zyy123828@163.com

国外联系人

方静文（Fang Jingwen）

地址：Harvard-Yenching Institute, Vanserg Hall, Suite 20, 25, Francis Avenue, MA 02138

电邮：shamrock410@126.com

二、稿件的第一页应包括以下信息：

（1）文章标题；（2）作者姓名、单位以及通信作者的通信地址和电子邮件地址。

稿件的第二页应提供以下信息：

（1）文章标题；（2）200 字以内的中文摘要；（3）3—5 个中文关键词；（4）文章的英文标题、作者姓名的汉语拼音（或英文）和作者单位的英文名称；（5）200 字以内的英文摘要。

三、文章正文中的标题、表格、图等编号必须连续。

一级标题用一、二、三等编号，二级标题用（一）、（二）、（三）等，三级标题用 1、2、3 等，四级标题用（1）、（2）、（3）等。一级标题居中，二级及以下标题左对齐。前三级标题独占一行，不用标点符号，四级及以下与正文连排。

四、每张图必须达到出版质量，行文中标明每张图的大体位置。

五、注释和参考文献应在引用文句右上角处，用阿拉伯数字加圆圈（如①②③）标出，并在文末标明该注释引自何文。体例如下：

①杨必胜、潘家懿、陈建民：《广东海丰方言研究》，北京：语文出版社，1996 年，第 2 页。

②孙衣言："会匪纪略"，载马允伦编：《太平天国时期温州历史资料汇编》，上海：上海社会科学院出版社，2002 年，第 128 页。

③Soothill, William Edward, *A Mission in China*, London: Turbull and Spears, 1907, pp. 43-44, 69-70.

《人类学研究》编辑部